高职高专园林专业"十四五"规划教材

园林规划设计

郑永莉　高　飞 ◎ 主编

化学工业出版社
·北京·

内容简介

《园林规划设计》是结合高职高专课程改革要求而以学习项目的方式进行编写整理的。整部教材设十个学习项目，分别为园林规划设计概述、园林规划设计原理、园林造景要素及设计、滨水绿地规划设计、居住区绿地规划设计、单位附属绿地规划设计、城市广场设计、城市街头绿地设计、屋顶花园规划设计、平面图抄绘案例十个项目。每个学习项目主要包括项目目标、项目实施、设计案例、调研实习、抄绘实训、设计实训以及复习思考等内容。全书理论结合设计案例实践，图文并茂，内容翔实。

《园林规划设计》既可以作为高职高专环境艺术设计（景观设计方向）、园林技术等专业的教材，也可作为景观设计师职业技能鉴定及岗位培训用书，还可作为园林设计人员、施工工作者的参考资料。

图书在版编目（CIP）数据

园林规划设计/郑永莉，高飞主编. —北京：化学工业出版社，2020.5（2023.3重印）

高职高专园林专业“十四五”规划教材

ISBN 978-7-122-35565-2

Ⅰ. ①园… Ⅱ. ①郑…②高… Ⅲ. ①园林-规划-高等职业教育-教材②园林设计-高等职业教育-教材 Ⅳ. ①TU986

中国版本图书馆 CIP 数据核字（2020）第 052938 号

责任编辑：尤彩霞　　装帧设计：韩　飞

责任校对：王　静

出版发行：化学工业出版社（北京市东城区青年湖南街 13 号　邮政编码 100011）

印　　装：三河市双峰印刷装订有限公司

787mm×1092mm　1/16　印张 15¼　字数 394 千字　2023 年 3 月北京第 1 版第 4 次印刷

购书咨询：010-64518888　　售后服务：010-64518899

网　　址：http://www.cip.com.cn

凡购买本书，如有缺损质量问题，本社销售中心负责调换。

定　　价：49.00 元

高职高专园林专业“十四五”规划教材

《园林规划设计》编写人员名单

主　编　郑永莉　高　飞

副主编　王婷婷　徐国柱　魏玉香　刘　巍　温　和

参　编（按姓氏拼音排序）

常　乐　高　宇　黄石竹　李艳萍

刘柏辰　欧亚丽　田如英　王　剑

温明霞　吴　昊　臧博靖　张晓红

朱　研

前　言

《园林规划设计》教材的开发和编写，基于行业的工作过程，以学生就业为导向，以职业能力培养为根本，以学习项目和任务为主线，贯穿人才培养全过程，打破传统学科本位思想，在教材结构设计上尽可能适应行业需要，结合教学实际情况和学生个体需求，遵循国家职业技能鉴定标准，突出职业岗位与职业资格的相关性，从而满足社会对实用型和应用型园林技术人才的需要。

本教材由郑永莉、高飞担任主编，王婷婷、徐国柱、魏玉香、刘巍、温和担任副主编。全书由郑永莉负责统稿，其中项目一、项目三由魏玉香编写；项目二由刘巍编写；项目四、项目七由徐国柱编写；项目五、项目六由郑永莉编写；项目八由温和编写；项目九由王婷婷编写；项目十由高飞编写；温明霞、张晓红、刘柏辰、欧亚丽、王剑、高宇、田如英、吴昊、李艳萍、黄石竹、臧博靖、朱研、常乐等人协助图片、文献等资料的搜集和整理。教材的编写得到了黑龙江生态工程职业学院、东北林业大学、黑龙江外国语学院、黑龙江建筑职业技术学院、江苏农林职业技术学院、甘肃林业职业技术学院、邢台职业技术学院、河北胜康工程设计有限公司、广州市公用事业技师学院、铜仁职业技术学院、河北旅游职业学院、上海同济开元建筑设计有限公司、上海交通大学设计研究总院等相关学校、企业的老师、专家、设计师的大力支持，在此表示衷心感谢。

《园林规划设计》内容简明实用、指导性强，可以作为高职高专环境艺术设计（景观设计方向）、园林技术等专业“项目教学法”改革的参考教材，也可以作为景观设计师职业技能鉴定及岗位培训用书，还可作为园林设计人员、施工工作者的参考资料。本书电子课件可登录化学工业出版社教学资源网 www. cipedu. cn 下载。

由于编者水平有限，书中难免有不妥之处，诚请各位专家、同仁和广大读者批评指正。

编者

2020 年 4 月

目录

项目一

园林规划设计概述

【项目目标】

1. 掌握园林的概念及中外园林的特点。
2. 掌握城市园林绿地的功能、作用及艺术特性。

【项目实施】

任务一　中外园林概述

一、园林的定义

园林，在中国古籍里根据不同的使用性质也称作园、囿、苑、园亭、庭园、园池、山池、池馆、别墅、山庄等，美国、英国等国则称之为 Garden、Park、Landscape Garden，它们的性质、规模虽不完全一样，但都具有一个共同的特点：在一定的地段范围内，利用并改造天然山水地貌或者人为地开辟山水地貌、结合植物的栽植和建筑的布置，从而构成一个供人们观赏、游憩、居住的环境。创造这样一个环境的全过程（包括设计和施工在内）一般称之为"造园"，研究如何创造这样一个环境的学科就是"造园学"。

二、中国园林概述

早在先秦时代，原始园林已经在中国出现，称"园""圃""囿"，具有种植和狩猎等生产意义，并有敬神的功用。后来游观的性质加强，大约到了周代，园林就主要只具有游观的作用了，一直发展到明清。

三、中国园林的基本类型

1. 皇家园林

华北皇家园林以圆明园面积最大，但在 1860 年英法联军、1900 年八国联军的两次侵略战争中受到严重的破坏。清漪园后经重修，即今颐和园[1]。承德离宫避暑山庄面积也很大。与私家园林相比，皇家园林的特点是规模宏大，以真山真水为造园要素，更加注意与原有地形地貌的配合。

皇家园林的特点：

① 规模宏大　古时的皇帝能够利用其政治上的特权与经济上的雄厚财力，占据大片土地营造园林而供自己享用，故其规模之大远非私家园林可比拟。皇家园林既可以包罗原山真湖，如清代承德避暑山庄，其西北部的山是自然真山，东南的湖景是天然堰塞湖改造而成；亦可叠砌开凿，宛若天然的山峦湖海，如宋代的艮岳、清代的清漪园（即今颐和园，北部山景是人工堆叠而成）。

---

[1] 颐和园：中国清朝时期皇家园林，被誉为"皇家园林博物馆"，坐落于北京西郊，占地约二百九十公顷，与圆明园毗邻。

② 建筑富丽堂皇　秦始皇所建阿房宫“五步一楼，十步一阁”，汉代未央宫“宫馆复道，兴作日繁”。到清代更增加园内建筑的数量和类型，凭借皇家手中所掌握的雄厚财力，加重园内的建筑分量，突出建筑的形式美因素，作为体现皇家气派的一个主要手段，从而将园林建筑的审美价值推到了无与伦比的高度。论其体态，雍容华贵；论其色彩，金碧辉煌，充分体现出浓郁的华丽高贵的宫廷色彩（图 1-1）。

③ 皇权象征寓意　在古代，凡是与帝王有直接关系的宫殿、坛庙、陵寝、园林，莫不利用其布局和形象来体现皇权至尊的理念。到了清代雍正、乾隆时期，皇权的扩大达到了中国封建社会前所未有的程度，这在当时所修建的皇家园林中也得到了充分体现，其皇权的象征寓意，比以往范围更广泛，内容更驳杂。

2. 私家园林

私家园林一般延续从前的士人园，并受到同时代文人画的影响。造园家以计成与张南垣最为知名。其中计成的《园冶》是中国最重要的园林艺术专著，其精髓可归结为两句话，即“虽由人作，宛自天开”和“巧于因借，精在体宜”（图 1-2、图 1-3）。

图 1-1　皇家园林——圆明园

图 1-2　私家园林（1）

图 1-3　私家园林（2）

私家园林的特点：

① 规模较小，曲折有致　主要构思是“小中见大”。即在有限的范围内运用含蓄、扬抑、曲折、暗示等手法来启发人的主观再创造，造成一种深邃不尽的景致。构成方法多以水面为中心，四周散布建筑。

② 寓情于园　园主多具有较高文化修养，能诗会画，善于品评，自有一套士大夫的价值观和品鉴标准，追求清高风雅、淡素脱俗。

③ 布局精妙，欲扬先抑　例如苏州网师园自东南角小门入园，经短廊西接一轩，南、西两面都是小院。傍西墙北行，有廊渐高，登至“月到风来亭”，视线变宽。

3. 寺庙园林

寺庙园林不同于皇家园林和私家园林：论选址，突破了皇家园林和私家园林在分布上的局限；论优势，天然景观与人工景观的高度融合，内部园林气氛与外部园林环境的有机结合，都是皇家园林和私家园林所望尘莫及的(图 1-4、图 1-5)。

图 1-4　寺庙园林(1)

图 1-5　寺庙园林(2)

寺庙园林的特点：

① 公共游览性质　不同于禁苑专供君主享用和宅园属于私人专用，寺庙园林面向广大的香客、游人，除了传播宗教以外，带有公共游览性质。

② 选址规模不限　在选址上，寺庙园林挑选自然环境优越的名山胜地，范围可小可大，往往具有浩大的空间容量，视野广阔，具备了深远、丰富的景观和空间层次，近能观咫尺于目下，远借百里于眼前，形成了远近、大小、高低、动静、明暗等强烈对比的主体化的环境空间，往往能容纳大量的香客和游客。

③ 园林寿命绵长　在园林寿命上，帝王苑囿常因改朝换代而废毁，私家园林难免因家业衰落而败损。相对来说，寺庙园林具有较稳定的连续性。一些著名寺庙（观）的大型园林往往历经若干年的持续开发，不断地扩充规模，美化景观，积累着宗教古迹，题刻下历代的吟诵、品评。自然景观与人文景观相交织，使寺庙园林蕴含着特定的历史和文化价值。

四、中国园林的艺术特点

1. 中国园林的发展历程

（1）生成期：殷周、秦汉

中国园林萌芽于殷周时期。最初的形式是在一定的地域范围内，让天然的草木和鸟兽生长繁育，挖池筑台，供帝王们狩猎和游乐。秦始皇统一全国后曾在渭水之南作上林苑，苑中广建离宫，还在咸阳作长池，引渭水，筑土为蓬莱山，开创了人工堆山的先河。

（2）转折期：魏晋南北朝

魏晋南北朝时期，长期动乱，是思想文化艺术产生重大变化的时代，儒、道、佛、玄诸家争鸣，促进了艺术领域的开拓发展。佛教盛行，寺庙（观）大量兴建，相应出现了寺庙（观）园林形式，至此开始形成皇家、私家和寺庙（观）三大园林类型并行发展和略具雏形的园林体系，它上承秦汉余绪，把园林发展推向转折阶段，即导入升华的境界。

（3）全盛期：隋唐

隋唐是秦汉以后的又一个全盛时代，园林也在魏晋南北朝时期所奠定的自然式园林艺术的基础上伴随着经济文化的发展而臻于全盛。皇家园林气派完全确立，形成了大内御苑、行宫御苑和离宫御苑三大类别。私家园林艺术性又有所升华，把儒、佛、道的精神或思想融汇于园林，促成了文人园林的兴起。寺庙（观）园林进一步普及和世俗化，发挥了公共交往中心和郊野原始型旅游的功能。隋唐园林创作既继承了秦汉园林的大气磅礴，又在精致的艺术经营上取得了辉煌的成就。

（4）成熟期：宋元

宋代文人园林占据主导地位，其风格大致可概括为简远、疏朗、雅致、天然四个方面，成为中国古典园林达到成熟境界的一个重要标志。皇家园林较多受到文人园林的影响，规模虽远不及隋唐，但规划设计的精致则过之（图 1-6）。元代民族矛盾尖锐，战乱纷争，造园活动趋于停滞。

图 1-6　宋代园林

（5）高峰期：明清

明清时期，造园实践理论空前发展，是园林发展的集成时期，士流园林全面文人化，促成江南私家园林的艺术成就高峰。私家园林乡土化趋势显著，形成江南、北方和岭南三大地方风格。皇家园林规模趋于宏大，艺术造诣都达到了后期历史的高峰境地，但在风格上并未有重大突破，反而暴露出末世衰颓的迹象。

2. 中国园林的主要艺术特点

（1）依山傍水，贵树名花，综合艺术

中国园林是由植物、山水和建筑等组成的综合艺术品。所选择的植物和地理环境与园主所寄托的性情有关。理水的类型和形式体现文人的意趣。山水的造型是引领园林的主要构架。园林之有山，如人之有骨骼；园林之有水，如人之有血脉。

（2）追求立意，概括提炼，力求神似

中国园林集天下名山胜境，经过取舍并加以高度概括和提炼，取材于自然又非纯粹模仿，立意新颖，展示“一峰则太华千寻，一勺则江湖万里”的神似境界，给人以诗情画意或触景生情的美好灵感。

（3）造景含蓄，耐人寻味，一点方悟

中国园林的绝妙之处在于含蓄，一山一石皆耐人寻味。例如拙政园的荷风四面亭，身临其境，虽无荷风，但亦觉风在其中，引人遐思，其西部的扇面亭，仅一几两椅，却凭借宋代大诗人苏轼“与谁同坐？明月清风我”的意境，让人感受到诗人的孤独心境，萌生一种高雅的情操与意趣。

（4）动态布局，犹如画卷，百看不厌

动态布局使园林空间成为连续序列的风景，有“山重水复疑无路，柳暗花明又一村”的艺术效果。例如苏州留园，其空间处理之妙当列中国私家园林之首，其空间大小、明暗、开合和高低参差对比，形成有节奏的空间联系，有起有落。

（5）虽由人作，宛自天开

中国人认为，自然本身并不知道什么叫做“几何性”和“整齐匀称”，而且从来就不是“整齐匀称”的。自然虽自有其“法”，却并无固定之“式”，而自然的“法”却与“整齐匀称（在宏观上）”完全无关而且尖锐对立。中国的园林虽然是由人工造成并且“调整和安排”出来的，但却顺应着自然之“法”，故“虽由人作，宛自天开”（图1-7）。

图1-7　中国园林

3. 中国四大园林简介

（1）颐和园

颐和园，北京市古代皇家园林，前身为清漪园（图1-8）。它是以昆明湖、万寿山为基址，以杭州西湖为蓝本，汲取江南园林的设计手法而建成的一座大型山水园林，也是至今保存最完整的一座皇家行宫御苑，被誉为“皇家园林博物馆”。

（2）承德避暑山庄

承德避暑山庄借助自然和野趣的风景，形成南部宫殿区、东南湖区、西北山区和东北草原区的布局。宫殿区在南端，是皇帝行使权力、居住、读书和娱乐的场所。承德避暑山庄这座清帝的夏宫，营造了120多组建筑，融汇了江南水乡和北方草原的景观特色（图1-9）。

图 1-8　颐和园

图 1-9　承德避暑山庄

（3）拙政园

拙政园，分为东、中、西和住宅四个部分。住宅是典型的苏州民居，现布置为园林博物馆展厅。拙政园中现有的建筑，大多是清咸丰九年（1859 年）拙政园成为太平天国忠王府花园时重建，至清末形成东、中、西三个相对独立的小园（图 1-10）。

（4）留园

留园，私家园林，代表清代风格。建筑空间处理精湛，运用艺术手法，构成有节奏韵律的园林空间体系，成为世界闻名的建筑空间艺术处理的范例。留园分四部分，东部以建筑为主，中部为山水花园，西部是土石相间的大假山，北部则是田园风光（图 1-11）。

图 1-10　拙政园——香洲

图 1-11　留园——涵碧山房

五、西方园林的艺术特点

法国、英国的造园艺术是西方园林艺术的典型代表，与中国园林艺术迥然不同。西方园林的艺术特点突出体现在园林的布局构造上，力求体现出严谨的理性，一丝不苟地按照纯粹的几何结构和数学关系建造。“强迫自然接受匀称的法则”是西方造园艺术的基本信条。往往整座园林以建筑物为基准，构成整座园林的主轴。在主轴线上，伸出几条副轴，布置宽阔的林荫道、花坛、河渠、水池、喷泉、雕塑等。欧洲美学思想的奠基人亚里士多德说：“美要靠体积和安排”，他的这种美学时空观念在西方造园中得到充分的体现。西方园林中的建筑、水池、草坪和花园，无一不讲究整一性，一览而尽，以几何形的组合而达到数的和谐（图 1-12）。

图 1-12　西方园林

任务二　城市园林绿地系统概述

一、城市园林绿地的概念

城市园林绿地系统即城市中由各种类型、各种规模的园林绿地组成的生态系统，用以改善城市环境，为城市居民提供游憩境域。

二、城市园林绿地系统发展简史

古代的园林主要归皇室、贵族、僧侣、富豪所有，供少数人游乐、狩猎之用。规模较大的园林大多分布于城市外缘，数量少、分布不匀，对城市环境影响不大。产业革命后，工业国家城市人口不断增加，环境日益恶化。在这种状况下，英国王室首先开放了一些皇家园林供公众使用。

19 世纪中期，美国一些著名的社会改革者和热心公益的活动家、科学家和工程师纷纷从事改善城市环境的活动。他们把发展城市园林绿地作为改造城市物质环境的手段，主张增大绿地面积，形成体系，使城市具有田园般的优美环境。1892 年，美国风景建筑师 F. L. 奥姆斯特德编制了波士顿的城市园林绿地系统方案，把公园、滨河绿地、林荫道连接起来。1898 年，英国 E. 霍华德提出了“田园城市”理论。在霍华德思想的影响下，后来又出现了有关新城和绿带的理论。科学家们也开展了植物对环境保护作用的研究，进而使城市园林绿地系统的理论有了科学基础。

三、城市园林绿地的主要作用

1. 净化空气，提高环境质量

① 植物通过光合作用，吸收空气中的二氧化碳，释放氧气，能提高空气中的氧含量。

② 植物通过根部吸收水分，再将水分通过叶片蒸发到空气中，可以提高空气的湿度。

③ 某些植物能够吸收工厂排放的有害气体，从而降低空气中有害物质含量。

④ 某些植物能够分泌杀菌物质，有助于降低空气的含菌量。

⑤ 植物枝叶可以滞留、过滤空气中的尘粒，起着净化空气的作用。

⑥ 植物吸收一部分太阳辐射热，通过浓荫的覆盖降低地面的热辐射，造成局部地区的温度降低，因而可以改善局部小气候环境。

⑦ 植物林带还有降低噪声的作用。

2. 美化环境，满足人们的精神需要

① 植物以其纷繁的品种、色彩、线条、造型丰富了城市的景观，有利于人们缓解心理上的压力。

② 将各类植物穿插布置在建筑之间和建筑周围，既可冲淡单调、枯燥的人工化气氛，又可烘托建筑的个性，构成人工和自然相融和的空间环境。

四、城市园林绿地的主要功能

1. 整体功能

城市绿地系统整体功能是依托系统整体性产生的功能。系统整体性是指系统的部分按照某种方式整合，就会产生出整体具有而部分或部分总和所没有的东西，即所谓的“整体大于部分之和”。

2. 局部功能

城市绿地系统中，有些功能仅在部分城市绿地当中体现，而无需借助系统整体性特征来

发挥（例如休闲游憩、日常防护、景观形象、保护培育等方面的功能），因而可将其视为城市绿地系统的局部功能。城市绿地系统的局部功能往往只存在于城市绿地系统的局部或子系统层面。

五、城市园林绿地的结构特性

1. 整体性

整体性指系统的非加和性。城市绿地系统是由各种类型和规模的绿地组成，但不是这些绿地单元的简单叠加，而是有一定结构形式、具有特定功能的整体。其结果有可能是一加一大于二，或是一加一小于二。要评价绿地建设的综合状况，必须在其整体结构形式之上，考虑整体功能的发挥。

2. 层次性

城市绿地系统虽然是城市生态系统的子系统，但其规划也是以城市为总尺度的，可以按所属空间层次不同，划分为市域绿地系统、规划区绿地系统和城区绿地系统；也可以按功能不同，划分为生态绿地子系统、游憩绿地子系统、避灾绿地子系统等。

3. 相关性

城市绿地系统中的每一种类型和规模的绿地在系统中都处在一定的位置上，起着特定的作用并相互影响、相互补充。它们相互关联，构成了一个不可分割的整体。例如，城市中沿河流、道路形成的绿色廊道，具有传播、过滤、阻抑的作用，并成为能量、物质和生物的源和汇。若这些廊道被随意侵占或遭到破坏，那么将影响城市绿地系统综合功能的整体发挥。

4. 结构性

城市绿地系统为城市提供各种服务，如生态功能服务、游憩功能服务、景观功能服务等。这些服务不仅要求一定的绿地率或绿化覆盖率，更要求这些绿地科学地分布，形成合理的空间格局，从而在整体上改善城市环境。

5. 目标性

在社会可持续发展理念的指导下，城市绿地系统作为城市重要的子系统而存在，其目标性和目的性是非常明确的，即实现城市绿地在生态、经济和社会三方面的综合效益。

【调研实习】

1. 实习要求

（1）自行选择关于中外园林发展的书籍进行阅读，时间 4 学时。

（2）考察目的

① 对中外园林发展不同阶段的理解。

② 激发学生对园林的兴趣，引导学生积极探索。

（3）考察内容

通过本次实习主要熟悉以下几方面内容：

① 熟悉中外园林的发展历程。

② 掌握中外园林的异同。

③ 了解中外园林在不同发展阶段的不同特点。

④ 掌握至少 10 座中国古典园林的布局、特点等内容。

（4）撰写实习报告（不少于 3000 字）

实 习 报 告	
书籍名称	
阅读时间	
阅读目的	
计划内容	
阅读内容	（结合书籍内容来写）
阅读收获	（个人阅读收获）

2. 评价标准

序号	考核内容	考核要点	分值	得分
1	报告结构与内容	开头、中间、结尾结构清晰	5	
		中心内容明确、丰富	30	
2	撰写语言	语言流畅	30	
		写作手法多样，运用联想、对比、渲染等方法	5	
		熟练运用专业术语	10	
3	阅读收获	对所阅读的书籍内容理解透彻	5	
		能有针对性地提出自己的见解	15	
合计			100	

【复习思考】

1. 简述中国园林的发展历程。
2. 简述中外园林的艺术特点。
3. 简述城市园林绿地的功能与作用。

项目二

园林规划设计原理

【项目目标】

1. 能够熟练掌握园林规划设计原理架构。
2. 熟练掌握形式美法则在园林规划设计中的合理应用。
3. 熟练掌握园林规划设计造景的方式。
4. 熟练掌握园林规划设计布局方式及其应用技巧。
5. 掌握园林规划设计空间构成形式、设计方法。
6. 能够根据设计要求准确、合理地运用园林规划设计原理初步确定设计意向。

【项目实施】

任务一　园林规划设计形式法则

美是一种内在的知觉，是一种情感，它存在于知觉中，通过快乐的对象化而建立起来，与对象紧密联系着而使人产生愉快，它与对象的特征和结构不可分割，这些结构、特征所建立的知觉凝集成为对象的一种性质，人们称之为“美”。鲍姆嘉登[1]认为人类的心理活动可以分成知、情、意三个方面，从不同的学科加以研究。研究知，即人的理性认识有逻辑学；研究人的意志有伦理学；而研究情，即对所谓“混乱的”感性认识加以研究，并最终用“埃斯特惕卡（aesthetic）”来命名这门学科，即今天人们所说的美学。

如何才能设计出美的景观与环境，是否有一些法则可以遵循，这是人们长期以来所探寻的。有一种主张认为：设计既然是一种创造，就不应该守着一些条条框框。不可否认，设计的确是一种创造行为，但要创造出协调优美、令人从心理到生理都感到舒适的环境空间，其形态必须满足基本的美学原理，即美学的形式美法则。

形式美法则是人类在创造美的形式、美的过程中对美的形式规律的经验总结和抽象概括。园林也是按照美的规律创造出来的，园林规划及形式美法则，即园林规划设计开线法则主要包括：统一与变化、对称与均衡、比例与尺度、对比与协调、节奏与韵律。

一、统一与变化

统一是一种秩序的表现，是一种协调的关系。其合理运用是创造形式美的技巧所在，是衡量艺术的尺度，是创作必须遵循的法则。统一是将变化进行整体统筹，将变化进行有内在联系的设置与安排。其主要体现在视觉上的统一，是形象之间、色彩之间密切结合的相互关联的、有秩序且有条理的一致性的体现。

变化是一种艺术与设计的创作方法，是生命力的体现，是一种智慧、想象的表现，突出

---

[1] 1750 年，德国理性主义哲学家、美学家鲍姆嘉登正式以“埃斯特惕卡”即 aesthetic（来自希腊文，意思是“感性学”，后来翻译成汉语为“美学”）这个术语出版他的《美学》第一卷，从而使美学成为一门独立的学科。

形象中的差异性。变化的作用是通过人们的视觉造成情绪上的刺激，使人们的思想产生跳跃和新意感，唤起人们新鲜活泼的情趣，在规划设计上主要体现在构图因素的对比。

园林设计中，将规划地域看作整体，从主题、风格、形式、内容上寻求统一。整体是由不同的局部组成的，每个组成整体的局部都有自己的个性即变化，这种变化表现在功能上和艺术构图上；但它们又要有整体的共性从而达到统一，这种统一体现在功能的连续性、区域之间的分工和艺术内容与形式的完整协调方面。

园林中的植物、地形、建筑、山石、水体、道路等都是组成园林整体的局部，它们都有自己的功能特性和景观特色；同时，它们又相互组合，共同完成园林的统一功能要求和景观效果。景观的展现与路的导游、植物的栽植与高耸、低洼的立地等条件分不开。园林中，每个局部的功能发挥和艺术效果的展现都受到整体布局的制约，而每个局部又都影响着整体效果的发挥，两者是相辅相成的。

园林规划设计中，将统一与变化同时运用即为调和。如图 2-1 所示，北京颐和园谐趣园——“一亭一径，足谐奇趣”。绕湖四周的亭台水榭、曲折游廊有节奏韵律、有调和对比，既是精致的建筑艺术佳品，又是统一与变化的形式美的体现。整个颐和园崇尚天人合一、美在和谐。颐和园长廊被梁思成先生誉为“千篇一律与千变万化的统一”的范例（图 2-2）。园中花草树木层峦叠翠，错落有致，花草树木之间尽是自然之美，正体现出了形式美法则的统一与变化。

(a)

(b)

图 2-1 统一与变化（1）

颐和园中亭台水榭游廊楼阁种类变化多端，却统一彰显皇室至高权力风格

(a)

(b)

图 2-2 统一与变化（2）

在颐和园中的游廊内，统一的是廊内五光十色的彩画，变化的是画作内栩栩如生的动人故事，共 14000 余幅

二、对称与均衡

视觉形态的平衡关系，可以分为以静感为主导和以动感为主导的两种平衡形式。

对称是一种很普遍的形式美，能获得良好视觉平衡，形成美的秩序，给人以静态美、条理美，使人产生庄重、严肃、大方与完美的感觉。对称给人的整体感觉是稳定、神圣而不可侵犯。例如，中国古典园林都有明显的中轴线，该线上的建筑最为重要且最为醒目（图 2-3）。

(a)

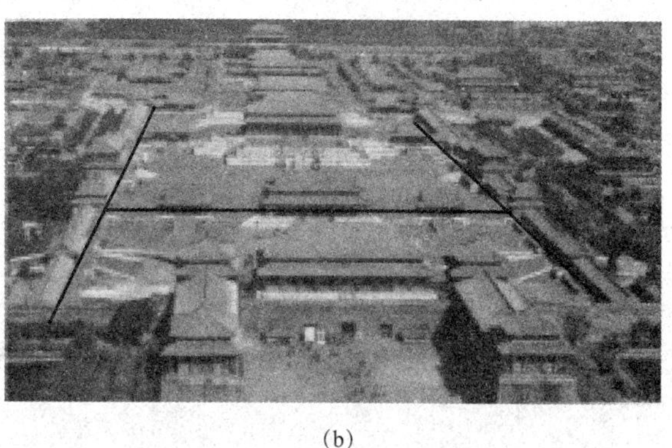

(b)

图 2-3 对称与均衡（1）

故宫象征皇家封建政权至高无上，南北向中轴线排列，左右对称

均衡是指支点两边的不同重量通过调整各自的力臂而取得平衡。形态构成上的均衡概念是指感觉的中心与形的中心重合。从园林设计的角度看，颐和园是一个均衡画面的典范。南湖岛上的望蟾阁（图 2-4）有三层楼高，从画面上看，只有一个高大建筑才能与岛上的建筑匹配，所以建了一个廓如亭。站在亭前欣赏，虽感觉亭本身的体积过大，但只有这种体量的亭才能够跟南湖岛及其上建筑的大体量形成一个完整、均衡的画面。

图 2-4 对称与均衡（2）

大体量建筑与南湖岛产生均衡，中心重合

三、比例与尺度

人们在长期的生产实践和生活活动中一直运用着比例关系，并以人体自身的尺度为对比参照，以自身活动的方便为基础，总结出各种尺度标准，体现在衣食住行的器具和工具的制造中。

比例是指一件事物整体与局部及局部与局部之间的关系，一切造型艺术都存在比例是否和谐的问题。和谐的比例可以引起人们的美感，使总的组合有明显理想的艺术表现力。美好的构成都有适当的比例与尺度，即构成的各部分之间、部分与整体之间的关系要符合一定的比例要求。各种素材的面积与体积大小，一定要符合相关尺度要求，才能给人以美的感受。

比例与尺度的关系：在规划设计中，首先要考虑的是尺度，在这个限制条件下，才能进一步考虑比例关系。如果只有各部分之间好的比例，而没有合理的尺度，那是不符合基本要求的。所以比例与尺度应互相依存，结合在一起体现于空间内存在的各元素设计中，不能截然分开（图 2-5）。

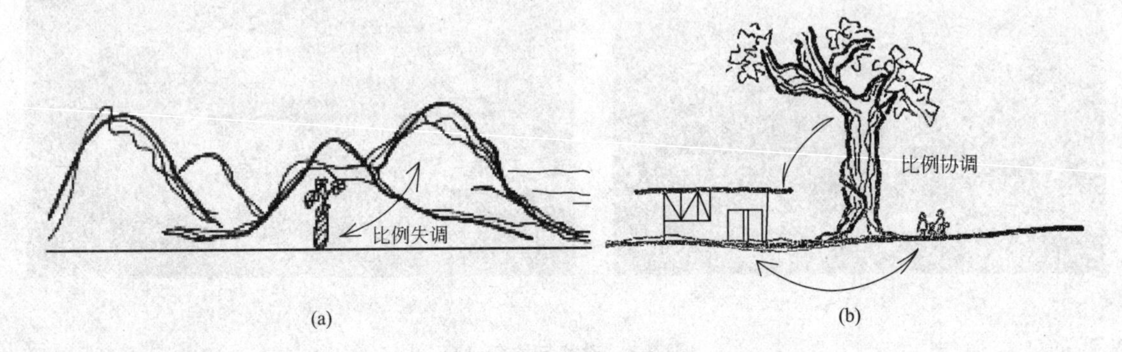

图 2-5　比例与尺度

图 2-5(a) 中的山体与花瓶置于同一面域空间内却未曾达到组合合理性，即比例失调

四、对比与协调

对比在含有两个以上不同造型因素时才能显示出来，是求得变化的最好方法，须依整体需要，可轻微可显著，可简可繁。对比又称对照，把反差很大的两个视觉要素成功地配列在一起，虽使人产生鲜明强烈的感触而仍具有统一感的现象称为对比，它能使主题更加鲜明，视觉效果更加活跃。对比关系主要通过视觉形象色调的明暗、冷暖，色彩的饱和与不饱和，色相的迥异，形状的大小、粗细、长短、曲直、高矮、凹凸、宽窄、厚薄，方向的垂直、水平、倾斜，数量的多少，排列的疏密，位置的上下、左右、高低、远近，形态的虚实、黑白、轻重、动静、隐现、软硬、干湿等多方面的对立因素来达到。

鲜明对比的手法在中国皇家园林颐和园的布局形式上体现得较明显。不仅有壮丽、金碧辉煌，还有荫蔽、幽静（图 2-6）。既可以俯览浩荡昆明湖，还可以漫步怡静苏州河（图 2-7）；

(a)

(b)

图 2-6　对比与协调（1）

颐和园内的金碧辉煌（a）对比柔美幽静（b）

不仅有建筑密集的东宫门，还有景观视野空旷的堤西区。处处有阴阳转换，才觉山穷水尽，忽又柳暗花明，使游人心情随之起伏变化。

(a)

(b)

图 2-7　对比与协调（2）

颐和园的水系：昆明湖的开阔（a）对比苏州河的蜿蜒曲幽（b）

对比与协调是造景设计中最常用的手法，通过强调各个元素之间的差异，达到造型丰富、有层次变化的统一效果。

协调只存在于同一性质的元素之间，把同性质或相似的东西并列在一起，给人以柔和、协调的感觉（图 2-8）。它与对比相反，避免形成对比效果强烈的搭配，也是常采用的规划设计手段。

图 2-8　对比与协调（3）

把不符合相同性质的去掉才协调

①“形”的协调，即线型的协调，表现为设计场地垂直或水平线型风格和变化规律的一致性，如方向、宽度、间隔以及由大变小和由小变大的“渐变”。

②“色”的协调，即色相、纯度、明度、色调及几何关系（面积、形状、位置）的协调。

③“质”的协调，即选材的色彩、肌理等表现性质的一致性或相差甚微。

五、节奏与韵律

节奏本是指音乐中音响节拍轻重缓急的变化和重复。节奏在园林规划设计上是指以人自身的同一视觉、听觉、嗅觉、心理感受等因素连续重复时所产生的运动感。

韵律原指音乐（诗歌）的声韵和节奏。音的高低、轻重、长短的组合，匀称的间歇或停顿，一定空间上相同音色的反复及句末、行末利用同韵同调的音相加以加强诗歌的音乐性和节奏感，就是韵律的运用。

在园林的规划设计中，把握此项法则，需从空间序列着手。序列可从一系列连续的元素为游人体验时的感受作为定义。自然中，序列可随意可偶然，也有渐进性。它是空间元素有意义的组织形式，有开始有结尾，它可能是简单的、综合的、复杂的，可能是持续的、间断的、变幻的、可调节的（图 2-9、图 2-10）……

节奏与韵律的表现有三段式、二段式等方式。

三段式：序景—起景—发展—转折—高潮—转折—收缩—结果—尾景

二段式：序景—起景—转折—高潮—尾景

所谓序景，即游人未到目的地，却在接近其途中已感受到风格主题的暗示（图 2-11）。如：道路两侧赋予主题的绿植造型，色调和风格相符的设施、构筑物……以此作为开端的预热，调动游人的情绪，为提高下一序列起景的渗透力度而发挥序景承担的最大作用。

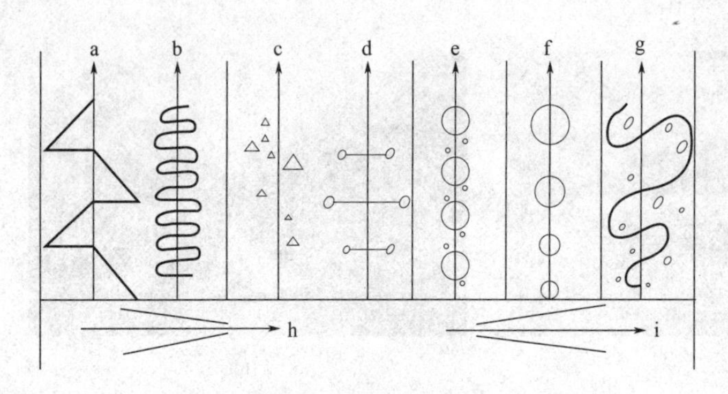

图 2-9　节奏与韵律（1）

a、b. 交替；c. 不对称；d. 对称；e. 节奏；
f. 逐渐增强；g. 随意；h. 收敛；i. 张开

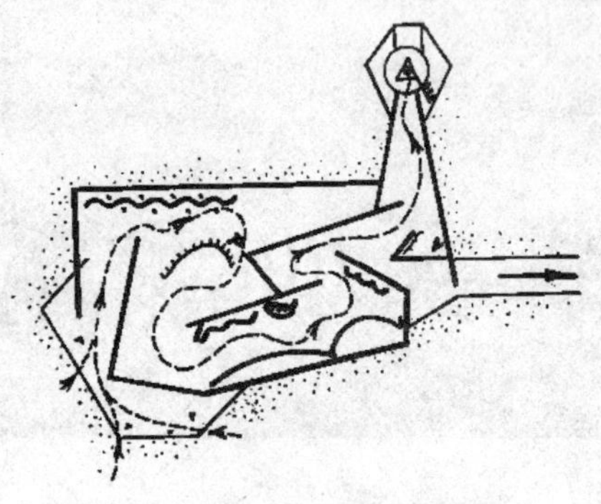

图 2-10　节奏与韵律（2）

在空间中的预定体验序列的演进设计

起景，则是以主题造型为首要突出特点的售票处、寄存处、售卖点，或工作人员扮演的主题角色的互动，调动游人的游览热情（图 2-12）。

图 2-11　序景

辽宁省营口市鲅鱼圈区思拉堡温泉近入口 1.2 千米处

图 2-12　起景

通过售票处等场地营造氛围，预热游人进院情绪，使之热情持续提升

发展，进入游乐园的第一个设计元素，可以延伸游人情绪，吸引并调动游人的好奇心和欲一探究竟的热情（图 2-13、图 2-14）。如：开阔的主题广场，多元化路径选择，不见其貌却能听闻不绝于耳的欢笑、惊叫声等都是发展的手段。

转折—收缩—结果—尾景，则可运用敏锐和富洞察力的艺术手法分析和组合视景，以利用其中极为细微但却充满潜在生机的部分，通过保护、弱化、缓和及强化，突出景观特征，达到诱导游人情绪不断变化的目的。

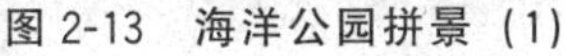

图 2-13　海洋公园拼景 (1)

图 2-14　海洋公园拼景 (2)

广场开阔使人心情明朗，依路径不同，游人可驻足，可分散行走

任务二　园林规划设计造景方式

一、主景

在全园或景区起主导和控制作用的景叫主景，它是整个景观区域的核心、重点。主景是空间构图的中心，能够体现园林的功能与主题，富有艺术感染力，是欣赏者视线集中的焦点。

突出主景的方法一般有：

1. 主体升高

抬高主体基座，主体本身体形高耸。以哈尔滨市地标性建筑防洪纪念塔❶为例。纪念塔本身高度无法作为开阔广场及广阔江面主景出现，但层叠基座的升高，四周建筑多层且不超纪念塔总高的景观权衡，使得主景作为中央大街主轴线的起点，举足轻重的地位毋庸置疑(图 2-15)。

图 2-15　主体升高（哈尔滨防洪纪念塔）

图 2-16　轴线和视线焦点（北京天坛公园）

❶　哈尔滨市防洪纪念塔，纪念哈尔滨市人民战争“1957 年特大洪水”，于 1958 年 10 月 1 日建成的。

2. 运用轴线和风景视线焦点

以北京天坛公园[1]建筑位置组合为例。皇穹宇、祈年殿、圜穹，都在主轴线的交点及端点上（图 2-16）。

3. 动势集中

把主景置于周围景观的动势集中的部位，又称为“百鸟朝凤”或“托云拱月”法（图 2-17、图 2-18）。

图 2-17　动势集中——道路以轴线网格方式结合广场焦点

图 2-18　空间构图重心——主景在主轴线集中重心位置

4. 运用空间构图重心（图 2-18）

在规则式园林中，常常将主景布置在几何中心。例如在广场中心放置雕像、喷泉、花坛等。在自然式园林中，则将主景安排在自然重心上，显得更加自然。例如北京北海公园琼华岛就位于水面的重心上，又结合主体升高的手法，使主景区更为突出。

除了以上几种强调主景的手法以外，色彩上、体量上、质地上的衬托也都可以起到强调主景的作用。

二、配景

对主景起衬托作用的景为配景。配景可使主景突出，在同一空间范围内，许多位置、角度都可欣赏主景，而处在主景中，此空间范围内一切配景，又成为欣赏的主要对象，所以主景与配景应相得益彰。配景对主景起陪衬作用，不能喧宾夺主，是园林中主景的延伸和补充（图 2-19、图 2-20）。

图 2-19　配景（1）（西安世博园）
主塔在拱桥及置石与水系的衬托下成为最具主题色彩的秦朝风貌

图 2-20　配景（2）（南宁秀丽风景）
小桥及流水的配景衬托使景色显得婉约悠然

[1] 北京天坛为明、清两代帝王祭祀皇天、祈五谷丰登之场所，世界文化遗产，国家 AAAAA 级旅游景区。

三、对景

在园林景观中，登上亭、台、楼、阁，可以观赏对面的堂、山、桥、树木；在对面的堂、山、桥、廊等处又可观赏此面的亭、台、楼、阁，这种构景方法叫对景。

对景所谓“对”，就是相对之意。“我”对“你”为景，“你”对“我”仍为景。景致相对，贵为自然，如果距离、体量、色调等无法遵从自然，则属“硬对景”，无法达到构景最佳效果（图 2-21）。

四、障景

抑制视线、屏障景物并具有引导空间变换取得意外景观的手法叫障景（图 2-22）。障景是古典园林艺术常用的手法，即所谓的“一步一景、移步换景”，最典型的应用是苏州园林，采用布局层次和构筑木石达到遮障、分割景物的目的，使人不能一览无余。

图 2-21　对景

自然式山水园林常用此法

图 2-22　障景

通过屏障引导空间（日本长野县妻笼宿❶）

五、框景

框景是园林艺术的构景方法之一，空间景物不可尽观，或平淡间有可取之景。利用门框、窗框、树框、山洞等，有选择地摄取空间的优美景色（图 2-23）。园林中建筑的门、窗、洞，或者乔木树枝抱合成的景框，往往把远处的山水美景或人文景观包含其中，这便是框景。《园冶》中谓：“藉以粉壁为纸、以石为绘也。理者相石皴纹，仿古人笔意，植黄山松柏、古梅、美竹，收之圆窗，宛然镜游也”。李渔于室内设“尺幅窗”或“无心画”以收室外佳景，也是框景的应用（图 2-24）。

六、夹景

远景在水平方向视界很宽，而其中景色又并非都很动人。因此，为了突出理想景色，常将左右两侧以树丛、树干、土山或建筑等加以屏障，于是形成左右遮挡的狭长空间，这种手法叫夹景（图 2-25）。

夹景是运用轴线、透视线突出对景的手法之一，可增加园景的深远感。夹景是一种带有控制性的构景方式，不但能表现特定的情趣和感染力（如肃穆、深远、向前、探求等），以强化设计构思意境、突出端景地位，而且能诱导、组织、汇聚视线，使景视空间定向延伸，直到端景的高潮。

---

❶ 日本妻笼宿：最早以旅馆聚集闻名，是过往商旅中途驿站，目前仍保留着 150 年前江户时代古朴醇厚的风格。

图 2-23　框景（1）（扬州瘦西湖）
游船置身湖中，框取岸边景色，船移景异之效果绝佳

图 2-24　框景（2）
刻意亦可“无意”，框取置身以外的景致

风景点的远方，或自然的山，或人文的建筑（如塔、桥等），它们本身都有审美价值，但是如果视线两侧大而无度，就会显得单调乏味，如果两侧用建筑物或者树木花卉屏障起来，就会使景观显得更有意境。如广西黄姚古镇内河中竹筏泛游，远方的建筑及其色调为主景，两岸起伏的土岸阶梯、林带与建筑形成夹峙而产生强烈的深远感，是夹景设计手法之典范（图 2-26）。

图 2-25　夹景（1）
在道路两侧通过绿植层次叠加营造深远感（广州长隆飞鸟乐园）

图 2-26　夹景（2）
水系营造效果（广西黄姚古镇）

七、漏景

漏景是从框景发展而来的。漏景若隐若现，含蓄雅致。漏景可以用漏窗、漏墙、漏屏风、疏林等手法（图 2-27、图 2-28）。疏透处的景物构设，既要考虑定点的静态观赏，又要考虑移动视点的动态效果，以丰富景色的闪烁变幻情趣。例如苏州留园入口的洞窗漏景、苏州狮子林的连续玫瑰窗漏景等。

八、借景

借景指有意识地把园外的景物“借”到园内视景范围中来。借景分近借、远借、邻借、互借、仰借、俯借、应时借 7 类。其方法通常有开辟赏景透视线，去除障碍物；提升视景点的高度，突破园林的界限；借虚景等。

图 2-27　漏景（1）

游廊与对岸似隔似合，衔接景观（成都锦里）

图 2-28　漏景（2）

半岛酒店大堂入口处漏景十分别致（广西黄姚古镇）

借景是中国园林艺术的传统手法。一座园林的面积和空间是有限的，为了扩大景物的深度和广度，丰富游赏的内容，除了运用多样统一、迂回曲折等造园手法外，造园者还常常运用借景的手法，借山水、动植物、建筑等景物，借人为景物，借天文气象景物等，收无限于有限之中（图 2-29、图 2-30）。如苏州博物馆庭院景观巧妙近借院墙外围的高大乔木，形成“以水为镜，以壁为纸，以石为墨，以树为轴”的景观层次，使园境淡泊古雅、深沉悠远。这种有意识地把园外的景物“借”到园内视景范围中来的造景方法，就是借景。

图 2-29　借景（1）

苏州博物馆庭院景观近借院墙外围高大乔木

图 2-30　借景（2）

远借钟山（南京玄武湖）

九、添景

如果中间或近处没有过渡景观，眺望远方自然景观或人文景观时就缺乏空间层次。如果在中间或近处有乔木或花卉作过渡景，这乔木或花卉便是添景。添景可以通过建筑小品、树木绿化等来形成。体型高大、姿态优美的树木，无论一株或几株往往都能起到良好的添景作用（图 2-31）。

十、点景

点景是指根据景物特点，采用题咏等手法画龙点睛地点明风景，即用点缀的方法装饰景点或者景物，使景点更加丰富、生动。我国古典园林善于抓住每一景观特点，根据它的性质、用途，结合空间环境的景象和历史，高度概括，常做出形象化、诗意浓、意境深的园林题咏，其形式多样，有匾额、对联、石碑、石刻等。题咏的对象更是丰富多彩，无论景象、亭台楼阁、一门一桥，一山一水，甚至名木古树都可给以题名、题咏。如万寿山、爱晚亭、天涯海角、南天一柱、泰山颂、将军树、迎客松、兰亭、花港观鱼、正大光明、纵览云飞、碑林等。题咏不但丰富了景的欣赏内容，增加了诗情画意，点出了景的主题，给人以艺术联想，还有宣传、装饰和导游的作用。园林题咏的内容和形式是造景不可分割的组成部分。我们把创作设计园林题咏称为点景手法，它是诗词、书法、雕刻、建筑艺术等的高度综合（图 2-32）。

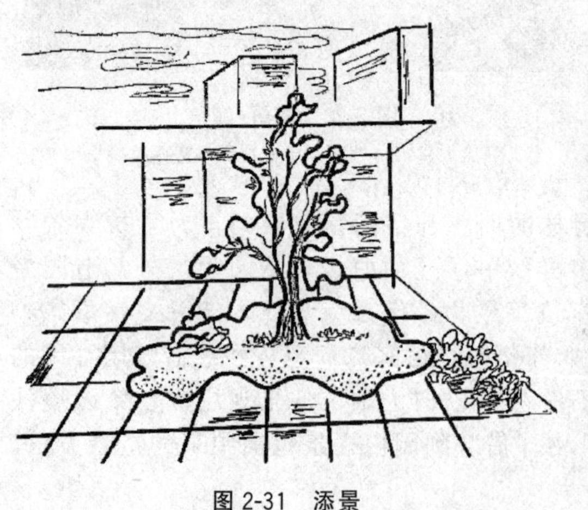

图 2-31　添景

城市空地中的一块岩石、一棵绿树都是自然的添景

图 2-32　点景（西安世博园）

任务三　园林规划设计布局方式

园林布局形式的产生和形成，与世界各地不同民族、国家的文化传统、地理条件等综合因素的作用分不开。英国造园家杰利克（G. A. Jellicoe）把世界造园史划分为三大流派：中国、西亚和古希腊。依据这三大流派可以把园林的形式分为三类，即规则式、自然式和混合式。

一、规则式园林

规则式园林又称整形式、几何式、建筑式园林。整个平面布局、立体造型以及建筑、广场、街道、水体、花草树木等都要求严整对称。西方园林主要以规则式为主，其中以文艺复兴时期意大利台地园和 19 世纪法国勒诺特（Le Notre）平面几何图案式园林为代表。我国的北京天坛、南京中山陵都采用规则式布局。规则式园林给人以庄严、雄伟、整齐之感，一般用于气氛较严肃的纪念性园林或有对称轴的建筑庭院中。规则式园林主要有以下特点。

1. 中轴线

全园在平面规划上有明显的中轴线，并大抵以中轴线为基准对称或拟对称布置，园地的划分大都呈几何形（图 2-33、图 2-34）。

图 2-33 规则式中轴线园地划分（广州世博园）

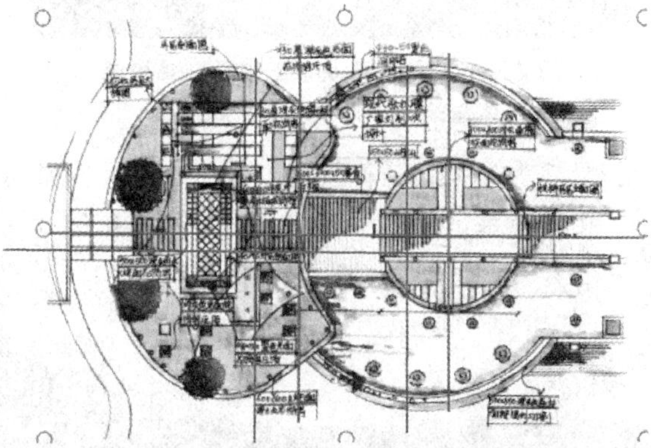

图 2-34 规则式中轴线平面手绘设计图

2. 地形

在开阔、较平坦地段，由不同高程的水平面及缓倾斜的平面组成；在山地及丘陵地段，由阶梯式的大小不同的水平台地、倾斜平面及石阶组成，其剖面均由直线组成（图 2-35）。

图 2-35 规则式地形实例图（哈尔滨群力远大广场）

3. 水体

其外形轮廓均为几何形，主要是圆形和长方形。水体的驳岸多整形、垂直，有时加以雕塑。水体的类型有整形水池、整形瀑布、喷泉、壁泉及水渠、运河等，一般由古代神话雕塑与喷泉构成水景的主要内容（图 2-36）。

4. 广场和街道

广场多为规则对称的几何形，主轴和副轴线上的广场形成主次分明的系统；街道均为直线形、折线形或几何曲线形。广场与街道构成方格形式、环状放射形、中轴对称或不对称的几何布局（图 2-37）。

图 2-36 规则式水体以几何形出现（广州世博园）

图 2-37 规则式广场街道多为曲线、直线等形式（广州长隆动物酒店）

图 2-38　规则式建筑以主轴及副轴控制主体建筑（群）和次要建筑（群）

5. 建筑

主体建筑群和单体建筑多采用中轴对称均衡设计，多以主体建筑群和次要建筑群形成与广场、街道相组合的主轴、副轴系统，形成控制全园的总格局（图 2-38）。

6. 种植设计

配合中轴对称的总格局，全部树木配置以等距离的行列式、对称式为主，树木修剪整形多模拟建筑形体、动物造型，绿篱、绿墙、绿柱为规则式园林较突出的特点。园内常运用大量的绿篱、绿墙或丛林来划分和组织空间，花卉布置常是以图案为主要内容的花坛和花带，有时布置成大规模的花坛群（图 2-39、图 2-40）。

图 2-39　规则式植物布局及剪型之绿篱墙
（广州世博园内规则式绿墙）

图 2-40　规则式植物绿篱组布置效果
（西安世博园）

7. 园林小品

多以园林雕塑、瓶饰、园灯、栏杆等装饰、点缀园景。西方园林的雕塑主要以人物雕像布置于室外，并且雕像多配置于轴线的起点、终点或焦点。雕塑常于喷泉、水池构成水体的主景（图 2-41）。

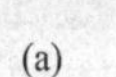

(a)

(b)

图 2-41　规则式园林小品多以人物雕塑为主（西安世博园组图）

二、自然式园林

自然式园林又称风景式、不规则式、山水派园林。中国园林从周朝开始到清代，经历代发展，不论是皇家宫苑还是私家宅园，都以自然式园林见长。保留至今的皇家园林如颐和园、承德避暑山庄，私家宅园如苏州的拙政园、网师园等都是自然式园林的代表作品。6世纪传入日本，18世纪后传入英国。自然式园林以模仿再现自然地形地貌山水为主（图2-42），园林要素布置自然、流畅，相互关系较隐蔽、含蓄。这种形式适合于有山、有水、有地形起伏的环境，以含蓄、幽雅、意境深远表现景致。自然式园林主要有以下特点。

1. 地形

自然式园林的创作讲究“相地合宜，构园得体”。主要处理地形的手法是“高方欲就亭台，低凹可开池沼”的“得景随形”。自然式园林最主要的地形特征是“自成天然之趣”，所以，在园林中要求再现自然界的山峰、山巅、崖、岗、岭、峡、岬、谷、坞、坪、洞、穴等地貌景观。平原地带要求自然起伏、和缓的微地形，其地形的剖面为自然曲线（图2-43）。

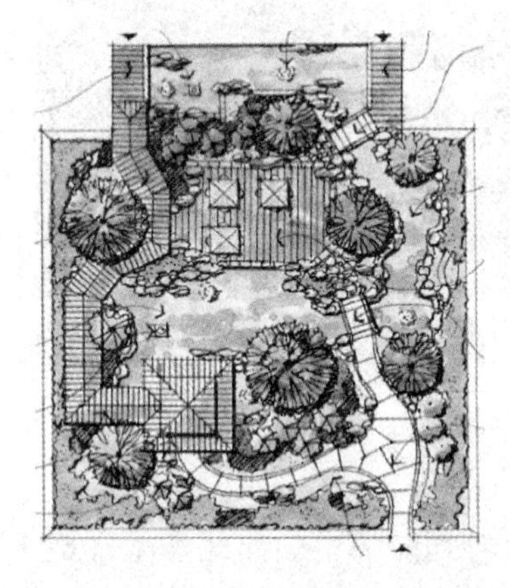

图2-42 自然式园林平面设计手绘效果图

图2-43 自然式地形（南京瞻园）❶

自然式地形按自然起伏、和缓流畅为主设计，在原有地势基础上遵从自然、天人合一

2. 水体

自然式园林的水体讲究“疏源之去由，察水之来历”，要再现自然界水景。水体的轮廓要自然曲折，水岸为自然曲线的倾斜坡度，驳岸主要用自然山石。在建筑附近或根据造景需要也可以部分用条石砌成直线或折线驳岸。自然式园林水体的主要类型有湖、池、潭、沼、汀、溪、涧、洲、渚、港、湾、瀑布、跌水等（图2-44、图2-45）。

3. 广场与街道

除建筑前广场为规则式外，园林中的空旷地和广场的外形轮廓均为自然式。街道的走向、布列多根据地形而设置，街道的平面和剖面多由自然的、起伏曲折的平面线和竖曲线组成（图2-46）。

4. 建筑

单体建筑多为对称或不对称的均衡布局；建筑群或大规模的建筑组群，多采用不对称均

---

❶ 瞻园：南京地区保存最为完好的明代古典园林建筑群，也是唯一开放的明代王府，曾是明朝开国功臣徐达府邸的一部分，清朝时为各任江南布政使办公的地点，太平天国时期为东王杨秀清王府。瞻园经明、清、中华民国与当代，和江南多数园林一样，沿革复杂，园貌历经变迁。

图 2-44 自然式水体

湖面映衬火烈鸟（广州长隆飞鸟乐园）

图 2-45 自然式水岸

自然曲线倾斜坡度的石岸堆砌（南京瞻园）

(a)

(b)

图 2-46 自然式广场与街道

特点为自然起伏、蜿蜒曲折（南京瞻园广场空地组图及街道）

衡的布局。全园不以轴线控制，但局部仍有轴线处理。中国自然式园林中的建筑类型有亭、廊、榭、坊、楼、阁、轩、馆、台、塔、厅、堂、桥等（图 2-47、图 2-48）。

图 2-47 自然式园林建筑

建筑多依水系山体地势而建

（扬州瘦西湖）

图 2-48 自然式建筑

或单体或组群营造均衡景观效果（扬州瘦西湖）

5. 种植设计

自然式园林种植设计要求反映自然界植物群落之美，不成行成列地栽植。树木不修剪，配植以孤植、丛植、群植、密林为主要形式。花卉的布置以花丛、花群为主要形式。庭院内也有花台的应用（图 2-49）。

6. 园林小品

自然式园林中的园林小品多为假山、石品、盆景、石刻、石雕、砖雕、木刻等。其中雕像的基座多为自然式，小品多配置于透视线集中的焦点（图 2-50）。

图 2-49 自然式植物种植（扬州瘦西湖）
建筑、水体、蓝天、植物配置营造唯美境界

图 2-50 自然式小品、置石（西安世博园）
自然曲线配以盆景、假山更显"虽为人作，宛若天开"的意境

三、混合式园林

所谓混合式园林，主要指规则式、自然式交错组合，没有或形不成控制全园的主中轴线和副轴线，只有局部景区、建筑以中轴对称布局，或全园没有明显的自然山水骨架，形不成自然式格局。

四、园林形式的确定

1. 根据园林的性质

不同性质的园林，必然有相对应的园林形式，力求园林的形式反映园林的特性。

纪念性园林、植物园、动物园、儿童公园等，由于各自服务对象、功能性质等的不同，决定了各自与其性质相对应的园林形式。

纪念性园林主要是缅怀先烈革命功绩，激励后人发扬革命传统，起到爱国主义、国际主义思想教育的作用。布局形式多采用中轴对称、规则严整和逐步升高的地形处理，从而创造出雄伟崇高、庄严肃穆的气氛（图 2-51）。

图 2-51 园林性质决定园林形式（1）（南京中山陵）
根据教育缅怀的园林性质确定主旨表达主题

图 2-52 园林性质决定园林形式（2）
（广州长隆野生动物园投食河马）
根据孩子喜好及服务目的而对其主题形式精心设计

动物园属于生物科学展示范畴，给游人以知识和美感，所以，规划形式上以自然、活泼

并创造寓教于游的环境较为合适。游乐园形式新颖、活泼，色彩鲜艳、明朗，景色、设施与娱乐以快乐、活泼为目的。所以，形式服从于园林的内容，体现园林的特性，表达园林的主题（图 2-52～图 2-54）。

图 2-53　园林性质决定园林形式（3）
（广州长隆飞鸟乐园）
风格、主题及寓教于乐的形式

图 2-54　园林性质决定园林形式（4）
（广州长隆海洋公园）
通过色彩样式等诠释景观

2. 根据不同文化传统

各民族、国家之间的文化、艺术传统的差异，决定了园林形式的不同。中国传统文化的传承使得中华民族拥有深厚的底蕴，形成了特有的自然山水园形式的自然式规划设计理念（图 2-55）。

而同样在地势上以多山为特点的国家——意大利，由于传统文化和民族固有的艺术形式与造园理念，即使是在自然山地条件下，其园林依旧采用规则式，形成具备自身台地式特色的规则式园林设计风格（图 2-56）。

(a)

(b)

图 2-55　中国自然式设计（南京瞻园）

(a)

(b)

图 2-56　意大利规则式设计

任务四　园林规划设计空间构成形式

在“二维场地规划”中，应重点关注如何确定用途区及各区之间、各区和整个场地之间的相互关系。当规划设计师领悟到人们所涉及的不是块地而是空间时，许多规划设计的艺术性和科学性会表现得更加满足使用功能与服务对象。

一、人的行为心理与空间环境

一系列空间的抽象特质或空间属性，每一种特质都会引发某种反应。行为是对一定刺激的反应，刺激既可能来自行为者本身的动机、需要或倾向，也可能来自行为者之外的环境，或者是两方面的结合。虽然行为不完全由环境引起，但是环境对行为有一定的作用。行为与环境之间的关系可理解为反应与刺激的关系。

空间环境不同，会引起人们紧张、松弛、恐惧、欢乐等情绪（图 2-57）。

图 2-57　人的行为心理

在不同空间环境中所产生的不同情绪

空间的本质在于其容纳性。空间可以是静态的，也可以是动态的。空间特性可以流动或起伏，引导定向的运动。空间的变化可从大到小，从轻盈缥缈到凝重沉闷，从动态到平静，从粗犷到精致，从简单到精巧，从阴郁到灿烂（图 2-58）。

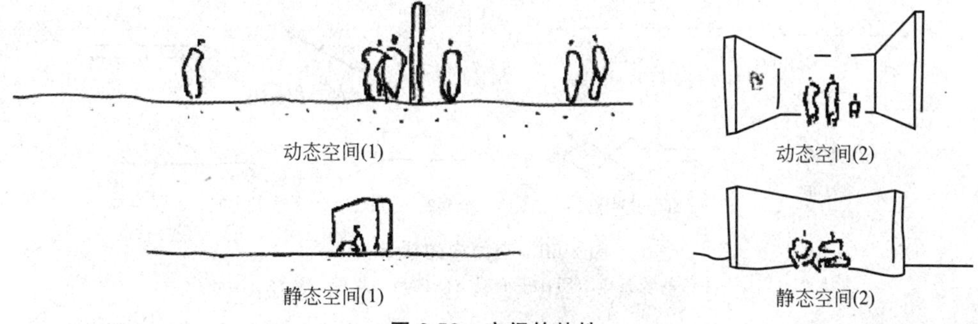

图 2-58　空间的特性

二、空间内的要素

线条、形体、颜色、质地、声音和气味都对人的理智、情感反射产生某些可预知影响。例如色彩能对观察者传达一定的信息或产生一定的影响（图 2-59）。在形体或平面中，每一条明显的线条都有其自身的涵义，且必须与所在空间的预期特性保持一致（图 2-60）。

色彩	表示意义	运用效果
红	自由、血、火、胜利	刺激、兴奋、强烈煽动效果
橙	阳光、火、美食	活泼、愉快、有朝气
黄	阳光、黄金、收获	华丽、富丽堂皇
绿	和平、春天、青年	友善、舒适
蓝	天空、海洋、信念	冷静、智慧、开阔
紫	忏悔、女性	神秘感、女性化
白	贞洁、光明	纯洁、清爽
灰	质朴、阴天	普通、平易
黑	夜、高雅、死亡	气魄、高贵、男性化

图 2-59　色彩使人心理产生的预期效果

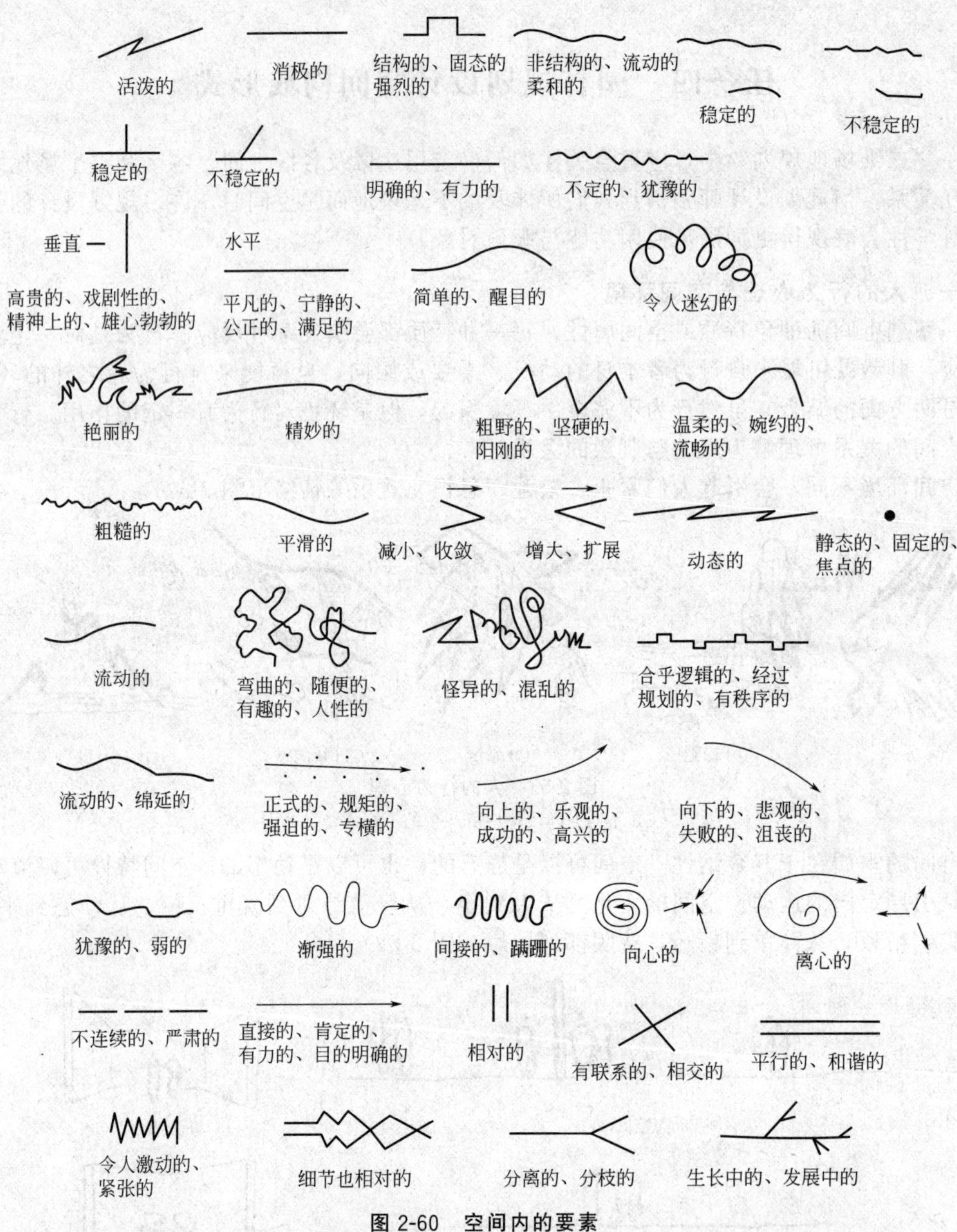

图 2-60　空间内的要素

抽象的线条应与所在平面或空间的特性保持一致性

三、空间的界定

要想创造一个有效的空间，必须有明确的围合（图 2-61）。围合的尺度、形状、特征决定了空间的特质。遵循人的心理行为与环境之间的关系，也是空间设计的前提。

室外空间的范围可以是无限的，仅受到地平线的限制。所以，空间的界定，即底面、顶面、垂直竖向面三方面的界定。

1. 底面

底面和用地的安排关系紧密，它不仅要确立空间的各类用途，也要确立每个用途彼此之间的关系。所有应用于这一平面的材料、质地都应认真选择，以便于能够持久有效且保持良好的外观（图 2-62）。

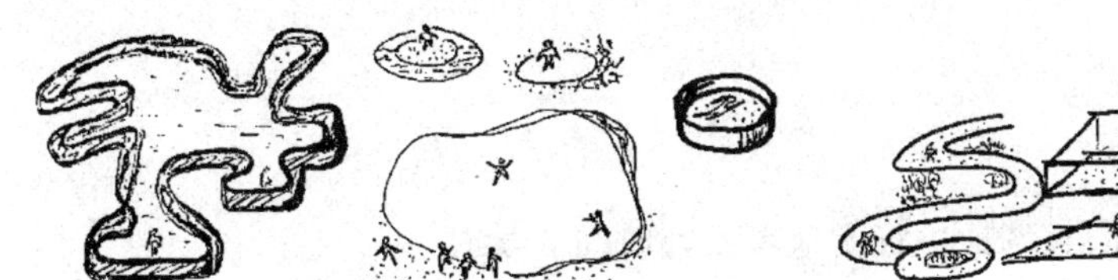

图 2-61　竖向设计的围合

竖向围合给人的引导作用因围合的种类或程度各异

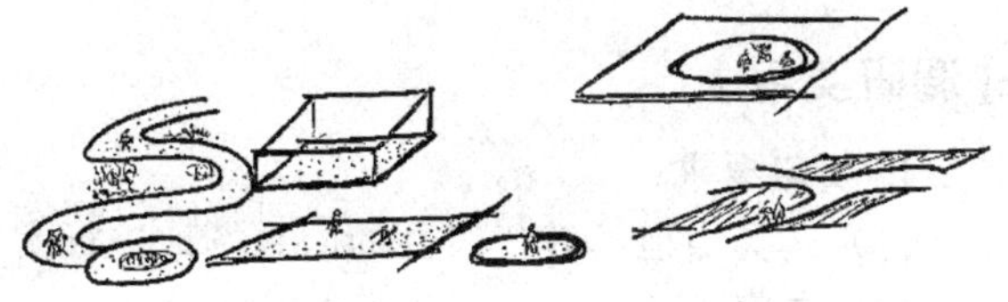

图 2-62　空间的界定

设计空间的材料、图案、色彩决定相应用途

2. 顶面

外部空间中顶面是自由的，可以延伸至树冠或天空。但人们倾向于需要庇护，那么场地的空间和容积必须有高度上的限制。当你将两只手掌上下相对，并慢慢靠拢，立刻会感受到顶面的空间重要性。在较大的开放区域，悬吊或支撑式顶面也能产生相应的心理效应。顶面围合的形式、特点、高度以及范围会对它们所限定出的空间特征产生明显的影响（图 2-63）。

图 2-63　顶面

顶面围合的形式、特点及高度会限定空间特征

图 2-64　虚实围合的垂直竖向面

3. 垂直竖向面

垂直要素是空间的分隔者、屏障、挡板或背景，在创造室外空间的过程中具有最重要的作用。垂直面容纳和连接着用地区域，可以紧紧地控制围合用地区域，例如墙体或植被等界定空间的垂直竖向面（图 2-64）。

竖向围合要与空间的用途、场地容积相适应，恰当的空间分割可以创造出相对私密的空间，消除人的分散心理状态，使人对空间产生情感依赖（图 2-65）。

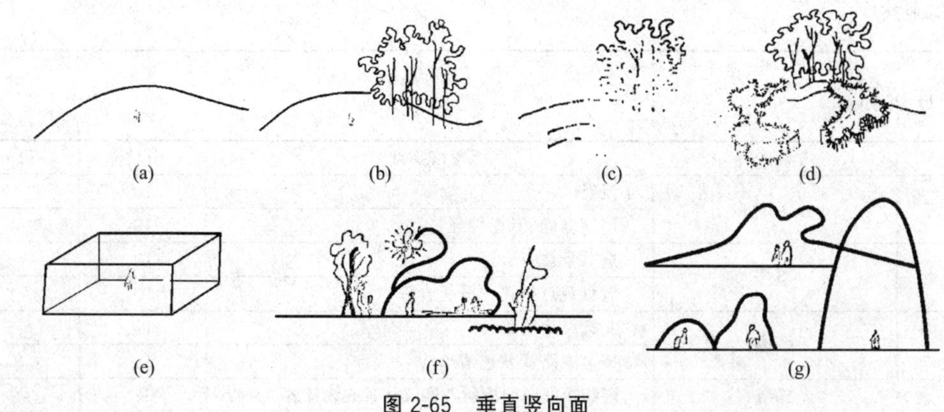

图 2-65　垂直竖向面

不同的场地容积以及在空间内垂直围合所产生的情感意义

【调研实习】

1. 实习要求

（1）选择当地具有代表性的园林场地进行实地考察，时间6学时。

（2）考察目的

通过本次实习主要达到以下几个目的：

第一，明确区分场地内园林规划设计布局形式。

第二，选定任一布局形式内某一空间的设计现状分析并总结优劣。

第三，选定任一布局形式且总结其运用的造景方式有哪些。

（3）考察内容

通过本次实习主要熟悉以下内容：

第一，熟悉园林美学中的设计形式法则。

第二，了解空间布局和围合空间的环境设计。

第三，能够明确园林规划设计形式并熟练掌握其特性。

第四，可以识别场地内所运用的造景形式与方法。

（4）撰写实习报告

实 习 报 告	
实习地点	
实习时间	
实习目的	（结合考察地点实际来写）
计划内容	
实习内容	（着重分析考察地点所运用的设计形式法则、造景方式、布局形式、空间类型等）
实习收获	

2. 评价标准

序号	考核内容	考核要点	分值	得分
1	文字	流畅	10	
		用词准确、专业性强	10	
2	图片	选取景观点合理	10	
		对景观点描述与分析合理	10	
3	结构	文章结构明确	15	
		按考察路线叙述清晰	15	
4	总结	能够很好地分析所考察园林景观设计的优缺点	30	
合计			100	

【抄绘实训】

1. 抄绘内容

图 2-66 所示的中心花园绿地平面图。

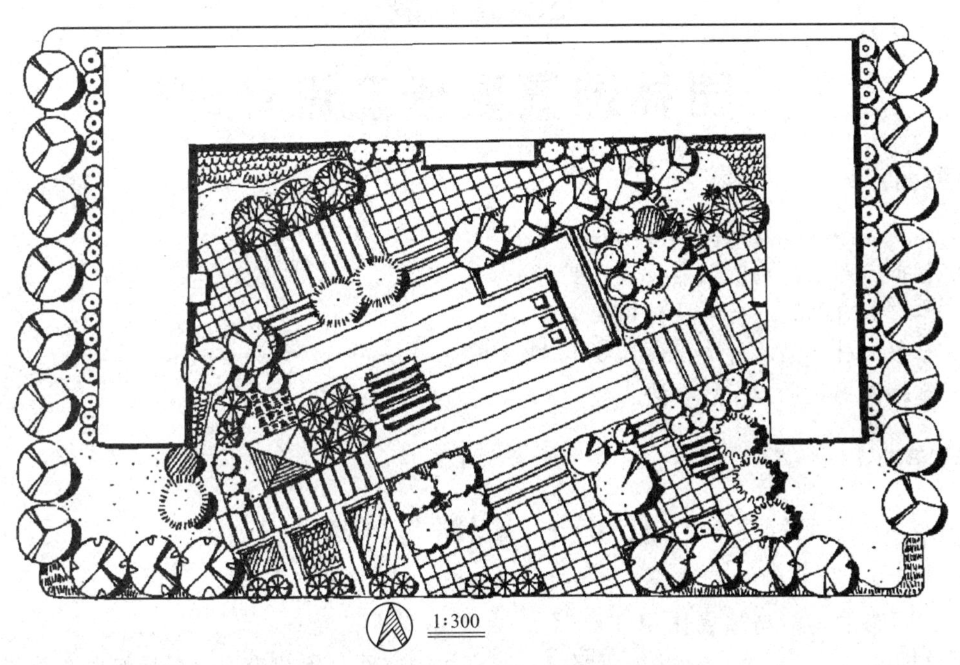

图 2-66　中心花园平面图（臧博靖　绘制）

2. 要求

体会景观元素的布局与组织特点，把握景观设计的基本原理。

3. 评价标准

序号	考核内容	考核要点	分值	得分
1	线条	线条运用熟练、流畅，接头少	10	
2	布局	平面布局合理	10	
		空间尺度合理	10	
3	总平面表现	空间形式抄绘丰富	20	
		内容充实，方案完整	20	
4	整体效果	能够很好地传达原设计的神韵	30	
合计			100	

【复习思考】

1. 简述园林设计形式美法则包括的内容。
2. 规划设计的造景方式包含哪几种？
3. 园林规划布局有哪几种方式？
4. 空间界定包括什么？
5. 空间内的要素都包括哪些内容？
6. 怎样考虑人的行为心理，合理处理空间设计？

项目三

园林造景要素及设计

【项目目标】

1. 了解园林构成要素的基本内容。
2. 掌握园路与广场的功能及设计要求。
3. 掌握园林植物的分类及种植要求。
4. 掌握园林小品的种类及设计要点。
5. 掌握园林地形的设计方法。

【项目实施】

任务一　园路与广场

一、园路的功能与造景作用

园路即园林道路，是园林的组成部分，起着组织空间、组织交通、引导游览、构成园景并为水电工程打下基础的作用。它像脉络一样，把园林的各个景区、景点连成整体，除了具有与人行道路相同的交通功能外，还具有许多特有的功能。

1. 组织空间，引导游览

在公园中常常是利用地形、建筑、植物或道路把全园分隔成各种不同功能的景区，同时又通过道路把各个景区联系成一个整体。园路担负着组织园林的观赏程序、向游客展示园林风景画面的作用。通过园路的布局和路面铺砌的图案，可以引导游客按照设计者的意图、路线和角度来游赏景物。

2. 组织交通

园路对游客进行集散、疏导，满足园林绿化、建筑维修、养护、管理等工作需要和承担安全、防火、职工活动、公共餐厅、小卖部等园务工作的运输任务。对于小公园，这些任务可以综合考虑；对于大型公园，由于园务工作交通量大，可以设置专门的路线和入口。

3. 构成园景

园路优美的曲线、丰富多彩的路面铺装与周围山、水、建筑、花草、树木、石景等景物紧密结合，不仅可以“因景设路”，而且可以“因路得景”，所以园路可行可游，行游统一。

4. 为水电工程打下基础和改善园林小气候

园路还可以为水电工程打下基础和改善园林小气候。

二、园路的类型

1. 按照性质和功能划分

（1）主要园路　联系全园，是园林内大量游人所要行进的路线，必要时可通行少量管理用车，道路两旁应充分绿化，宽度4～6m（图3-1）。

（2）次要园路　是主要园路的辅助道路，沟通各景点、建筑，宽度 2～4m（图 3-2）。

图 3-1　主要园路

图 3-2　次要园路

（3）游息小路　主要供游人散步休息，引导游人更深入地到达园林各个角落，双人行走宽度 1.2～1.5m，单人 0.6～1m。如在山上、水边、疏林中，多曲折、自由布置（图 3-3）。

2. 按照结构类型划分

（1）路堑型　路面低于周围绿地，道牙高于路面，道路排水（图 3-4）。

（2）路堤型　平道牙靠近边缘处，路面高于两侧地面，利用明沟排水（图 3-4）。

（3）特殊式　如步石、汀步、蹬道、攀梯等。

图 3-3　游息小路

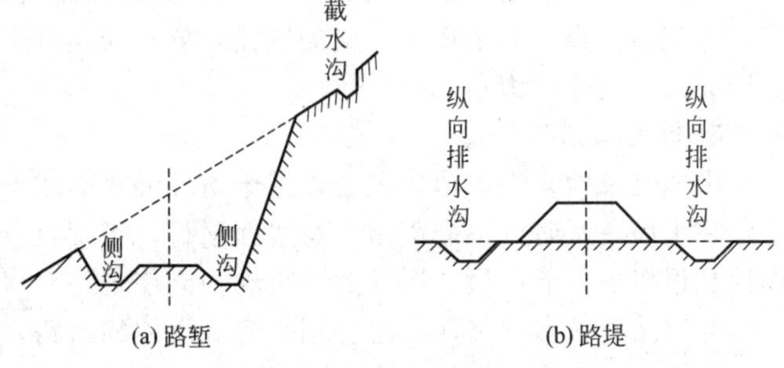

图 3-4　路堑、路堤

3. 按照路面铺装材料划分

整体路面、块料路面、简易路面等。

三、园路的规划设计要求

1. 园路的规划原则

园路尺度与在园林中的分布密度，是人流密度客观、合理的反映。“路是走出来的”，从另一个方面说明，人多的地方（如游乐场、入口大门等）尺度和密度应该大一些，休闲散步区域要小一些，达不到这个要求，绿地就极易被损坏。

此外，现代园林绿地中还应增加相应的活动场地。现代人的旅游方式有一种“要求参与”的趋势，人们不仅要求环境优美，而且要求在这样的环境中从事文娱、体育活动，甚至进行某些学术活动，因此，还要增加相当数量的活动场地。

园路和广场的占地比例：在儿童公园、主题公园、居住区公园一般可占 10%～20%，在带状绿地、小游园可占 10%～15%，其他专类公园可占 10%～15%。

2. 园路的平面布局

风景园林的道路系统不同于一般的城市道路系统，它具有自己的布置形式和布局特点。

自然式园林绿地常见的园路系统布局多为套环式、条带式和树枝式三种。

在自然式园林绿地中，园路多表现为迂回曲折、流畅自然的曲线形，中国古典园林所讲的峰回路转、曲折迂回、步移景异，即是如此。园路的自然曲折，可以使人们从不同角度去观赏景观。在私家园林中，由于所占面积有限，园路的曲折更使其小中见大，延长景深，扩大空间。

园路除了这些自由曲线的形式外，也有规则的几何形和混合形式，由此形成不同的园林风格。欧洲古典园林中（如凡尔赛宫）的园路布局多采用平面几何形状。

采用一种形式为主、另一种形式补充的混合式园路布局方式在现代园林绿地中比较常见。

3. 园路路口规划

园路路口的规划是园路建设的重要组成部分。从加强导游性来考虑，路口设置应少一些十字路口，多一些三岔路口。道路相交时，除山地和坡地之外，尽量使用正相交方式。斜相交时斜交角度如呈锐角，其角度也尽量不小于 60°。若锐角过小，车辆不易转弯，行人要穿绿地。锐角部分还应采用足够的转弯半径，设为圆形的转角。路口处形成的道路转角，如属于阴角，可保持直角状态，如属于阳角，应设计为斜边或改成圆角。

4. 园路与建筑

在园路与建筑物的交接处，常常形成路口。从园路与建筑相互交接的实际情况来看，一般都是在建筑近旁设置一块较小的缓冲场地，园路则通过这块场地与建筑交接。但一些有过道作用的建筑如游廊等常常不设缓冲小场地。

处理园路与建筑物的交接关系时，一般都避免斜路交接，特别是正对建筑某一角的斜交，冲突感很强。对不得不斜交的园路，要在交接处设一条短的直路作为过渡，或者将交接处形成的拐角改成圆角。

5. 园路与水体

中国园林常常以水体为中心，主干道环绕水面联系各景区，这是较理想的处理手法。当主路临水面布置时，不应该始终与水面平行，否则就会因缺少变化而显得平淡乏味。较好的设计是根据地形的起伏、周围的景色和功能使主路和水面若即若离。

滨河路是城市中临江、河、湖、海等水体的道路，往往是交通繁忙而景观要求又较高的城市干道。因此临近水面的步道的布置有一定的要求，步道宽度最好不小于 5m，并尽量接近水面。如滨河路比较宽时，最好布置两条游步道，其中一条临近道路人行道，便于行人来往，而临近水面的一条游步道要宽些，供游人漫步或驻足眺望。

四、台阶、步石、汀步

1. 台阶

室外台阶由平台和踏步组成，平台面应比门洞口每边宽出 500mm 左右，并比室内地平面低 20～50mm，向外做出约 1%的排水坡度。台阶踏步所形成的坡度应比楼梯平缓，一般踏步的宽度不小于 300mm，高度不大于 150mm。当室内外高差超过 1000mm 时，应在台阶临空一侧设置围护栏杆或栏板（图 3-5）。

2. 步石

步石是置于地上的石块，多在草坪、林间、岸边或庭院等较小的空间使用。它可由天然的大小石块或塑形的人工石块布置而成，具有轻松、活泼、自然的风貌和较强的韵律，因此易与自然环境相协调（图 3-6）。

3. 汀步

汀步是步石的一种类型，设置在水上，指在浅水中按一定间距布设块石，微露出水面，使人跨步而过。园林中运用这种古老的渡水设施，质朴自然，别有情趣。将步石美化成荷叶形，称为“莲步”，桂林芦笛岩水榭旁有这种汀步。

根据现行的《住宅建筑规范》（GB 50368—2005）中的相关要求，汀步附近 2m 范围内，水深不应大于 0.5m（图 3-7）。

图 3-5 台阶

图 3-6 步石

图 3-7 汀步

五、园路与桥

在园路穿过园林水体处、岛屿和湖岸的连接处、无路可通的陡岸峭壁处以及横跨风景区的山沟处等地方都需要设置园桥。园桥总是和园路紧密联系在一起，成为园路上的一种结点或一种端点，可以联系风景点的水陆交通、组织游览线路、变换观赏视线、点缀水景、增加水面层次，兼有交通和艺术欣赏的双重作用。

1. 园桥的功能与作用

（1）园路与河渠、溪流交叉处选在水面最窄处或靠近较窄的地方，交叉处必须设置园桥把中断的路线连接起来。

（2）在大水面上造桥，最好采用曲桥、廊桥、栈桥等比较长的园桥。桥址应选在水面相对狭窄的地方，这样可以利用桥身来分割水体。桥下不通游船时，桥面可设计得低平一些，使人更接近水面。桥下需要通过游船时，则可把部分桥面抬高，做成拱桥样式。

（3）庭园水池或一些面积较小的人工湖适宜布置体量较小、造型简洁的园桥。若是用桥来分隔水面，则九曲桥、拱桥、汀步等都可选用。但是要注意，小水面特别忌讳从中部均等分隔，均等分隔就意味着没有主次之分，无法突出水景重点。

（4）为了连接中断的假山蹬道，将园桥布置在假山断岩处，做成天桥造型能给人奇特有趣的感受，丰富了假山景观。在风景区游览小道延伸至无路的峭壁前，可以架设栈道通过峭壁。

（5）栈道既可布置在山壁边，也可布置在水边。在植物园的珍稀草本植物展区或动物园的珍稀小动物展区，架设栈桥将游人引入展区，游人在栈桥上观赏植物或动物，与观赏对象更加接近，同时又可使展区地面环境和动植物展品受到良好的保护。在园林内的水生及沼泽植物景区，也可采用栈桥形式，将人们引入沼泽地游览观景。

2. 园桥的形式

（1）平桥

平桥外形简单，有直线形和曲折形，结构有梁式和板式（图 3-8）。板式桥适于较小的跨度，如北京颐和园中谐趣园瞩新楼前跨小溪的石板桥，简朴雅致。曲折形的平桥是中国园林中所特有的，不论三折、五折、七折、九折，通称“九曲桥”。其作用不在于便利交通，而是要延长游览行程和时间，以扩大空间感，在曲折中变换游览者的视线方向，做到“步移景异”；也有的用来陪衬水上亭榭等建筑物，如上海城隍庙九曲桥。

（2）拱桥

拱桥造型优美，曲线圆润，富有动态感。单拱的如北京颐和园玉带桥，拱券呈抛物线形。多孔拱桥适于跨度较大的宽广水面，常见的多为三孔、五孔、七孔。著名的颐和园十七孔桥，连接南湖岛，丰富了昆明湖的层次，成为万寿山的对景。河北赵州桥的“敞肩拱”是中国首创，在园林中仿此形式的很多，如苏州东园中的一座（图 3-9）。

（3）亭桥、廊桥

加建亭廊的桥，称为亭桥或廊桥，可供游人遮阳避雨，又增加桥的形体变化（图 3-10、图 3-11）。亭桥如杭州西湖三潭印月，在曲桥中段转角处设三角亭，巧妙地利用了转角空间，给游人以小憩之处；扬州瘦西湖的五亭桥，多孔交错，亭廊结合，形式别致。廊桥有的与两岸建筑或廊相连，如苏州拙政园“小飞虹”；有的独立设廊，如桂林七星岩前的花桥。苏州留园曲奚楼前的一座曲桥上，覆盖紫藤花架，成为别具风格的“绿廊桥”。

图 3-8　平桥

图 3-9　拱桥

图 3-10　亭桥

（4）吊桥、浮桥

吊桥是以钢索、铁链为主要结构材料（在过去则主要用竹索或麻绳），将桥面悬吊在水面上的一种园桥形式。这类吊桥吊起桥面的方式有两种：一种是全用钢索、铁链吊起桥面，并作为桥边扶手；一种是在上方用大直径钢管做成拱形支架，从拱形钢管上等距地垂下钢制缆索吊起桥面。吊桥主要用在风景区的河面上或山沟上面（图 3-12）。将桥面架在整齐排列的浮筒（或舟船）上，可构成浮桥。浮桥适用于水位常有涨落而又不便人为控制的水体中（图 3-13）。

图 3-11　廊桥

图 3-12　吊桥

图 3-13　浮桥

（5）栈桥与栈道

架长桥为道路，是栈桥和栈道的根本特点。严格地讲，这两种园桥并没有本质上的区别，只不过栈桥多独立设置在水面上或地面上（图 3-14），而栈道则多依傍于山壁或岸壁。

图 3-14　栈桥

六、园林广场的概念

园林广场指园林绿地中铺装范围比较大，场地长宽比一般不超过 3∶1 的供人们集散、休憩的部分。园林广场的类型有交通广场、休憩活动广场、生产管理广场等。

1. 交通广场

交通广场是交通的连接枢纽，起交通、集散、联系、过渡及停车作用，并有合理的交通组织作用。交通广场通常分为两类：一类是环岛交通广场，即位于道路交叉口处的交通广场；另一类位于城市交通内外会合处，如汽车站、火车站的站前广场等。这类广场景观设计的主要功能是疏导交通，前者可以在广场中心和道路两旁做适当的绿化和花坛的布置，以增强美观性（图 3-15）。

2. 休憩活动广场

这类广场主要供人们举行一些娱乐活动。休闲娱乐广场景观设计比较灵活，因为主要功能是为了方便市民，广场应具有欢乐、轻松的气氛，并以舒适方便为目的。广场中应该布置台阶、坐凳等供人们休息，设置花坛、雕塑、喷泉、水池及城市小品供人们观赏（图 3-16）。

3. 生产管理广场

生产管理广场主要供园务管理、生产需求之用。它的布局应方便与园务管理专用出入口、苗圃等的联系（图 3-17）。

图 3-15　交通广场

图 3-16　休憩活动广场

图 3-17　生产管理广场

任务二　园林植物

一、园林植物的概念

园林植物是指在园林绿化中栽植应用的植物，包括各种乔木、灌木、藤本、地被、竹类、草本花卉及草坪植物等。园林植物栽培与养护是指园林植物的种植、养护与管理，包括园林植物的栽植、灌溉、排涝、修剪、防治病虫、防寒、支撑、除草、中耕、施肥等技术措施。

二、园林植物的分类

由于我国园林植物资源非常丰富，不同的植物在园林绿化中起的作用又不尽相同，为了便于研究和应用，除按系统分类方法归类外，还将园林植物按以下分类方法进行归类。

1. 按生物特性分类

（1）木本植物

① 乔木类　树体高大（株高通常6m以上），具有明显的高大主干，分枝点高，如雪松、云杉、樟子松、悬铃木、广玉兰、银杏、白皮松等。

② 灌木类　树体矮小（株高通常6m以下），主干低矮或者茎干自地面呈多数生出而无明显主干，如月季、牡丹、玫瑰、腊梅、珍珠梅、大叶黄杨和紫丁香等。

③ 藤本类　以特殊的器官如吸盘、吸附根、卷须等缠绕或攀附其他物体而向上生长的木本植物。如爬山虎可借助吸盘、凌霄可借助吸附根向上攀爬；蔓性蔷薇每年可长出多条生长枝，枝上有钩刺故可以上升；卷须类如葡萄等。

④ 匍匐植物类　植株的干和枝不能直立，均匍匐地面生长，与地面接触部分可生出不定根而扩大占地范围，如铺地柏。

（2）草本植物

① 花卉类　可分为1～2年生花卉、球根花卉、水生花卉和蕨类，详见花卉学课程介绍。

② 草坪植物类　由人工栽培的矮性禾本科或莎草科等多年生草本植物组成，加以养护管理，形成致密似毡的植物群体。

2. 按植物观赏部位分类

（1）观花类　包括木本观花植物与草本观花植物。观花植物以花朵为主要的观赏部位或以花香取胜，形状各式各样、色彩千变万化。单朵的花又常排聚成大小不同、式样各异的花序。木本观花植物有月季、杜鹃、榆叶梅、连翘、桃、玫瑰、合欢、绣线菊、碧桃、紫丁香等。草本观花植物有菊花、兰花、大丽花、唐菖蒲、一串红等。

（2）观叶类　园林植物的叶具有极其丰富多彩的形貌，或叶的大小、形态引人注目；或叶的质地不同，产生不同的质感；或叶的色彩变化丰富。有些树木的叶会挥发出香气和音响的效果。观叶植物观赏期长，观赏价值较高，如油松、雪松、五角枫、合欢、小檗、黄栌、苏铁、银杏、白蜡、栎树、山麻秆等。

（3）观茎类　茎干树皮色泽或形状异于其他植物，可供观赏。常见供观赏红色枝条的有红瑞木、野蔷薇、杏等；可于冬季观赏的有枝条色彩青翠碧绿的棣棠；还有可观赏形和色的白皮松、竹、悬铃木、梧桐等。

（4）观芽类　植物的芽特别肥大美丽，如银柳、结香。

（5）观果类　果实色泽美丽，经久不落，或果形以奇、巨、丰发挥较高的观赏效果，如佛手、红豆树、柚、石榴、山楂、葡萄等。

（6）观根类　树木裸露的根部也有一定的观赏价值，但是并非所有树木均有显著的露根美。一般而言，树木达老年期以后，均会或多或少地表现出露根美。在这方面效果突出的树种有松、榆、梅、楸、榕、腊梅、山茶、银杏、广玉兰、落叶松等。

（7）观姿态类　树势挺拔或枝条扭曲、盘绕，似游龙、如伞盖。如雪松、银杏、杨树、龙柏、龙爪槐、龙爪榆等。

3. 按在园林绿化中的用途分类

（1）行道树　为了美化、遮阴和防护等目的，在道路两旁栽植的树木。如悬铃木、樟树、杨树、垂柳、银杏、广玉兰等。

（2）庭荫树　又称绿荫树，能形成绿荫供游人纳凉、避免日光暴晒和装饰用。多孤植，或丛植在庭院、广场或草坪内。如樟树、油松、白皮松、合欢、梧桐、杨类、柳类等。

（3）孤赏树　这类植物一般树干粗壮、高大，树形优美，或观叶、或观花、或观干。如观干的白桦、观叶的蒙古栎、观花的玉兰等。

（4）绿篱　在园林中主要起分隔空间、范围、场地，遮蔽视线，衬托景物，美化环境以及防护作用等。如黄杨、女贞、水蜡、榆、三角梅和地肤等。

（5）地被植物及草坪　用低矮的木本或草本植物种植在林下或裸地上，以覆盖地面，起防尘、降温及美化作用。常用的植物有酢浆草、枸杞、野牛草、结缕草、铺地柏等。

(6) 垂直绿化植物　以攀缘植物为主，绿化墙面和藤架。如常春藤、木香、爬山虎等。

(7) 花坛植物　采用观叶、观花的草本花卉及低矮灌木，栽植在花坛内组成各种花纹和图案。如石楠、月季、金盏菊、五色苋等。

(8) 片林　用乔木或灌木类作骨干树种，带状栽植于公园外围的隔离带。环抱的林带可组成封闭空间，稀疏的片林可供游人休息和游玩。乔木如各种松、柏、杨树等，灌木如连翘、丁香、夹竹桃、忍冬等。

三、各类植物景观种植设计

1. 树列与行道树设计

(1) 树列设计　树列，也称列植树，是指按一定间距，沿直线（或曲线）纵向排列种植的树木景观。

① 树列设计形式　树列设计的形式有两种，即单纯树列和混合树列。单纯树列是用同一种树木进行排列种植设计，具有强烈的统一感和方向性，种群特征鲜明，景观形态简洁流畅，但也不乏单调感。混合树列是用两种以上的树木进行相间排列种植设计，具有高低层次和韵律变化，混合树列还因树种的不同，产生色彩、形态、季相等景观变化。树列设计的株距取决于树种特性、环境功能和造景要求等，一般乔木间距 3～8m，灌木间距 1～5m，灌木与灌木近距离列植时以彼此间留有空隙为准，区别于植篱。

② 树种选择与应用　树列具有整齐、严谨、韵律、动势等景观效果。因此，在设计时宜选择树冠较整齐、个体生长发育差异小或者耐修剪的树种。树列景观适用于乔木、灌木、常绿树、落叶树等许多类型的树种。混合树列树种宜少不宜多，一般不超过三种，多了会显得杂乱而失去树列景观的艺术表现力。树列延伸线较短时，多选用一种树木，若选用两种树时，宜采用乔木与灌木间植，一高一低，简洁生动。树列常用于道路边、分车绿带、建筑物旁、水际、绿地边界、花坛等种植布置。行道树就是最常见的树列景观之一，水际树列多选择垂柳、枫杨、水杉等树种。

(2) 行道树设计　行道树是按一定间距列植于道路两侧或分车绿带上的乔木景观，行道树设计要考虑的主要内容是道路环境、树种选择、设计形式、设计距离、安全视距等（图 3-18）。

① 道路环境　行道树生长的道路环境因素较为复杂，并直接或间接影响着行道树的生长发育、景观形态和景观效果。总体上可将环境因素分为两大类，即自然因素和人工因素。自然因素包括温度、光照、空气、土壤、水分等；人工因素包括建筑物、路面铺筑物、架空线、地下埋藏管线、交通设施、人流、车辆、污染物等。这些因素或多或少地影响了行道树设计时的树种选择、种植定位、定干整形等。因此在设计之前要充分了解各种环境因素及其影响作用，为行道树设计提供依据。

② 树种选择　行道树树种选择要认真考虑各种环境因素，充分体现行道树保护和美化环境的功能，科学、正确地选择适宜树种。具体选择树种时一般要求树木具有适应性强、姿态优美、生长健壮、树冠宽大、萌芽性强、无污染性等特点。另外，选择树种时，应尽量选用无花粉过敏性或过敏性较少的树种，如香樟、女贞、刺槐、乌桕、水杉、黄杨、榔榆、冬青、银杏、梧桐等。

③ 设计形式　行道树设计形式根据道路绿地形态不同，通常分为两种，即绿带式和树池式。

④ 设计距离　行道树设计还必须考虑树木之间，树木与架空线、建筑、构筑物、地下埋藏管线等之间的距离。

2. **孤植树与对植树设计**

（1）孤植树设计（图 3-19） 环境位置可以是广场、草坪、湖畔、岛屿、桥头、园路尽头、斜坡或岩洞口、转弯处、建筑旁。常见的适宜做孤植树的树种有榕树、香樟、朴树、悬铃木、银杏、雪松、广玉兰、七叶树、油松、金钱松、麻栎、薄壳山核桃、云杉、白皮松、桧柏、白桦、枫香、乌柏、枫杨等。

（2）对植树设计（图 3-20） 常应用于建筑入口、景园绿地的端口、公园出入口两侧、规则式花园出入口、桥头与庭院左右、石级两侧。适合对植设计的树木有龙柏、雪松、南洋杉、龙爪槐、柳树、云杉、苏铁、桧柏、棕竹、棕榈、碧桃、罗汉松、紫玉兰等。

图 3-18 行道树

图 3-19 孤植树

图 3-20 对植树

3. **树林设计**

（1）疏林（郁闭度 0.4～0.6）

① 疏林草地 疏林中树木间距一般为10～20m，其中落叶树种较多，如白桦、合欢、银杏、银白杨、桂花、枫香、丁香、水杉、金钱松等。疏林地面全部铺种草坪植物，草种要求耐旱、耐践踏、绿叶期长，如四季青、假俭草、野牛草、天堂草等。

② 疏林花地 要求树木间距较大，有利于采光，或主要采用窄冠树种，如落羽杉、水杉、池杉、龙柏、金钱松、棕榈。林下配植一些喜阴花灌木，如杜鹃、山茶、洒金桃叶珊瑚、八角金盘等。林下花卉多以多年生球根、宿根花卉为主。

③ 疏林广场 树木选择多同疏林草地，只是林下作硬质铺装，其地面铺装材料如混凝土预制块料、植草砖、花岗岩。

（2）密林（郁闭度 0.7～1） 分单纯密林和混交密林，单纯密林一般选用观赏价值较高、生长健壮的适生树种，如马尾松（多在秦岭以南）、白皮松、油松、枫香、水杉、桂花、梅花、黑松、毛竹等。

4. **植篱设计**（图 3-21）

（1）矮篱 株高 50cm 以下，选枝叶细小或株体矮小、耐修剪、生长缓慢的常绿树种。如雀舌黄杨、瓜子黄杨、大叶黄杨、蜀桧、九里香、日本花柏、铺地柏等。

（2）中篱 高 50～120cm，宽 40～100cm。树种如瓜子黄杨、大叶黄杨、珊瑚树、九里香、小叶女贞、海桐等。

（3）高篱 高 120～150cm，宽 60～120cm。树种如女贞、珊瑚树、蜀桧、龙柏、油茶等。

（4）树墙 高 150cm 以上。多选用大灌木或小乔木，如女贞、珊瑚树、蜀桧、龙柏、海桐、石楠、椤木、茶树、千头柏、香柏、中山柏、铅笔柏、云杉、竹类等。

（5）常绿篱 树种如瓜子黄杨、大叶黄杨、雀舌黄杨、锦熟黄杨、桧柏、蜀桧、龙柏、侧柏、女贞、珊瑚树、海桐、茶树、月桂、罗汉松、冬青、蚊母、观音竹等。

（6）花篱 树种如金丝桃、六月雪、黄馨、迎春、金钟花、棣棠、郁李、木槿、含笑花、麻叶绣线菊、珍珠梅、黄刺玫、溲疏、月季、锦鸡儿、米兰、红花檵木、贴梗海棠、杜鹃等。

(7) 果篱　树种如枸骨、紫珠、枸杞、南天竹、胡颓子、火棘、山茱萸、牛奶子、荚蒾、山楂、忍冬等。

(8) 刺篱　树种如胡颓子、火棘、酸枣、枸骨、蔷薇、玫瑰、柞木、云实、刺柏、马甲子、刺梨、枸橘（铁篱寨）、黄刺玫、花椒、刺叶忍冬、小檗等。

(9) 彩叶篱　树种如紫叶小檗、红桑、金心黄杨、变叶木、洒金桃叶珊瑚、洒金千头柏、金叶桧等。

(10) 蔓篱　常用植物如常春藤、绿萝、薜荔、三角梅、紫藤、蔷薇、木通、扶芳藤、云实、金银花、凌霄、牵牛花、茑萝、月光花、香豌豆等。

(11) 编篱　常用树木如木槿、紫薇、紫穗槐、杞柳等。

图 3-21　植篱

图 3-22　花卉设计

5. **花卉造景设计**（图 3-22）

花坛设计：

① 独立花坛　长短轴之比一般小于 3∶1，常以轴对称或中心对称设计。可分为以下几类。

a. 模纹花坛　植物要求萌蘖性强、植株矮小、耐修剪、枝密叶细。常用的有苋科的小叶绿、小叶红、花大叶、小叶黑（五色苋），景天科的白草、佛甲草，其中心也可点缀些形态优美的树木如棕榈、苏铁、剑麻、朱蕉、金边龙舌兰、紫薇、五针松、香雪球和一串红等。

b. 盛花花坛（花丛花坛）　选用的草花以开花繁茂并以花朵盛开时几乎不见叶子为佳。花期集中一致，植株高矮整齐，花朵色彩明快，生长势强。常用的有福禄考、一串红、矮牵牛、矮雪球、孔雀草、金盏菊、雏菊、万寿菊、石竹、三色堇、百日草、千日红、美女樱、银白菊、滨菊等一二年生草花和风信子、球根鸢尾、郁金香、地被菊、小菊、四季海棠、满天星等球根、宿根花卉。

c. 带状花坛　设计宽度在 1m 以上，长宽比大于 1∶3 的长条形花坛。

d. 沉床花坛（下沉花坛）　设计于低凹处，植床低于周围地面的花坛。

e. 浮水花坛（水上花坛）　选择水生花卉多为浮水植物时不需要种植载体，直接用周边材料如竹木、泡沫塑料等轻质材料将水生花卉围成一定形状。植物有凤眼蓝、凤尾莲等。

② 花境设计　通常沿道路两侧、建筑物基础墙边、台阶两旁、斜坡地、挡土墙边、水畔池边、林缘、草坪边布置，或与植篱、游廊、花架结合布置。常用草花与花灌木有大丽

花、美人蕉、萱草、小丽花、金鸡菊、波斯菊、芍药、黄秋菊、蜀葵、麦冬、沿阶草、射干、鸢尾、紫茉莉、玉簪、菊花、水仙、郁金香、风信子、葱兰、石蒜、韭兰、三叶草、唐菖蒲、一叶兰、紫露草、常春藤、球根海棠、吊竹梅、南天竹、凤尾竹、梅花、棣棠、五针松、丁香、牡丹、月季、玫瑰、珍珠梅、金钟花、金丝桃、榆叶梅、杜鹃、腊梅、棕竹、朱蕉、十大功劳、变叶木、龙舌兰、红枫、苏铁、铺地柏、茶花、矮生紫薇、寿星桃等。

6. 草坪设计

（1）草坪植物选择　体育草坪和游憩活动草坪宜选择耐践踏、适应性强、耐修剪的草坪草，如结缕草、狗牙根、早熟禾等。干旱少雨地区要求草坪具有耐寒、抗旱、抗病性强等特性，如假俭草、野牛草、狗牙根。观赏草坪要求叶片细小美观、植株低矮、叶色翠绿且绿叶期长，如天鹅绒、早熟禾、羊茅。护坡草坪要求选用耐旱、适应性强、根系发达、耐瘠薄的品种，如白三叶、结缕草、百喜草、假俭草。湖畔河边或地势低凹处宜选用耐湿草种，如细叶苔草、剪股颖、假俭草。树下及建筑阴影环境宜选择耐阴草种，如两耳草、羊胡子草、细叶苔草。

（2）草坪坡度设计

① 体育草坪坡度　越平越好，自然排水坡度为0.2%～1%。网球场草坪由中央向四周的坡度为0.2%～0.8%，纵向坡度较大，横向坡度较小；足球场草坪由中央向四周的坡度以小于1%为佳；高尔夫球场草坪发球区坡度应小于0.5%，果岭（球穴区或球盘）坡度一般宜小于0.5%，障碍区坡度可达15%或更高；赛马场草坪直道坡度为1%～2.5%，转弯处坡度7.5%，弯道坡度5%～6.5%，中央场地草坪坡度1%左右。

② 游憩草坪坡度　规则式坡度较小，一般排水坡度0.2%～5%；自然式坡度比较大，以5%～10%为佳，通常坡度不超过15%。

③ 观赏草坪坡度　可以根据用地条件及景观特点设计不同的坡度。平地坡度不小于0.2%，坡地坡度不超过50%。

任务三　园林小品

一、园林小品的概念

园林小品是属于园林中的小型艺术装饰品，是指在园林中供游人休息、观赏，方便游览活动，供游人使用或为了园林管理而设置的小型园林设施，它包括园灯、园椅、雕塑、喷泉、园路、栏杆、电话亭、果皮箱等小型点缀物及带有装饰性的园林细部处理，一般不能形成供人活动的内部空间。如一樘通透的花窗、一组精美的隔断、一块新颖的展览牌、一盏灵巧的园灯、一座构思独特的雕塑以及小憩的座椅、湖边的汀步等。

二、园林小品的种类

园林建筑小品的内容非常丰富，按其功能分为以下几类。

1. 供休息用的园林建筑小品

如园椅、园凳、园桌及遮阳的伞、罩等。常结合环境，用自然块石或用混凝土做成仿石、仿树墩的凳、桌；或利用花坛、花台边缘的矮墙和地下通气孔道来作为椅、凳等；围绕大树基部设椅凳，既可休息，又能纳凉（图3-23、图3-24）。

2. 服务性园林小品

如导游牌、指路牌（图3-25）、标志牌、园灯（图3-26）、饮水器等。

图 3-23 园椅

图 3-24 园桌

图 3-25 指路牌

3. 管理类园林小品

如为保护环境而设的废物箱、鸟舍、鸟浴等，以及各种洞门、栏杆等（图 3-27）。

4. 装饰性园林小品

如景窗（图 3-28）、花格、花池、花钵、瓶饰、盆饰、园林雕塑小品等，在园林中起点缀作用。

园林小品的分类并不是绝对的。例如：花格栏杆常被用做绿地的护栏，而那种低矮的镶边栏杆则主要起装饰作用，花坛用的石制栏杆可坐可靠。

图 3-26 园灯

图 3-27 废物箱

图 3-28 景窗

三、园林小品在园林中的作用

园林小品虽属园林中的小型艺术装饰品，如布置得当，可胜过其他景物。例如杭州玉泉风景区“山外山”餐厅的山门，它的正面墙上开设了一樘雅致的扇面空窗，隐现出后面小小空间的翠竹和湖石，强烈地吸引着人们的视线，自然地把游人疏导至内。无论是扇面景窗或景墙门洞、天棚圆孔，在造园艺术意境上都是举足轻重的。园林小品在园林中的作用主要有组景、观景、渲染气氛三个方面的作用。

1. 组景

园林小品在园林空间中，除具有自身的使用功能外，更重要的作用就是把外界的景色组织起来，在园林空间中形成无形的纽带，引导人们由一个空间进入另一个空间，起着导向和组织空间画面的构图作用；能在不同角度都构成完美的景色，具有诗情画意。园林建筑小品还起着分隔空间与联系空间的作用，使步移景异的空间增添了变化和明确的标志。

2. 观景

园林小品作为艺术品，它本身具有审美价值。由于其色彩、质感、肌理、尺度、造型的特点和合理的布局，成为园林一景。杭州西湖的“三潭印月”就是以传统的水庭石灯的小品形式“漂浮”于水面。

3. 渲染气氛

园林小品除了组景、观景作用外，常常把那些功能作用较明显的桌椅、地坪、踏步、桥岸以及灯具和牌匾等艺术化、景致化，以渲染周围气氛，增强空间的感染力。

四、园林小品在设计中应注意的几个问题

园林小品具有精美、灵巧和多样化等特点，在设计创作时要做到“造景随机，不拘一格”，在有限空间得其天趣，切忌生搬硬套和雷同，并要符合适用、坚固、经济、美观的原则。一般应遵循以下几点。

1. 巧于立意

园林小品作为园林中局部主体景物，具有相对独立的意境，应具有一定的思想内涵，才能产生感染力。如我国园林中常在庭院的白粉墙前置玲珑山石、植几竿修竹。

2. 突出特色

应突出地方特色、园林特色及单体的工艺特色，使其有独特的格调并巧妙地融入园林造型之中，切忌生搬硬套。

3. 融于自然

将人工与自然浑然一体，追求自然又精于人工。“虽由人作，宛如天开”是设计者们的匠心之处。如在老榕树下塑以树根造型的园凳，似在一片林木中自然形成的断根树桩，可达到以假乱真的程度。

4. 注重体量

园林装饰小品作为园林景观的陪衬，一般在体量上力求与环境相适宜。

5. 因需设计

园林装饰小品绝大多数有实用意义，因此除满足美观效果外，还应符合实用功能及技术上的要求。如园林栏杆具有各种使用目的，对于各种园林栏杆的高度也就有不同的要求。

6. 经济耐用

园林小品的设计要考虑广泛设置的经济效益以及施工、制作的技术水平，确保园林小品经济适用。

任务四　园林地形

地形是地貌和地物的总称，园林地形是人为风景的艺术概括。不同的地形反映出不同的景观特征，它影响园林布局和园林风格。有了良好的地形，才有可能产生良好的景观效果，因而地形成为园林的造景基础。

一、园林地形的形式

1. 平坦地形

园林绿地中的平坦地形一般是指坡度介于1%～7%的地形。此类地形能形成较为开阔的空间，是一种最为简明的稳定地形，具有宁静的特征（图3-29）。平坦地形在视觉上空旷、宽阔、视线遥远，景物不被遮挡。平坦地面能与地面上的垂直造型形成强烈对比，使景物突出。平地是易于布置其他园林要素的用地，空间布置的可塑性大，同时也可用其他园林要素进行平坦地形的空间分隔，以弥补平坦地形缺少私密性的不足。但平坦地形也因其地形平坦没有变化而不足以引起视觉上的刺激效果。

平坦地形便于群众性文体活动和人流集散，是欣赏景色、游览休息的好地方，因此在公园中占有一定的比例。

平坦地形按地面材料可分为绿化种植地面、铺装地面、砂石地面和土地面。

2. 凸地形

凸地形是指在立面上有明显凸起的地形。其表现形式有土丘、丘陵、山峦及小山峰，具

有一定的凸起感和高耸感（图 3-30）。

凸地形具有构成风景、组织空间、丰富园林景观等功能。尤其在丰富景点视线方面起着重要作用。因凸地形比周围环境的地势高，人置其上则视线开阔，具有延伸性，空间呈发散状。它一方面可组织成为观景之地，另一方面因地形高处的景物往往突出、明显，所以又可组织成为造景之地。因此，凸地形往往布置成某个区域的视觉中心或标志性景观。

3. 山脊

山脊是连续的线性凸起型地形，有明显的方向性和流线性（图 3-31）。

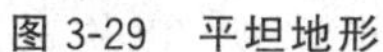

图 3-29 平坦地形

图 3-30 凸地形

图 3-31 山脊

4. 凹地形

凹地形与凸地形正好相反，其地面标高比其周围地形低，从空间形状上看类似碗状，在中国古代，此类地形称为“坞”。两个凸型地形相连接形成的地形就是凹地形（图 3-32）。

凹地形因比周围环境的地形低，视线受抑制，形成一个具有内向性和不受外界干扰的空间，给人一种分隔感、封闭感和私密感，给人的心理带来一定的私密性和安全感，通常在此类空间中设置某个景物或设置成小的活动空间。

5. 谷地

谷地是一系列连续和线性的凹形地貌，也具有方向性，常伴有小溪、河流以及湿地等地形特征（图 3-33）。

图 3-32 凹地形

图 3-33 谷地

二、地形地貌的功能

1. 满足园林功能要求

园林中各种活动内容很多，景色也应丰富多彩，地形应满足各种要求。如游人集中的地方和体育活动的场所要平坦；登高远眺要有山岗高地；划船、游泳、养鱼、栽藕需要有河湖。

2. 改善种植和建筑物条件

利用地形起伏改善小气候，有利于植物生长。

3. 解决排水问题

可利用地形排除雨水和各种人为的污水、淤积水等。利用地面排水节约地下排水设施。地面排水坡度大小应根据地表情况及不同土壤结构性能来决定。

4. 分隔空间

利用地形可以有效地、自然地划分空间，使之形成具有不同功能或景色特点的区域。

5. 控制视线

地形能在景观中将视线导向某一特定方向，影响某一固定点的可视景物和可见范围，形成连续观赏的景观序列，以及完全封闭通向不悦景物的视线。

6. 美学功能

建筑、植物、水体等景观常常都以地形作为依托。凸、凹地形的坡面可作为景物的背景，通过视距的控制保证景物与地形之间具体良好的构图关系。

三、园林地形处理的原则

在园林的地形改造中，必须经过一定的艺术处理，运匠心于丘壑泉池，以构成园林佳景。在地形的艺术处理中，应注意以下几个原则。

1. 因地制宜

在地形设计中，首先要考虑对原有地形的利用。根据原有地形的特点，本着“利用为主，改造为辅”的原则，“高方欲就亭台，低凹可开池沼”。

2. 满足园林的性质和功能的要求

园林的类型不同，其性质和功能就不一样，对园林地形的要求也就不尽相同。城市中的公园、小游园、滨湖景观、绿化带、居住区绿地等对园林地形相对要求要高一些，可进行适当的处理，以满足使用和造景等方面的要求；相对而言，郊区的自然风景区、森林公园、休疗养地、工厂区绿地对原地形的要求较低，因势就形稍作整理即可，应偏重于对原地形的利用。

3. 满足园林景观的要求

园林应以优美的园林景观来丰富游人的游憩活动。在进行园林地形设计时，也应力求创造出优美的游憩活动场所。如水面、山林等开敞、封闭或半开敞的园林空间类型，以形成丰富的景观层次。在设计地形时也要考虑其他园林要素的布置等问题。

4. 符合园林工程的要求

园林地形的设计在满足使用和景观需要的同时，也必须符合园林工程的要求。在土山的堆叠中，要考虑山体的自然安息角，土山的高度与地质、土壤的关系，山高与坡度的关系；平坦地形的排水问题，开挖水体的深度与河床的坡度关系，水岸坡度的合理稳定性等问题。园林建筑设置点的基础、桥址的基础等都是应考虑的工程技术问题，以免发生如露地内涝、水面泛溢与枯竭、岸坡崩坍等工程事故。

5. 创造园林植物的种植环境

丰富的园林地形，可形成不同的小环境、小气候，从而有利于不同生态习性园林植物的生长。园林植物有耐阴、喜光、耐湿、耐旱等类型，根据园林景观需要，在园林中各自适宜的环境中配置或与其他园林要素结合配置，构成意趣不同的景观类型。

四、园林地形处理的方法与要求

1. 平坦地形处理

（1）为排水方便，平坦地形要有1%～7%的排水坡度。

(2) 平坦地形适合做停车场、网球场、运动场等。

(3) 在平地上可以合理布置其他园林要素如花坛、树木等，打破平地的单调与乏味。

2. 坡地的处理方法

凸地形和凹地形都由一定的坡地构成，地形设计中需要科学地设计和利用坡地，妥善处理好各景观空间、景观布置要素的关系，创造丰富的园林景观。

(1) 缓坡　是指坡度在5%～10%之间的地形。缓坡开始有起伏感，适合安排用地范围不大的活动内容。在有山水的园林中，山水交界处应有一定面积的缓坡，作为过渡地带。

(2) 中坡　是指坡度在10%～20%之间的地形。只能局部小范围地加以利用，从植物造景角度来说是比较有利的地形。在设计中也要注意同一个坡向上，不能取同一个值的坡度，应发挥其起伏感。

(3) 陡坡　坡度>20%。这种坡度较陡峭，大多数不适合安置除植物以外的其他园林要素，而园林植物根据其坡度及土壤情况可适当布置。变化的地形可以从缓坡逐渐过渡到陡坡与山体相连。

任务五　园林建筑

在规划园林建筑时，根据园林的立意、功能、造景等需要，必须考虑建筑和建筑的适当组合，包括考虑建筑的体量、造型、色彩以及与其配合的假山艺术、雕塑艺术等要素的安排，精心构思，使建筑在园林中起到画龙点睛的作用。

一、园林建筑的功能

1. 满足功能要求

园林建筑是改善、美化人们生活环境的设施，也是供人们休息、游览、文化娱乐的场所，随着园林活动的日益增多，园林建筑类型也日益丰富起来，主要有茶室、餐厅、展览馆、体育场所等，以满足人们的需要。

2. 园林景观要求

(1) 点景　点景要与自然风景融会结合，园林建筑常成为园林景观的构图中心主体，或易于近观的局部小景或成为主景，控制全园布局，园林建筑在园林景观构图中常有画龙点睛的作用。

(2) 赏景　作为观赏园内外景物的场所，建筑常成为画面的重点，而一组建筑物与游廊相连成为动观全景的观赏线。因此，建筑朝向、门窗位置及大小等的设计都要考虑赏景的要求。

(3) 引导游览路线　园林建筑具有起承转合的作用，常成为引导视线的主要目标。当人们的视线触及某处优美的园林建筑时，游览路线就会自然而然地延伸，人们常说的步移景异就是这个意思。

(4) 组织园林空间　园林设计中空间组合和布局是重要内容，园林常以一系列空间的变化、巧妙安排给人以艺术享受，各种形式的建筑如庭院及游廊、花墙、洞门等恰是组织空间、划分空间的最好手段。

二、园林建筑的分类

园林建筑按照使用功能分为以下5种。

1. **游憩性建筑**

有休息、游赏使用功能，具有优美造型，如亭、廊、花架、榭、舫、园桥等（图 3-34～图 3-36）。

图 3-34　榭

图 3-35　园桥

图 3-36　亭子

2. **园林建筑小品**

以装饰园林环境为主，注重外观形象的艺术效果，兼有一定使用功能，如园灯、园椅、展览牌、景墙、栏杆等（图 3-37、图 3-38）。

图 3-37　展览牌

图 3-38　景墙

图 3-39　茶室

3. **服务性建筑**

为游人在游览途中提供生活上服务的设施，如小卖部、茶室、小吃部、餐厅、小型旅馆、厕所等（图 3-39、图 3-40）。

4. **文化娱乐设施**

开展活动用的设施，如游船码头、游艺室、俱乐部、演出厅、露天剧场、展览厅等（图 3-41）。

图 3-40　厕所

图 3-41　露天剧场

5. **办公管理用设施**

主要有公园大门、办公室、实验室、栽培温室等，动物园还应有动物兽医室（图 3-42、图 3-43）。

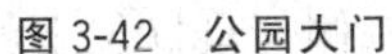
图 3-42　公园大门

图 3-43　栽培温室

三、园林建筑设计的方法与技巧

园林建筑要适用、经济、坚固、美观，要符合艺术均衡法则，可居、可游、可观。

1. 布局

园林建筑布局上要因地制宜、巧于因借，建筑规划选址除考虑功能要求外，要善于利用地形，结合自然环境，与自然融为一体。

2. 情景交融

园林建筑应结合情景，抒发情趣，尤其在古典园林中，建筑常与诗画结合，加强感染力，达到情景交融的境界。

3. 空间处理

在园林建筑的空间处理上，应尽量避免轴线对称，整体布局应力求曲折变化、参差错落，空间布置要灵活，通过空间划分，形成大小空间的对比，增加层次感，扩大空间感。

4. 造型

园林建筑在造型上更重视美观的要求，建筑体型、轮廓要有表现力，增强园林画面美，建筑体量、体态都应与园林景观协调统一，造型要表现园林特色、环境特色、地方特色。一般而言，在造型上，体量宜轻盈，形式宜活泼，力求简洁明快、通透有度，达到功能与景观的有机统一。

5. 装修

在细节上，应有精巧的装饰，既增加本身的美观，又可用来组织空间画面。如常用的挂落、栏杆、漏窗、花格等。

四、园林建筑的形式

1. 亭

“亭者，停也，亦人所停集也”。亭在我国园林中是运用最多的一种建筑形式。无论是在传统的古典园林中，还是在 1949 年后新建的公园及风景游览区，都可以看到各种各样的亭子，或屹立于山冈之上，或依附在建筑之旁，或漂浮在水池之畔。以玲珑美丽、丰富多样的形象与园林中的其他建筑、山水、绿化等相结合，构成一幅幅生动的图画（图 3-44）。

图 3-44　亭

（1）结构　亭顶、柱、台基。

（2）材料　竹、石料、木、钢筋、混凝土。用这些材料组成一个周围开敞的园林建筑。

(3) 亭的特点

① 功能　休息、赏景、点景。在廊中赏景是动观，在亭中赏景是静观。

② 造型　小而集中并有相对独立的建筑形象，轻巧、灵活，与环境吻合。

③ 体量　随意，大小自立。

④ 布局　位置选择灵活，可独立设置，更可与环境结合。

⑤ 装饰　不拘风格，“淡妆浓抹总相宜”。

(4) 亭的设计

亭的性格特征是“虚”。位置选择为首要的问题，属空间规划。

① 山间建亭　视野开阔，突破山形的天际线，丰富山形的轮廓。

a. 小山建亭于山顶。忌建在几何中心线上，要偏于山顶一侧，最好位于黄金分割点。

b. 中等高度的山建亭于山脊、山腰、山顶，注意亭的体量，要与山协调。

c. 大山建亭于山腰台地或悬崖峭壁之顶、道路边。忌遮挡亭的视线，注意亭子间的距离800～1000m。

② 临水建亭　通过亭与水面之间静与动的对比，观赏丰富的水面景观，一般通过桥、堤岸与陆地相连。亭的体量与水密切相关，通常贴近水面。桥上置亭是一种独特的设计手法。

③ 平地建亭　可以休息、纳凉。规划时要结合各种园林要素，通常与山体、水池、树林相结合，现代的亭与小广场、绿荫地相结合。

(5) 亭的体量不大，但造型上的变化却非常多样、灵活。

① 造型　有三角、四角、六角、八角，平面上可以是圆形，在立面上可以是攒尖角、歇山顶、卷棚等。

② 层数　可以是单层、双层、三层。

③ 檐　可以是单檐、重檐、三重檐。

图 3-45　廊

2. 廊

廊通常不止在两个建筑物或两个观赏点之间，它还是空间联系和空间划分的一种重要手段。它不仅具有遮风避雨、交通联系的实际功能，而且对园林中风景的展开和观赏程序的层次起着重要的组织作用（图 3-45）。

廊还有一个特点，就是它一般是一种“虚”的建筑元素，两排细细的列柱顶着一个不太厚实的廊顶。在廊的一边可透过柱子之间的空间观赏廊另一边的景色，廊柱像一幅“帘子”一样，似隔非隔、若隐若现，把廊两边的空间有分又有合地联系起来，起到一般建筑元素达不到的效果。

(1) 功能

① 组织、联系不同的园林建筑或风景。

② 划分空间。

③ 把园林比做一幅画的话，亭、榭就是一个观赏点，廊就是一条观景线。

④ 供游人休息、避风雨、防日晒、作为交通通道。

(2) 特点

① 虚　实体只有柱和廊顶。

② 曲　曲者为廊。

③ 现代园林中廊常在园林中起点景的作用，或作为公共建筑（学校、旅馆）的一部分，

联系各单体建筑。

④ 廊常作为室内外之间、由黑到白的灰色过渡空间而存在。

(3) 廊的基本类型

① 双面空廊，可两面观景及分割空间。

② 单面空廊，半封闭，半开敞，如广州兰圃，廊的实墙上开了几个较大的漏窗，透过花格窗可看到廊外古木交柯的美景。

③ 复廊。

④ 双层廊，如北海延楼。

⑤ 单支廊。

(4) 廊的位置选择和空间经营

在园林的平地、水边、山坡等不同的地段上建廊，由于地形与环境不同，其作用及要求亦不相同。

① 平地建廊

a. 小型空间中，可沿边布置，也可代替墙，丰富围墙景观，使空间向纵深延伸。

b. 可作为“动观”的游览路线。

c. 联系各建筑单体。

② 水边建廊，多位于岩边，凌驾于水面上。要注意石台、石墩，宜低不宜高。

③ 山地建廊，多用于联系山地上的不同建筑物。形式主要有爬山廊、叠落廊。

(5) 廊的设计

① 分割空间　采用漏景、障景等手法，要因地制宜，结合自然环境。

② 出入口的设计　一般设在人流集散地。

③ 内部空间的处理　增加台阶，在廊内做适当的横向隔断，增加空间的层次感。

④ 廊的装饰　如座椅、花格、额坊。

3. 花架

花架是攀缘植物的棚架（图 3-46），又是人们消夏避暑之所。花架在造园设计中往往具有亭、廊的作用，做长线布置时，就像游廊一样能发挥建筑空间的脉络作用，形成导游路线；也可以用来划分空间增加风景的深度。作点状布置时，就像亭子一般，形成观赏点。花架又不同于亭、廊，空间更为通透，特别是由于绿色植物及花果自由地攀绕和悬挂，更添一翻生气。花架在现代园林中除了供植物攀缘外，有时也取其形式轻盈，以点缀园林建筑的某些墙段或檐头，使之更加活泼和具有园林的性格。

图 3-46　花架

花架的设计往往同其他小品结合，形成内容丰富的建筑小品，布置坐凳供人小憩，墙面开设景窗，柱间或嵌以花墙，周围点缀叠石、小池等吸引游人的景点。

花架在庭院中的布局可以采取附件式，也可以采取独立式。

① 附件式花架属于建筑的一部分，是建筑空间的延续，如在墙垣的上部、垂直墙面的上部、垂直墙面的水平搁置横梁向两侧挑出。它应保持与建筑自身相统一的比例和尺度，在功能上除了供植物攀缘或设桌凳供游人休憩外，也可以只起装饰作用。

② 独立式的布局应在庭院总体设计中加以确定，它可以在花丛中，也可以在草坪边，使庭院空间有起有伏，增加平坦空间的层次，有时亦可傍山临池随势弯曲。花架如同廊道也可以起到组织游览路线和组织观赏点的作用。

布置花架时一方面要格调清新，另一方面要注意与周围建筑和绿化栽培的风格相统一。在我国传统园林中较少采用花架，因其与山水园格调不尽相同，但在现代园林中融合了传统园林和西方园林的诸多技法，因此花架这一小品形式在造园艺术中日益被造园设计者所利用。

【案例分析】

美国密苏里州圣路易斯市密苏里植物园内的园中园——“友宁园”

“友宁园”位于美国密苏里州圣路易斯市密苏里植物园内，是南京市与圣路易斯市友谊的象征，建于1995年，全园面积3000m^2。全园布局遵循中国传统手法，在园中的自然地貌上加以适当改造，保留了原有大树，将亭、桥、花墙、叠石等布置其中，凝练地展示了中国园林之美（图3-47～图3-50）。

文逸亭是友宁园中的主体建筑，有溥杰和刘海粟的题词，照壁上是秦淮风光的浮雕。

图3-47 友宁园实景（1）

图3-48 友宁园实景（2）

图3-49 友宁园实景（3）

图3-50 友宁园实景（4）

【调研实习】

1. 实习要求

（1）选择本地有代表性的公园进行实地考察，时间 6 学时。

（2）考察目的

① 熟悉城市园林构成要素包括哪些内容。

② 掌握园林各要素之间是相辅相成不可分割的关系。

（3）考察内容

① 了解园路的类型、材料、形式。

② 了解植物材料的分类与种植方式。

③ 了解凹、凸地形的分类与形态。

④ 了解园林建筑小品的形式、分类与使用方法。

（4）撰写实习报告

实习报告	
实习地点	
实习时间	
实习目的	（结合考察地点实际来写）
计划内容	
实习内容	（结合园林构成要素类型、形式等来写）
实习收获	

2. 评价标准

序号	考核内容	考核要点	分值	得分
1	文字	流畅	10	
		用词准确、专业性强	10	
		对园林构成要素叙述分析准确	20	
2	图片	与文字叙述匹配度高	5	
		具有典型性	10	
3	结构	文章结构明确	10	
		按考察路线叙述清晰	15	
4	总结	能够很好地分析考察地的优缺点	20	
合计			100	

【抄绘实训】

1. 抄绘内容：北京北海公园

北京北海公园（图 3-51）布局以琼华岛为中心，山顶白塔耸立，南面寺院依山势排列，直达山麓岸边的牌坊，一桥横跨，与团城的承光殿气势连贯，遥相呼应北面山顶至山麓，亭阁楼榭隐现于幽邃的山石之间，穿插交错，富于变化。

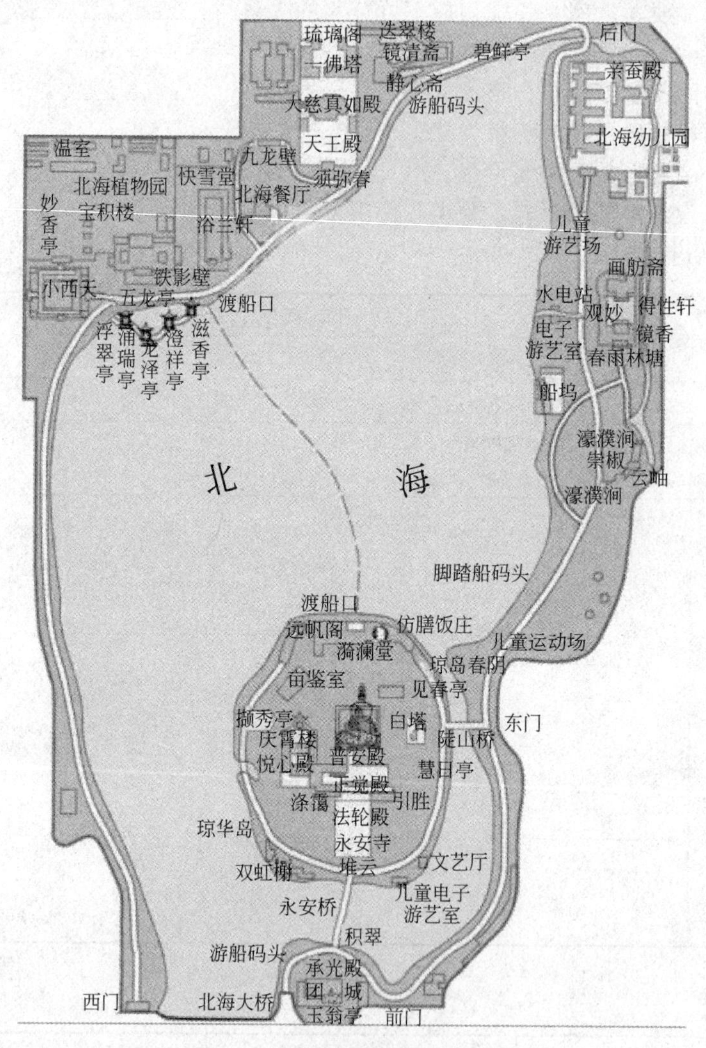

图 3-51 北京北海公园布局平面图

山下为傍水环岛而建的半圆形游廊，东接倚晴楼，西连分凉阁，曲折巧妙而富有意趣。北海公园的主要景点由三部分组成，南部以团城为主要景区，中部以琼华岛上的永安寺、白塔、悦心殿等为主要景点，北部则以五龙亭、小西天、静心斋为重点。

琼华岛位于北海公园太液池的南部，岛上建筑依山势布局，高低错落有致，掩映于苍松翠柏中，南面以永安寺为主体，并有法轮殿、正觉殿等。东面有石桥和岸边相连，远处有风景如画的景山。

团城位于北海公园南门西侧，享有“北京城中之城”之称。团城处于故宫、景山、中南海、北海之间，四周有苍松翠柏，风光如画。承光殿位于城台中央。

2. **要求**

(1) 依照以上提供资料及规划图，结合网上查询资料总结北京北海公园园林广场中涉及的构成要素特点。

(2) 能够根据不同类型广场的各自特点，灵活运用构图法则和制图规范完成抄绘图样。

3. **评价标准**

序号	考核内容	考核要点	分值	得分
1	线条	线条运用熟练、流畅，接头少	10	
2	布局	平面布局合理	10	
		水面与陆地空间尺度合理，主次突出	10	
3	总平面表现	空间形式抄绘丰富	20	
		内容充实，方案完整	20	
4	整体效果	能够很好地传达原设计的神韵	30	
合计			100	

项目四

滨水绿地规划设计

【项目目标】

1. 能够掌握城市滨水绿地设计的内容与方法。
2. 能够根据设计要求合理地进行城市滨水绿地规划设计。
3. 能够按照规范绘制城市滨水绿地的各类图样（平面图、剖立面图、透视图等）。

【项目实施】

任务一　滨水绿地的概念与功能

一、滨水绿地的概念与特点

1. 概念

城市滨水绿地是一个包含水域和陆域，富含丰富的景观和生态信息的复合区域。滨水绿地就是在城市中临河流、湖沼、海岸等水体的地方建设而成的具有较强观赏性和使用功能的一种城市公共绿地形式。滨水绿地是城市的生态绿廊，具有生态效益和美化功能。滨水绿地多利用河、湖、海等水系沿岸用地，多呈带状分布。一侧是建筑，另一侧是水景，中间是滨河路和绿化带，形成城市的滨水绿带（图 4-1），给城市增添了美丽的景色。

图 4-1　某城市滨水绿地平面图

图 4-2　某滨水绿地实景

2. 分布位置

滨水绿地一般均位于城市中河流、湖沼、江海等水体的周围。

3. 特点

滨水绿地毗邻自然环境，其一侧临水，空间开阔，环境优美，是城市居民休息、游憩的地方，吸引着大量的游人，特别是夏日和傍晚，其作用不亚于风景区和公园绿地，如图 4-2 所示。

二、滨水绿地在城市中的功能

滨水绿地在城市中的功能主要体现在以下几个方面：首先，美化市容，形成景色。滨水绿地可以与城市水系结合起来，营造良好的城市亲水空间。例如西安在护城河周围建造的环城公园，对美化市容起到了很好的作用；兰州市在黄河边建造的滨河公园也大大改善了城市环境。其次，保护环境，提高城市绿化面积。最后，防浪、固堤、护坡，避免水土流失。

任务二　滨水绿地规划设计

滨水绿地规划设计的内容主要包括对绿地内部复合植物群落、景观建筑小品、道路铺装系统、临水驳岸等基础元素的设计与处理。

一、滨水绿地景观风格的定位

滨水绿地的景观风格主要包括古典景观风格和现代景观风格两大类。在进行滨水绿地设计时首先应正确定位景观的风格。滨水绿地景观风格的选择，关键在于与城市或区域的整体风格的协调。

1. 古典景观风格的滨水绿地

这类绿地往往以仿古、复古的形式体现城市历史文化特征，通过对历史古迹的恢复和城市代表性文化的再现来表达城市的历史文化内涵，该种风格通常适用于一些历史文化底蕴比较深厚的历史文化名城或历史保护区域。例如，扬州市古运河滨河绿地的景观风格定位是以体现扬州“古运河文化”为核心，通过古运河沿岸文化古迹的恢复、保护建设，再现古运河昔日的繁华与风貌，滨河绿地内部与周边建筑均以扬州典型的“徽派”建筑风格为主，如图 4-3 所示。

(a)

(b)

图 4-3　扬州市古运河滨河风光带

2. 现代景观风格的滨水绿地

这类绿地常用于一些新兴的城市或区域，如上海黄浦江陆家嘴一带的滨江绿地和苏州工业园区金鸡湖边的滨湖绿地等。虽然上海、苏州同样为历史文化名城，但由于浦东陆家嘴和苏州工业园区均为新兴的现代城市区域，所以在景观风格的选择上仍以现代景观风格为主，通过现代风格的景观建筑、小品体现城市的特征和发展轨迹，如图 4-4、图 4-5 所示。

图 4-4　上海黄浦江陆家嘴一带

图 4-5　苏州工业园区金鸡湖边

二、滨水绿地空间的处理

作为“水陆边际”的滨水绿地多为开放性空间，其空间的设计往往兼顾外部街道空间景观和水面景观（表 4-1），人的站点及观赏点位置处理有多种模式，其中有代表性的有以下几种：

① 外围空间（街道）观赏。

② 绿地内部空间（道路、广场）观赏、游览、停憩。

③ 临水观赏。

④ 水面观赏、游乐。

⑤ 水域对岸观赏等。

表 4-1 滨河绿地设计要点

要点	要求
游步道	临近水面设置游步道，尽量接近水边
小广场或平台	如有风景点观赏时，适当设计小广场、离水面高度不同的平台，以便远眺、摄影和增强亲切感
水面开阔	能开设划船、游泳等，可考虑开辟成游园或公园
滨河林荫道	可设栏杆、座椅、雕塑、园灯等，与草坪、花坛、树丛等植物和谐统一
植物选择	一般采用街道绿化树种，在低湿河岸选择耐水和耐盐碱植物
安全控制	保证游人的安静休息和健康安全，如减少噪声、防浪、固堤和护坡等

为了取得多层次的立体观景效果，一般在纵向上沿水岸设置带状空间，串联各景观节点（一般每隔 300～500m 设置一处景观节点），构成纵向景观序列，如图 4-6 所示。

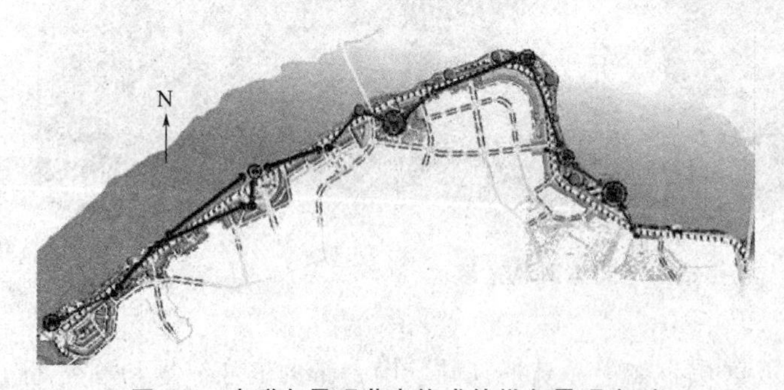

图 4-6 串联各景观节点构成的纵向景观序列

图 4-7 台地型的临水空间

三、滨水绿地的竖向设计

滨水绿地的竖向设计应考虑带状景观序列的高低起伏变化，利用地形堆叠和植被配置的变化，在景观上构成优美多变的林冠线和天际线，形成纵向的节奏与韵律；在横向上，需要在不同的高程安排临水、亲水空间。滨水空间的断面处理要综合考虑水位、水流、潮汛、交通、景观和生态等多方面要求，所以要采取一种多层复式的断面结构。

滨水绿地陆域空间和水域空间通常存在较大高差，由于景观和生态的需要，要避免传统的块石驳岸平直生硬的感觉，临水空间可以采用以下几种断面形式进行处理。

（1）自然缓坡型

通常适用于较宽阔的临水空间，水陆之间通过自然缓坡地形弱化水陆的高差感，形成自然的空间过渡，地形坡度一般小于基址土壤自然安息角。临水可设置游览步道，结合植物的栽植构成自然弯曲的水岸，形成自然生态、开阔舒展的临水空间。

（2）台地型

对于水陆高差较大、绿地空间又不很开阔的区域，可采用台地式处理弱化空间的高差感，避免生硬的过渡。即将总的高差通过多层台地化解，每层台地可根据需要设计成平台、铺地或者栽植空间，台地之间通过台阶沟通上下层交通，结合种植设计遮挡硬质挡土墙砌体，形成内向型临水空间，如图 4-7 所示。

（3）挑出型

对于开阔的水面，可采用该种处理形式，通过设计临水或水上平台、栈道满足人们亲水、远眺观赏的要求。临水平台、栈道地表标高一般参照水体的常水位设计，通常根据水体的状况，高出常水位 0.5～1.0m，若风浪较大，可适当抬高，在安全的前提下，尽量贴近水面为宜。挑出的平台、栈道在水深较深区域应设置栏杆，当水深较浅时，可以不设栏杆或使用坐凳栏杆围合，如图 4-8 所示。

（4）引入型

该种类型是指将水体引入绿地内部，结合地势高差关系组织动态水景，构成景观节点。其原理是利用水体的流动性，以水泵为动力，将下层河、湖中的水泵到上层绿地，通过瀑布、溪流、跌水等水景形式再流回下层水体，形成水的自我循环。这种利用地势高差关系完成动态水景的构建比单纯的防护性驳岸或挡土墙的做法要科学、美观得多，但由于造价和维护成本较高等原因，只适用于局部景观节点，不宜大面积使用，如图 4-9 所示。

图 4-8　挑出型临水空间

图 4-9　引入型临水空间

四、滨水景观建筑、小品的设计

滨水绿地为满足市民休息、观景以及点景等功能要求，需要设置一定的景观建筑、小品，一般常用的景观建筑类型包括亭、廊、花架、水榭、茶室、码头、牌坊（楼）、塔等；常用景观小品包括雕塑、假山、置石、坐凳、栏杆、指示牌等。滨水绿地中建筑、小品的类型与风格的选择主要根据绿地的景观风格定位来决定；反过来，滨水绿地的景观风格也正是通过景观建筑、小品来加以体现的。

五、滨水绿地植物生态群落的设计

（1）绿化植物品种的选择

除选择常规观赏树种外，滨水绿地应选择地方性的耐水植物或水生植物，同时高度重视水滨的复合植被群落，它们对河岸水际带和堤内地带这样的生态交错带尤其重要。植物品种的选择要根据景观、生态等多方面的要求，在适地适树的基础上，还要注重增加植物群落的多样性。利用不同地段自然条件的差异，配置各具特色的人工群落。常用的临水、耐水植物包括垂柳、连翘、芦苇、菖蒲、香蒲、荷花、菱角、泽泻、水葱、茭白、睡莲、千屈菜、萍蓬草等。

（2）城市滨水绿地绿化应尽量采用自然式设计，模仿自然生态群落的结构。

① 植物的搭配。地被、花草、低矮灌木与高大乔木的层次和组合，应尽量符合水滨自然植被群落的结构特征。

② 在滨水生态敏感区引入天然植被要素，比如在合适地区植树造林恢复自然林地，在河口和河流分合处创建湿地，转变养护方式培育自然草地，以及建立多种野生生物栖息地等。这些仿自然生态群落具有较高生产力，能够自我维护，方便管理且具有较高的环境、社会和美学效益，同时，在消耗能源、资源和人力上也具有较高的经济性，如图 4-10 所示。

六、道路系统的处理

滨水绿地内部道路系统是构成滨水绿地空间框架的重要手段，是联系绿地与水域、绿地与周边城市公共空间的主要方式。现代滨水绿地道路的设计就是要创造人性化的道路系统，除了可以为市民提供方便、快捷的交通功能和观赏点外，还能提供合乎人性空间尺度、生动多样的时空变换和空间序列。要想达到这样的要求，滨水绿地内部道路系统规划设计应遵循以下主要原则和方法。

（1）提供人车分流、和谐共存的道路系统，串联各出入口、活动广场、景观节点等内部开放空间和绿地周边街道空间。

人车分流是指游人的步行道路系统和车辆使用的道路系统分别组织、规划。一般步行道路系统主要满足游人散步、动态观赏等功能，串联各出入口、活动广场、景观节点等内部开放空间，主要由游览步道、台阶蹬道、步石、汀步、栈道等几种类型组成；车辆道路系统（一般针对较大面积的滨水绿地考虑设置；小型带状滨水绿地采用外部街道代替）主要包括机动车道路（消防、游览、养护等）和非机动车道路，主要连接与绿地相邻的周边街道空间，其中非机动车道路主要满足游客利用自行车、游览人力车进行游乐、游览和锻炼的需求。规划时宜根据环境特征和使用要求分别组织，避免相互干扰，如图 4-11 所示。

图 4-10　滨水景观植物群落设计

图 4-11　滨水景观绿地中的步行道

（2）提供舒适、方便、吸引人的游览路径，创造多样化的活动场所。

绿地内部道路、场所的设计应遵循舒适、方便、美观的原则。路面局部相对平整，符合游人使用尺度；道路线形设计尽量做到方便快捷，增加各活动场所的可达性；滨水绿地内部道路考虑观景、游览趣味与空间的营造，平面上多采用弯曲自然的线形组织环行道路系统，或采用直线和弧线、曲线结合，道路与广场结合等形式串联出入口和各节点以及沟通周边街道空间，立面上随地形起伏，构成多种形式、不同风格的道路系统。

（3）提供安全、舒适的亲水设施和多样的亲水步道，增进人际交往与地域亲近感。

滨水绿地内部道路系统的规划可以充分利用基础地貌特征创造多样化的活动场所，诸如临水游览步道、伸入水面的平台、码头、栈道以及贯穿绿地内部各节点的各种形式的游览道路、休息广场等，结合栏杆、坐凳、台阶等小品，提供安全、舒适的亲水设施和多样的亲水步道，以增进人际交流和创造个性化活动空间。如图 4-12 所示。

图 4-12　滨水景观绿地中的亲水步道

(4) 配置美观的道路装饰小品和灯光照明。

人性化的道路设计除对道路自身的精心设计外，还要考虑诸如坐凳、指示标牌等相关的装饰小品的设计，以满足游人休息和获取信息的需要。同时，灯光照明的设计也是道路设计的重要内容，一般滨水绿地道路常用的灯具包括路灯（主要干道）、庭院灯（游览支路、临水平台）、泛光灯（结合行道树）、轮廓灯（临水平台、栈道）等，灯光的设置在为游客提供晚间照明的同时，还可创造五彩缤纷的光影效果。

任务三　驳岸的设计

传统控制洪水的工程手段主要是对曲流裁弯取直，加深河槽，并用混凝土、砖、石等材料加固岸堤、筑坝、筑堰等。生态驳岸是指恢复后的自然河岸或具有自然河岸“可渗透性”的人工驳岸，它可以充分保证河岸与水体之间的水分交换和调节功能，同时具有一定的抗洪强度。目前的生态驳岸有以下几种形式。

一、自然原型驳岸

主要采用植物保护堤岸，以保持自然堤岸的特性，如临水种植垂柳、水杉、白杨以及芦苇、菖蒲等具有喜水特性的植物，用它们生长舒展的发达根系来稳固堤岸，加之其枝叶柔韧，顺应水流，增加抗洪、保护河堤的能力（图 4-13）。

二、自然型驳岸

不仅种植植被，还采用天然石材、木材护底，以增强堤岸抗洪能力，如在坡脚采用石笼、木桩或浆砌石块等护底，其上筑有一定坡度的土堤，斜坡种植植被，实行乔、灌、草相结合，固堤护岸（图 4-14）。

图 4-13　自然原型驳岸

图 4-14　自然型驳岸

三、人工自然型驳岸

在自然型护堤的基础上，再使用钢筋、混凝土等材料，确保更大的抗洪能力。如将钢筋混凝土柱或耐水原木制成梯形箱状框架，并向其中投入大的石块或插入不同直径的混凝土管，形成很深的鱼巢，再在箱状框架内埋入大柳枝、水杨枝等；邻水侧种植芦苇、菖蒲等水生植物，使其缝中生长出繁茂、葱绿的草木（图 4-15）。

图 4-15 人工自然型驳岸

【设计案例】

佛山市南海区桂城怡海路滨江绿地规划设计

1. 项目背景与现状

（1）生硬的、固定的混凝土护坡结构、花池。

（2）沿着堤顶防汛设施只有一条功能性巡河道路，功能单一。

（3）设计范围内以堤岸结构为主，地形坡度大，平地少，人流交通不便。

（4）乏味的视觉效果，缺乏吸引力、缺少趣味。

（5）缺乏必要的亲水设施与休闲娱乐设施。

2. 总体构思

（1）设计理念

桂城怡海路滨江绿地的规划设计，着重突出以下三个设计理念。

① 生态理念　以可持续发展的生态循环与生态平衡等生态学角度来考虑景观规划，使景观恢复自然生态魅力，是整个滨水景观规划的基础。

② 文化理念　结合南海桂城本土历史、民俗、名人、传统工艺等文化内涵和古典符号，结合现代园林景观的表现技术，在景观设计中表现出独特的地域文化。

③ 人本理念　根据绿地的功能需要，规划设计人性化的休闲、生活、交流、漫步、晨练等方面的场所，强化人与绿地、人与河流、人与人的沟通与亲近，强调人在场所空间内的精神体验，实现景观对于人的参与性、教育性、审美性和功能性。

（2）设计主题

桂城怡海路滨江绿地的景观设计主题定为：流转的现代水乡、多姿的滨水绿廊。

3. 景观结构

根据滨水绿地现状、周边用地性质及其所承载的功能，将整条桂城怡海路滨江绿地分为三个不同景观主题区：动感都市线、休闲风情线、生态体验线（图 4-16）。

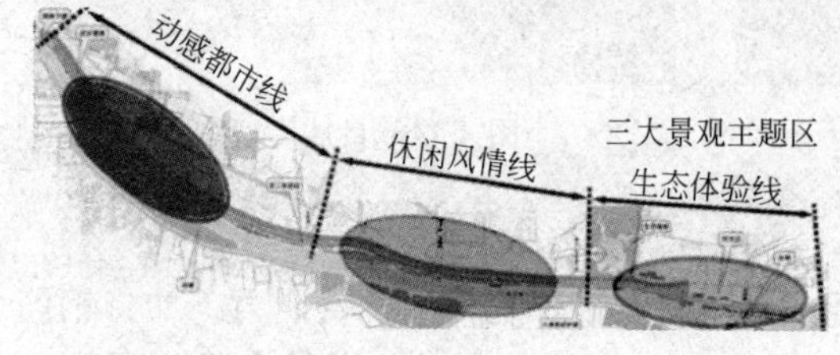

图 4-16 三大景观主题区

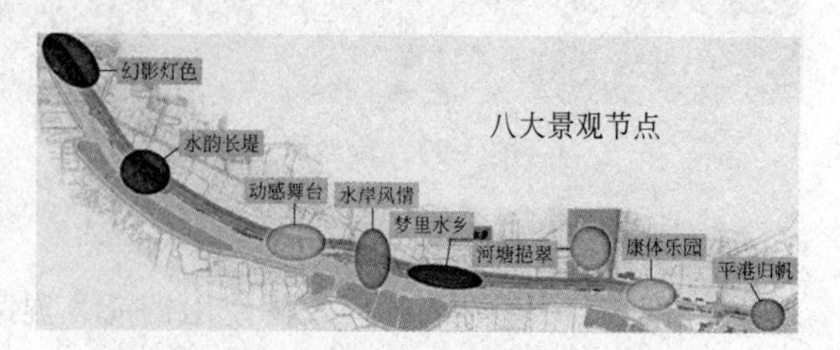

图 4-17 八大景观节点

整个怡海路滨江绿地延续河道开敞的空间结构，依据现状绿地与周边城市的关系，重点塑造八大景观节点：幻影灯色（彩灯，佛山民间称作灯色）、水韵长堤、动感舞台、水岸风情、梦里水乡、河塘挹翠、康体乐园、平港归帆（图 4-17）。

4. 景点设计

（1）幻影灯色

位于河道与桂澜路交汇处，是怡海路滨江绿地的起点，是城市重要的景观节点。此节的设计从佛山南海地区地方传统民间艺术——灯色得以启示，运用现代手法发扬传统灯色，由六个现代的灯色——魔方灯柱组成，每个灯柱由魔方块叠落组合而成，魔方块内由钢结构固定，外由玻璃围合，每当夜幕降临，灯柱投射出绚丽多彩的灯色，成为城市的重要地标（图 4-18）。

图 4-18. 幻影灯色

图 4-19 水韵长堤

（2）水韵长堤

位于桂澜路与华翠路中间，设计时充分利用现状，将临怡海路侧护坡底部拓宽，设计有小渔人码头、亲水木栈道、水上活动设施，举办当地民俗风情活动如放河灯、蚕桑节、划船、赛龙舟等，增强滨水地区的魅力，展示岭南水乡的独特景象（图 4-19）。

（3）动感舞台

位于华翠路南面终点，将原来堤坝往北退，形成梯台状下沉剧场，剧场中央在水中设一浮岛，岛上设置一个不锈钢水草灯色，形成剧场的视觉焦点；堤顶平台上设计一户外咖啡广场，布置三个张拉膜亭，为游人提供冷饮、小憩、交流的场所（图 4-20）。

图 4-20 动感舞台

图 4-21 水岸风情

（4）水岸风情

位于天安数码城与华翠路之间，布置以树阵广场，穿插以组合镂空弧线景墙，景墙上描绘了南海和桂城民俗风情、历史名胜、广东最早孔庙——孔大宗祠、南拳武术等历史人文景观（图 4-21）。

（5）梦里水乡

位于天安工业园南面，沿护坡设置下河梯台，并往水中延伸出亲水平台，各平台之间用木栈桥连接，人可以紧贴水面走动，从而近距离观察河道生境，体验桂城现代绿色水乡，勾出一股淡淡的梦里水乡的生活记忆（图 4-22）。

（6）河塘挹翠

位于怡海路与佛山一环交汇处的东北面，设计时与滨江绿地统一考虑，把它设计成生态湿地园，主要体现珠三角地区独特的桑基鱼塘景观。湿地园里布置休闲广场、滨水栈桥、农家小院。农家小院里展示桂城传统农业种桑养蚕和鱼塘之间的果基、桑基循环经济，介绍养蚕织丝以及明清时期为世人所瞩目的纺织业、丝绸业（图 4-23）。

图 4-22　梦里水乡

图 4-23　河塘挹翠

（7）康体乐园

位于怡海路附近住宅区芭堤蓝湾的南面，设计成以康体健身运动为主的街心绿地。绿地中央布置一个喷泉广场，广场上设置几个以儿童戏耍为形象的雕塑柱，突出街心绿地的休闲气氛；同时沿怡海路人行道边上绿地散置健身器材，为周边居民提供健身锻炼场所（图 4-24）。

（8）平港归帆

位于河道下游出口，曾是一处重要的码头。改造设计此段堤岸时，以船坞造形为象征意义改变现有生硬单调的护坡，形成错落的船形休闲平台或花台，造型生动丰富，仿佛千船竞靠岸边，同时设计一装饰景观灯塔，成为河道交汇口的显著标志（图 4-25）。

图 4-24　康体乐园

图 4-25　平港归帆

【调研实习】

1. 实习要求

(1) 选择当地有特色的滨水绿地进行实地考察，时间6学时。

(2) 考察目的

通过本次滨水绿地参观实习主要达到以下几个目的：

第一，将参观滨水景观绿地的内容与设计方法结合起来进一步认识滨水绿地景观设计。

第二，通过参观实习认识滨水绿地在城市中的作用、滨水绿地和周围其他城市功能空间的协调关系。

(3) 考察内容

通过本次实习主要熟悉以下几方面内容：

第一，熟悉滨水绿地空间的处理。人的站点及观赏点位置的处理主要有外围空间观赏，绿地内部空间观赏、游览、停憩，临水观赏，水面观赏、游乐，水域对岸观赏等多种模式。

第二，了解滨水景观的建筑、小品的设计。了解滨水景观一般常用的景观建筑和景观小品；了解滨水绿地中建筑、小品的类型和风格的选择与绿地景观风格之间的关系。

第三，熟悉滨水绿地植物生态群落的设计，主要包括绿化植物品种的选择、自然生态群落的结构模仿等。

第四，了解驳岸的设计，包括自然原型驳岸、自然型驳岸、人工自然型驳岸等。

第五，熟悉道路系统的处理，包括人车分流，提供舒适、方便、吸引人的游览路径、亲水步道，道路装饰小品和灯光照明等。

(4) 撰写实习报告

实 习 报 告	
实习地点	
实习时间	
实习目的	(结合考察地点实际来写)
计划内容	
实习内容	(结合考察地点入口、道路、植物、地形、建筑小品、空间设计等来写)
实习收获	

2. 评价标准

序号	考核内容	考核要点	分值	得分
1	文字	流畅	10	
		用词准确、专业性强	10	
2	图片	选取景观点合理	10	
		对滨水景观描述、分析合理	10	
3	结构	文章结构明确	15	
		按考察路线叙述清晰	15	
4	总结	能够很好地分析考察地景观设计的优缺点	30	
合计			100	

【抄绘实训】

1. 抄绘内容

广元卡尔城综合体开发项目（滨河路部分）。

项目名称：广元卡尔城综合体开发项目（图 4-26）。

图 4-26 广元卡尔城综合体开发项目总平面图

项目建设内容：卡尔四星级假日温泉酒店、卡尔花园房地产。

项目建设要求：政府为该项目开发建设提供净用地 115 亩（1 亩＝667m^2），其中卡尔四星级假日温泉酒店 50 亩，用地性质为商服用地；卡尔花园 35 亩，用地性质为商业兼住宅用地。

2. 要求

能够根据滨河路绿地规划设计特点，灵活运用构图法则和制图规范完成抄绘图样。

3. 评价标准

序号	考核内容	考核要点	分值	得分
1	线条	线条运用熟练、流畅，接头少	10	
2	布局	平面布局合理	10	
		空间尺度合理	10	
3	总平面表现	空间形式抄绘丰富	20	
		内容充实，方案完整	20	
4	整体效果	能够很好地传达原设计的神韵	30	
合计			100	

【设计实训】

某滨河路绿地规划设计

1. 现状

黑龙江省哈尔滨市道里区中央大街防洪纪念塔附近的一条滨河路，设计环境如图 4-27 所示，场地地势基本平坦，土质较好。

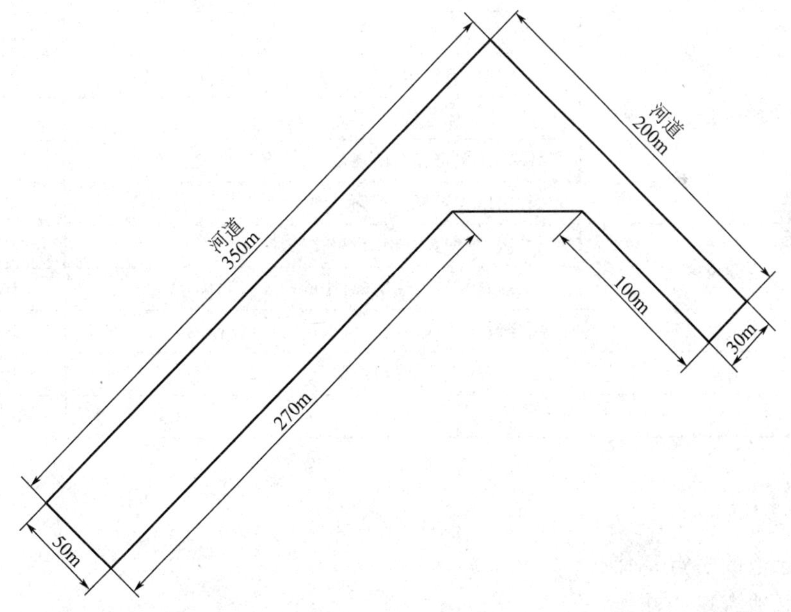

图 4-27　哈尔滨市道里区中央大街防洪纪念塔附近拟建滨河路现状图

2. 设计要求

(1) 根据道路绿地规划设计的相关知识，规划设计出能满足群众文化、娱乐、休闲活动等功能要求的滨河绿地。应具有时代气息，满足景观要求、生态效果，符合安全性并与周围环境协调统一。

(2) 结合当地环境特点，巧妙构思，主题明确，设计能够体现出文化内涵和地方特色。

(3) 结合当地的自然条件，充分考虑周边环境（松花江畔），因地制宜地选择树种，以植物绿化、美化为主，适当运用其他造景要素。植物配置应做到乔、灌、草结合，常绿与落叶结合，以乡土树种为主。植物种类数量适当。能正确运用种植类型，符合构图规律，造景手法丰富，注意色彩、层次变化。

（4）按要求完成设计图纸，能满足施工要求；图面构图合理，清洁美观；线条流畅；图例、比例尺、指北针、设计说明、文字和尺寸标注、图幅等要素齐全，符合制图规范。

3. 图纸要求

（1）总平面图 1 张，1∶500；

（2）剖面图 1 张，1∶500；局部剖面图 1 张，1∶300；

（3）功能分析图：包括现状分析、交通分析、视线分析等，比例自定；

（4）透视效果图 2 张；

（5）设计说明 400 字。

4. 现状图

由于岸线不规则，任课教师可根据学生情况自行拟定基址尺寸与形状。评价标准见下表。

序号	考核内容	考核要点	分值	得分
1	方案主题构思	构思立意新颖，主题明确，符合场地特点要求	5	
		设计风格独特，感染力强	5	
2	方案整体效果	布局合理，空间形式丰富	10	
		内容充实，方案完整	5	
3	总平面设计和表现	空间尺度合理	10	
		出入口位置合理、形式协调，道路系统畅通连贯	10	
		建筑小品体量适当、形式布局合理	5	
		线条、图例符合制图规范	5	
		指北针、方案标注正确	5	
4	种植设计	乔、灌、草配置合理，季相效果好	10	
		乔、灌与植被表达明确，比例符合树种特性	10	
5	设计说明	文字说明精炼、有条理、重点突出，设计内容协调统一	10	
6	版式设计	图纸布局合理、美观协调	10	
合计			100	

【复习思考】

1. 滨水绿地的特点是什么？
2. 滨水绿地有哪些功能？
3. 谈一谈滨水绿地设计的内容和方法。
4. 滨水绿地的空间如何处理？
5. 谈一谈滨水绿地的竖向设计。
6. 谈一谈滨水绿地的园林建筑、小品的设计。
7. 滨水绿地园林植物如何进行配置？
8. 滨水绿地道路系统如何设计？

项目五

居住区绿地规划设计

【项目目标】

1. 能够熟练掌握居住区绿地组成。
2. 熟练掌握居住区各类绿地的功能及特点。
3. 熟练掌握居住区绿地规划设计的方法和程序。
4. 熟练掌握植物造景在居住区绿化设计中的应用。
5. 掌握居住区景观设计的构思方法、设计技巧。
6. 能够根据设计要求准确、合理地进行居住区绿地规划设计。

【项目实施】

任务一　居住区绿地概念

居住区绿地（图 5-1）是城市园林绿地系统的重要组成部分，是改善城市生态环境的重要组成部分，同时也是城市居民使用频率最高的室外活动空间，是衡量居住环境质量的重要指标。居住区绿地绿化包括在居住区用地范围内公共花园的建造、庭院绿化、住宅建筑绿化、公共建筑绿化、街道绿化、防护隔离绿化等。

图 5-1　居住区绿地

图 5-2　居住区公园

一、居住区绿地的组成

1. 居住区公共绿地

居住区公共绿地主要为整个居住区居民服务，是居住区内居民共同使用的绿地，主要位于居住区内，可以是小公园，可以是组团绿地，适宜于所有年龄组的居民使用。根据居住区公共绿地大小的不同，又分为：

图 5-3　居住小区游园（1）

（1）居住区公园　居住区公园的规模与景观环境，足以吸引居住区内居民在茶余饭后来到这里进行休闲活动，它的服务对象是全体居住区居民。一般情况下，居住区公园的规模相当于城市小型公园，图 5-2 为居住区公园。

（2）居住小区游园　以游走为目的居住区绿地，特点是交通路径较明确，具有一定的游走半径，适合散步、休闲（图 5-3）。

（3）组团绿地主要供组团内居民使用，一般设有花木草坪、桌椅、儿童设施等（图 5-4、图 5-5）。

图 5-4　居住区组团绿地总平面图（1）

图 5-5　居住区组团绿地总平面图（2）

居住区公共绿地集中反映了小区绿地质量水平，也反映出该居住区的居住品质定位，一般要求有较高的规划设计水平和一定的艺术效果，能使居住区居民体会到美感与舒适。

2. 宅旁绿地

宅旁绿地，也称宅间绿地，指在建筑前后或两排住宅之间的绿地，是居住区中最常见的绿地类型，特点是地块零散、面积较小，其大小和宽度决定于楼与楼之间的距离，一般包括宅前、宅后以及建筑物本身的绿化，主要供本幢居民使用。它是居住区绿地总面积最大、居民最经常使用的一种绿地形式，尤其是对学龄前儿童和老人（图 5-6）。

3. 道路绿地

居住区道路绿地是居住区内道路两侧的绿地，具有指示交通、遮阳、防护、丰富道路景观等功能，根据道路的分级、地形、交通情况等进行布置（图 5-7）。

二、居住区绿地的作用

居住区绿地的作用具体体现在以下几个方面。

图 5-6　宅旁绿地（宅间绿地）

图 5-7　道路绿地

1. 营造绿色休闲空间

居住区绿化以植物为主体，婀娜多姿的花草树木，丰富多彩的植物布置，对屋顶、阳台、墙体、架空层等闲置或零星空间的绿化应用等，为居民亲近自然环境创造了条件。在净化空气、减少尘埃、减弱噪声、保护居住区环境方面有良好的作用，同时也有利于改善小气候、遮阳降温、调节湿度、降低风速；在炎夏静风时，由于温差而促进空气交换，造成微风。利用植物材料分隔空间，增加层次，美化居住区的面貌，使居住建筑群更显生动活泼，起到“佳则收之，俗则屏之”的作用。同时，绿化所用的植物材料本身就具有多种功能，它能改善居住区内的小环境，净化空气，减缓西晒，对居民的生活和身心健康都起着很大的促进作用（图 5-8）。

同时，居住区绿地所提供的设施和场所，还能满足居民室外体育、娱乐、游憩活动的需要，使居民感受到“运动就在家门口”的生活享受（图 5-9）。

2. 塑造居住区景观空间

进入 21 世纪，人们对居住区绿化环境的要求更高，这不仅仅是几排树、几片草等单纯的“量”的增加，而且在“质”的方面也提出了更高的要求，做到了“因园定性，因园定位，因园定景”。它不仅有利于城市整体景观空间的创造，而且大大提高了居民的生活质量和生活品位；绿化环境所塑造的景观空间具有共生、共存、共荣、共乐、共雅等基本特征，给人以美的享受。另外，良好的绿化环境景观空间还有助于保持住宅的长远效益，增加房地

图 5-8　和谐宜人的居住区绿色空间

图 5-9　设置在居住区绿地内的各类健身空间

产开发企业的经济回报，提高市场竞争力（图 5-10）。

3. 创造交往空间

社会交往是人的心理需求的重要组成部分，是人类的精神需求。通过社会交往，人的身心得到健康发展，这对于今天处于信息时代的人们而言显得尤为重要。在居住区绿地良好的绿化环境下，组织、吸引居民的户外活动，使老人、少年儿童各得其所，能在就近的绿地中游憩、活动，使人赏心悦目，精神振奋，可形成良好的心理效应。居住区绿地为人们创造了良好的户外环境，成为居民社会交往的重要场所，通过各种绿化空间以及适当设施的塑造，为居民的社会交往创造便利条件（图 5-11）。

4. 特殊功能

在地震、战时利用绿地疏散人口，有着防灾避难、隐蔽建筑的作用。绿色植物还能过滤、吸收放射性物质，有利于保护人民的身体健康。

5. 具有双重价值体现

居住区绿化中选择既好看又有经济价值的植物进行布置，使观赏、功能、经济三者结合起来，取得良好的效果。

三、居住区绿地的设计

1. 居住区绿地设计原则

（1）居住区开放式绿地应设置在小区游园、组团绿地中，可安排儿童游戏场、老人活动

图 5-10　有文化品位的景观小品提升了居住区的文化内涵

图 5-11　居住区中的休闲场所

区、健身场地等。如居住区规划未设置小区游园，或小区游园、组团绿地的规模满足不了居民使用时，可在具有开放条件的宅间绿地内设置开放式绿地。

（2）居住用地应当首先进行绿地总体规划，确定居住用地内不同绿地的功能和使用性质；划分开放式绿地各种功能区，确定开放式绿地出入口位置等，并协调相关的各种市政设施，如用地内小区道路、各种管线、地上和地下设施及其出入口位置等，进行植物规划和竖向规划。

（3）居住用地内的各种绿地应在居住区规划中按照有关规定进行配套，并在居住区详细规划指导下进行规划设计。居住区规划确定的绿化用地应当作为永久性绿地进行建设，必须满足居住区绿地功能，布局合理，方便居民使用。

(4) 组团绿地的面积一般在1000m^2以上，宜设置在小区中央，最多有两边与小区主要干道相接。

(5) 应以改善居住区生态环境为主，不宜大量使用边缘树种、整形色带和冷季型观赏草坪等。

(6) 居住区绿地应以植物造景为主。必须根据居住区内外的环境特征、立地条件，结合景观规划、防护功能等，按照适地适树的原则进行植物规划，强调植物分布的地域性和地方特色。

(7) 适应当地气候和该居住区的区域环境条件，具有一定的观赏价值和防护作用的植物。

(8) 宅间绿地及建筑基础绿地一般应按封闭式绿地进行设计。宅间绿地宽度应在20m以上。

2. 居住区绿地设计的一般要求

(1) 充分利用有限的绿地面积和空间进行垂直绿化，在可能条件下进行屋顶绿化，增加绿化的空间层次和绿量，改善和提高居住区小气候环境。居住区内如以高层住宅楼为主，则绿地设计应考虑鸟瞰效果。

(2) 在居住区绿地总体规划的指导下，进行开放式绿地或封闭式绿地的设计。绿地设计的内容包括绿地布局形式、功能分区、景观分析、竖向设计、地形处理、绿地内各类设施的布局和定位、种植设计等，提出种植土壤的改良方案，处理好与地上和地下市政设施的关系等。

(3) 居住区绿地的植物配置应根据居住环境的功能要求，按乔木、灌木、地被植物、草坪等植物的生态习性合理配置，要考虑植物之间组合平面和立面的构图、色彩、季相和形态，并注意意境，要与住宅建筑、道路、建筑小品等有机结合，相得益彰。居住区绿地不仅要有足够的绿地面积，还应有足够的绿量，在单位面积上拥有最佳的叶面积指数、绿色体积量，充分发挥植物生态效益，便于居民游憩活动，避免过多使用绿化效应相对较小的大草坪，或以单调树种排列的树群。配置方式应丰富多样，既要符合发挥绿化功能的要求，又要符合为居民创造富有生活气息的绿色环境的要求。

充分保护和利用绿地内现有树木。因地制宜，采取以植物群落为主，乔木、灌木和草坪以及地被植物相结合的多种植物配置形式。选择寿命较长、病虫害少、无针刺、无落果、无飞絮、无毒、无花粉污染的植物种类。合理确定快、慢生长树的比例，慢长树所占比例一般不少于树木总量的40%。合理确定常绿植物和落叶植物的种植比例。其中，常绿乔木与落叶乔木种植数量的比例应控制在1∶4～1∶3之间。乔木、灌木的种植面积一般应控制在绿地总面积的70%，非林下草坪、地被植物种植面积宜控制在绿地总面积的30%左右。

(4) 居住区绿地内的灌溉系统应采用节水灌溉技术，如喷灌或滴灌系统。

(5) 绿化用地种植土壤条件应符合有关规定。

(6) 根据不同绿地的条件和景观要求，在以植物造景为主的前提下，可设置适当的园林小品，但不宜过分追求豪华性和怪异性。

(7) 落叶乔木栽植位置应距离住宅建筑有窗立面5.0m以外，满足住宅建筑对通风、采光的要求。

(8) 绿地范围内一般按地表径流的方式进行排水设计，雨水一般不宜排入市政污水管线，提倡雨水回收利用。雨水的利用可采取设置集水设施的方式，如设置地下渗水井等收集雨水并渗入地下。

(9) 在居住区架空线路下，应种植耐修剪的植物种类。

(10) 居住区绿地规模有限，功能要求不同于城市公园，设置的建筑小品体量不宜过大，否则与建筑环境的空间尺度不相称，其设置的数量也不宜过多。

(11) 居住区绿化苗木的规格和质量均应符合国家或本市苗木质量标准的规定，同时应符合下列要求：落叶乔木干径应不小于 8cm。常绿乔木高度应不小于 3.0m。灌木类不小于三年生。宿根花卉不小于二年生。居住区绿地内绿化用地应全部用绿色植物覆盖，建筑物的墙体可布置垂直绿化。

3. 居住区绿地设计中的植物配置

按照居住区绿化设计的总体构思，居住区绿化中的植物配置应考虑以下原则：

（1）考虑住宅楼的采光　宅旁绿地应当尽量集中在向阳的一侧。因为住宅楼朝南一侧往往形成良好的小气候条件。光照条件好，有利于植物生长，可采用丰富的植物种类，但种植时要注意不能影响室内的通风和采光。种植乔木，不要与建筑距离太近，在窗口下也不要种植大灌木。住宅北侧日光不足不利于植物生长，可将甬路、埋置管线布置在这里。绿化时，应采用耐阴植物种类。另外，在东西两侧可种植高大乔木遮挡夏日的骄阳，在西北侧可种植高大乔木以阻挡冬季的寒风。科学实验证明，乔木周围温度冬高夏低，比较稳定，所以，宅间绿化不管采用何种方式，都要以乔木为主。对于那些有电线、电话线、热力、煤气管道通过，不适合种乔木的地方，为了减少尘土，调节温度，应设计种植草坪。如果住宅区靠近有空气污染的工厂或噪声很大的街道、车站、码头，则必须设置一定宽度的绿化带或防护林带。根据不同的危害程度设定防护林带的宽度。

（2）考虑住宅楼的布局　宅旁绿地的面积和布置方式，受居住区内建筑布置方式、建筑密度、间距大小、建筑层数以及朝向等条件所影响。一般周边式布置的建筑之间，除道路外，常形成建筑前后狭长的绿化地带。行列式建筑之间行列式地种植乔、灌木，虽能节省投资，但比较简单、呆板。近年来，很多物业化管理小区相继建成，小区内配置设施完备，并且预留了足够的绿化空间，对这种布置的住宅区多采用楼间组团绿化形式。绿化设计者应根据小区内不同的设施，将绿地自然贯穿、配置在其中，使绿化配置更自然、协调一些。此外，还有混合式布置的建筑、点状布置的建筑等，绿地布置应与建筑布置相协调。一般来说，建筑密度小、间距大、层数高则绿地面积大，反之则绿地面积小。

（3）在做住宅区绿化规划时，居住区内的生活杂务用地必须妥善安排。可在每幢建筑出入口附近，有阳光照射的地方，设晒衣场；在楼道口左右两边设临时存车处；垃圾箱或垃圾堆积处要有方便的出入口，便于垃圾的清理和运输，适当隐蔽，以利观瞻；儿童活动场所应布置在离住宅较远的地方，以保证住宅的安静。总之，在做住宅区绿化设计时，不但要实现绿化、美化的作用，还要合理布局，避免绿地因设计上的缺陷而遭人为破坏。

（4）住宅区在绿化时，不能全部种满树木，应该预留出足够的地方设置必要的器械、设施供人们休息、娱乐。凡是设有座椅等供人休息的地方，都应种植遮阳的大乔木。

（5）在经济条件不具备的地方，应考虑如何利用自然生长的野草。虽然野草不太美观，但它也可起到减少尘土、净化空气的作用；如果能加强对野草的管理，及时修剪，视觉效果也不会太差。

（6）在条件允许的情况下，每幢建筑的前庭应规划一个开放式的小花园，每个花园的构图、布局应各有特色，使居民特别是儿童很容易识别自己的住所。

（7）一些早期建成的小区，绿化用地的布局不合理或预留的绿化用地不足，在小区改造过程中，拓展绿地的可能性不大，这时应考虑采用爬藤植物对住宅楼、围墙等进行垂直绿化。

居住区的绿地规划设计必须以改善提高人的生态环境、生活质量为出发点和目标，注意绿化布局的层次、风格与建筑相协调，注意不同植物间的组合。在植物搭配上要体现出季节的变化，做到春有花、夏有荫、秋有果、冬有绿，落叶乔木、常绿乔木、草坪高低搭配，发挥绿化在整个居住区生态中的深层次作用。

任务二 各类型居住区绿地规划设计

一、居住区公共绿地规划设计

1. 居住小区内小游园的规划设计

(1) 居住小区内小游园的位置

居住小区内小游园的位置一般要求居中，方便居民使用，规划设计时应充分利用原有的绿化基础，并尽可能和小区公共活动中心结合起来布置，形成一个完整的居民生活中心。这样不仅节约用地，而且能与小区建筑风格相统一。

居住小区游园的服务半径以不超过 300m 为宜。在规模较小的居住区中，居住小区游园可在小区的一侧沿街布置或在道路的转弯处两侧沿街布置。当居住小区游园沿街布置时，可以用绿化带进行隔离，以减弱主干道噪声对临街建筑的影响并美化街景，使居民感受更加舒适。有的道路转弯处，在小区整体规划时往往将建筑物后退，利用空出的地段建设居住小区游园，这样，路口处局部加宽后，使建筑取得前后错落的艺术效果，同时美化了街景。在较大规模的小区中，也可布置成几片绿地贯穿整个小区，更方便居民使用，如图 5-12、图 5-13 所示。

图 5-12 位于居住区中央的小游园

图 5-13 临街布置的小游园

(2) 居住小区内小游园的规模

居住小区内小游园的用地规模是根据其功能要求来确定的，功能要求又和人民生活整体水平有关，这些都反映在国家确定的定额指标上。目前，新建小区公共绿地面积采用人均 1～2m^2 的指标。

居住小区内小游园主要是供居民休息、观赏、游憩的活动场所。一般都设有老人、青少年、儿童的游憩和活动等设施，但只有面积达到一定标准的整块绿地，才能将内容设置全面。然而将小区绿地全部集中，不设分散的小块绿地，则有可能造成居民使用不便。因此，最好采取集中与分散相结合的形式设置居住小区游园。居住小区游园面积占小区全部绿地面积的一半左右为宜。如小区有 8000 人，小区绿地面积平均每人 1～2m^2，则小区游园面积为 4000～8000m^2。居住小区游园用地分配比例可按建筑用地占 30%以下，道路、广场用地占10%～25%，绿化用地占60%以上来规划。

（3）居住小区游园的内容安排

① 园路 居住小区游园的园路是把各种活动场地和景点、设施联系起来的要素，使游人感到方便、有情趣，园路也是居民散步、游憩的地方，所以设计的好坏直接影响到绿地的利用率和景观效果。

a. 园路的宽度与绿地的规模和游园所处的地位、功能有关，绿地面积在50000m² 以下的游园，主路宽2～3m，可兼作成人活动场所，次路宽2m左右；绿地面积在5000m² 以下者，主路宽2～3m，次路宽1.2m左右。

b. 根据景观要求园路宽窄可稍作变化，有的地方可形成小型疏散空间，使其活泼。

c. 园路弯曲、转折、起伏，应随着地形自然变化（图5-14）。

d. 园路也是绿地排除雨水的通道，因此必须保持一定的坡度，横坡一般坡度为1.5%～2.0%，纵坡一般坡度为1.0%左右。当园路的纵坡超过8%时，需做成台阶。

e. 居住小区游园是为小区居民服务的，一定要考虑设置残疾人通道（图5-15）。

图5-14 草坪中自然式步石

图5-15 小游园中的残疾人无障碍通道

扩大的园路就是广场，广场有集散、交通、活动、休息等不同功能类型。广场的标高一般与园路的标高相同，但有时为了迁就原地形或为了取得更好的艺术效果，也可高于或低于园路，形成抬升或下沉广场。广场的平面形状可规则、可自然，也可直曲结合，但无论选择什么形式，都必须与周围环境协调。广场上多设有花坛、雕塑、喷水池等装饰小品，四周多设座椅、棚架、亭、廊等供游人休息、赏景。

② 场地 可设儿童游戏场、青少年运动场、成人及老人休息活动场。场地之间可利用植物、道路、地形等进行分隔。

儿童游戏场不需要很大，但活动场地应铺草皮或选用持水性较小的沙质土、海绵塑胶面砖铺地，防止儿童因不慎造成自我伤害。儿童游戏场的位置要便于儿童前往和家长照顾，也要避免干扰居民，一般设在入口附近稍靠边缘的独立地段上。活动设施可根据资金、管理、景观风格情况设定，一般应设供幼儿活动的沙坑，旁边应设坐凳供家长休息、看护用。儿童游戏场地上应种植高大乔木以供遮阳，周围可设栏杆、绿篱与其他场地分隔开（图5-16）。

青少年运动场设在公共绿地的深处或靠近边缘独立设置，以避免干扰附近居民。该场地主要是供青少年进行体育活动的地方，应以铺装地面为主，适当安排运动器械及坐凳。在进行场地设计时也可以考虑竖向上的变化，形成下沉式场地或上升式场地（图5-17、图5-18）。

图 5-16　居住区中的儿童活动场地

图 5-17　居住区上升场地

图 5-18　居住区下沉场地

成人、老人休息活动场地可单独设立，也可靠近儿童游戏场。在老人活动场地内应多设些桌椅、坐凳，便于下棋、打牌、聊天等。老人活动场地也要做铺装地面，以便开展多种活动，铺装地面要预留种植池，种植高大乔木供遮阳（图 5-19）。

图 5-19　居住区老年人活动场地

③ 入口　入口应设在居民的主要来源方向，数量 2～4 个，与周围道路、建筑结合起来考虑具体的位置。入口处应适当放宽道路或设小型内外广场以便集散。内可设花坛、假山石、景墙、雕塑、植物等作为对景。入口两侧植物最好对植，这样有利于强调并衬托入口设施。图 5-20 所示是一组不同风格的居住小区游园入口设计实例。

（4）居住小区游园的地形设计

居住小区游园的地形应因地制宜地处理，因高堆山，就低挖池，也可挖池堆山，或根据场地分区。造景需要适当创造地形，地形的设计要有利于排水，以便雨后及早恢复使用。

图 5-20　居住小区游园入口实例

(5) 居住小区游园内的园林建筑及设施

园林建筑及设施能丰富绿地的内容、增添景致，更重要的是可以为居住区居民提供休息、休闲场所，使景观功能更加强大，应给予充分的重视。由于居住区或居住小区游园面积有限，因此其内的园林建筑和设施的体量都应与之相适应，不能过大。

① 桌、椅、坐凳　桌、椅、坐凳宜设在水边、铺装场地边及建筑物附近的树荫下，应既有景可观又不影响其他居民活动（图 5-21、图 5-22）。

图 5-21　结合绿化的座椅

图 5-22　趣味性座椅

② 花坛　花坛宜设在广场上、建筑旁、道路端头的对景处，一般抬高 30～45cm，花坛挡土墙可当坐凳又可保持水土不流失。花坛可做成各种形状，上既可栽花，也可植灌木、乔木、草，还可摆花盆或做成大盆景。图 5-23 所示是一组居住区游园中的花坛设计实例。

图 5-23 居住区游园中的花坛设计实例

③ 水池、喷泉 水池的形状可自然可规则，一般自然形的水池较大，按照中国古典山水园，常结合地形与山体配合在一起；规则形的水池常与广场、建筑配合应用。喷泉与水池结合可增加景观效果并具有一定的趣味性。图 5-24 所示是一组居住区中的水池、喷泉设计实例。

图 5-24 居住小区水景设计实例

④ 景墙　景墙可增添园景并可分隔空间，常与花架、花坛、坐凳等组合，也可单独设置。其上可开设窗洞，也可以实墙（堆砌石块或贴文化石）的形式出现，起分隔空间的作用，如图 5-25 所示。

图 5-25　景墙设计实例

⑤ 花架　花架常设在铺装场地边，既可供人休息，又可分隔空间。花架可单独设置，也可与亭、廊、墙体组合，如图 5-26 所示。

图 5-26　花架设计实例

⑥ 亭、廊、榭　亭一般设在广场上、园路的对景处和地势较高处，可作点景或观景用。榭设在水边，常作为休息或服务设施用（图 5-27）。廊用来连接园中建筑物，是线性景观空间，既可供游人休息，又可防晒、防雨。亭与廊有时单独建造，有时结合在一起（图 5-28）。亭、廊、榭均是绿地中的点景、休息建筑。

图 5-27　亭设计实例

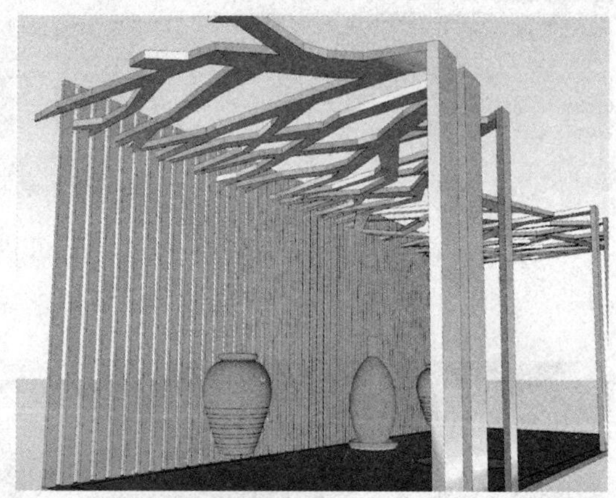

图 5-28　廊设计实例

⑦ 山石　在绿地内的适当地方，如建筑边角、道路转折处、水边、广场上、大树下等处可点缀些山石，山石的设置可不拘一格，但要尽量自然美观，不露人工痕迹，如图 5-29 所示。

图 5-29　风格各异的山石造景

⑧ 栏杆、围墙　设在绿地边界及分区地带，宜低矮、通透，不宜高大、密实，也可用绿篱代替，如图 5-30 所示。

图 5-30　栏杆围墙在居住区中的应用实例

⑨ 挡土墙　在有地形起伏的绿地内可设挡土墙。高度在 45cm 以下时，可当坐凳用。高于视线的则应做成多层，以减小高度带来的压抑感。还有一些设施如园灯、指示牌、宣传栏等，应按具体情况配置，如图 5-31 所示。

图 5-31　挡土墙的装饰效果

（6）植物配置

在满足居住区或居住小区游园游憩功能的前提下，要尽可能地运用植物的姿态、体形、叶色、高度、花期、花色以及四季的景观变化等因素，来提高居住小区游园的植物配置艺术效果，为居住区居民创造一个优美的居住环境。植物的配置，一定要做到四季都有较好的景致，适当配置乔灌木、花卉和地被植物，使植物层次丰富，做到黄土不露天，如图 5-32 所示。

图 5-32　居住区中的植物景观

2. 组团绿地的规划设计

在居住区中一般 6～8 栋居民楼为一个组团，组团绿地是离居民最近的公共绿地，为组团内的居民提供一个户外活动、邻里交往、儿童游戏、老人聚集的良好室外条件。组团绿地是直接靠近住宅的公共绿地，通常是结合居住建筑布置。组团绿地离居民居住环境较近，居民在茶余饭后即来此活动，因此游人量比较大，而且游人中约有一半是老人、儿童或是携带儿童的家长，所以规划设计中对组团绿地要精心安排不同年龄层次居民的活动范围和活动内容，提供舒适的休息和娱乐条件。用地规模 40～200m^2，服务半径 100～250m，居民步行几分钟即可到达。有的小区不设中心游园，而以分散在各组团内的绿地、路网绿化、专用绿地等形成小区绿地系统。也可采取集中与分散相结合，点、线、面相结合的原则，以住宅组团绿地为主，结合林荫道、防护绿带以及庭院和宅旁绿地构成一个完整的绿地系统。可将成人和儿童活动用地分开设置，以小路或植物来分隔，避免相互干扰。

根据组团规模、大小、形式、特征布置绿地空间，种植不同的花草树木，可强化组团特征；绿地中通过硬质地面、具有特色的儿童游戏设施、花坛、花架、坐凳、小型水景的设计，使不同组团具有各自的特色。

(1) 组团绿地的特点

① 用地小、投资少，易于建设即见效快。

② 服务半径小，使用频率高。

③ 易于形成“家家开窗能见绿，人人出门可踏青”的富有生活情趣的居住环境。

(2) 组团绿地的位置分类

由于组团绿地所在的位置不同，它们的使用效果也不同，对住宅组团的环境影响也有很大区别。

① 周边式住宅之间　环境安静，有封闭感，大部分居民可以俯视见绿，有利于家长照看幼儿玩耍，但噪声对居民的影响较大（图 5-33）。

图 5-33　周边式住宅之间的组团绿地

② 扩大间距的行列式住宅之间　在行列式布置中，如果在规划建筑时将适当位置的住宅间距扩大到原间距的 1.5～2 倍，就可以打破等分间距的平均感，扩大的住宅间距中布置组团绿地，可使连续单调的行列式狭长空间产生变化（图 5-34）。

图 5-34　扩大住宅间距后形成的组团绿地

③ 两组团之间　两组团之间作为一个统一整体来规划，可增加用地面积，使景观空间增大，在相同的用地指标下绿地有效规划面积较大，有利于布置更多的设施和活动内容。

④ 住宅组团的一角　在地形不规则的地段，利用不便于布置住宅的角隅空地安排绿地，能起到充分利用土地的作用，而且服务半径较大、景观层次丰富（图 5-35）。

⑤ 行列式住宅山墙间　行列式布置的住宅对居民干扰少，缺点是空间缺少变化，容易产生视觉疲劳。在规划建筑时适当拉开山墙距离，开辟为绿地，不仅为居民提供了一个有充足阳光的公共活动空间，而且从线性空间上打破了行列式山墙间所形成的胡同的感觉，组团绿地的空间又与宅间绿地相互渗透，产生较为丰富的空间变化。

⑥ 一面或两面临街　绿化空间与建筑产生虚实、高低的对比，可以打破建筑线连续过长的感觉，还可以使过往居民有歇脚之地（图 5-36）。

⑦ 在住宅组团间自由式布置　组团绿地穿插配合在住宅组团间，空间活泼多变，组团绿地与宅旁绿地配合，使整个住宅群风格显得活泼。

（3）组团绿地的空间布置方式

① 开敞式组团绿地　可供游人进入绿地内开展活动。

图 5-35 住宅组团一角的绿地

图 5-36 临街布置的组团绿地

② 半封闭式组团绿地 除留出游步道、小广场、出入口外，其余均用花卉、绿篱、稠密树丛隔开。

③ 封闭式组团绿地 一般只供观赏，而不能入内活动。

（4）组团绿地的景观形式

组团绿地的景观形式设置有安静休息区、绿化种植区、游戏活动区等几部分，还可以附一些建筑小品或活动设施，具体内容要根据居民活动的需要来安排。是以休息为主还是以游戏为主，休息活动场地在居住区内如何分布等，均要按居住地区的规划设计统一考虑。

① 安静休息部分 此部分也可作为老人闲谈、阅读、下棋、打牌及练拳等活动场地。该部分应设在绿地中远离道路的地方，内可设桌、椅、坐凳及棚架、亭、廊等园林建筑作为休息设施，也可设小型雕塑及布置大型盆景等供人静赏（图 5-37）。

② 绿化种植部分 绿化种植部分常设在绿地周边及场地间的分隔地带，其内可种植乔木、灌木和花卉，铺设草坪，还可设置花坛，也可设置花架种植藤本植物，在水体中种植水生植物。植物配置要考虑造景及使用功能上的需要，形成不同季相的景观变化，满足植物生长的生态要求。例如：铺装场地上及其周边可适当种植落叶乔木，即可作为孤景树，也可起到遮阳作用；入口、道路、休息设施的对景处可丛植花灌木或常绿植物、花卉，使人在绿色中，悠然自得；周边需障景或需创造安静空间的地段，可密植乔木、灌木，或设置中高绿篱。组团绿地内应尽量选用抗性强、病虫害少的植物种类。

③ 游戏活动部分 此部分应设在远离住宅、有较大空间的地段，在组团绿地中可分别设幼儿和少儿的活动场地，供少年儿童进行游戏性活动和体育性活动。其内可选设沙坑、滑

图 5-37　安静休息类绿地

梯、攀爬、器械等游戏设施，还可安排乒乓球台等。

二、居住区内宅旁绿地规划设计

在居住小区用地平衡表中，只反应公共绿地的面积与百分比，宅旁绿地面积不计入公共绿地指标，而一般宅旁绿地面积比公共绿地面积指标大2～3倍，人均绿地可达4～6m^2。宅旁绿地属于居住建筑用地的一部分，是居住区绿地中重要的组成部分。结合绿地可开展儿童林间嬉戏、品茗弈棋、邻里交往以及晾晒衣物等各种活动，密切邻里关系，具有浓厚的生活气息，可较大程度地缓解现代住宅单元楼的封闭隔离感，可协调以家庭为单位的私密性和以宅旁绿地为纽带的社会交往活动。

宅旁绿化的重点在宅前，包括以下几个方面。

1. 住户小院的绿化

住户小院可分为底层住房小院和独户庭院两种形式。

在现代居住小区中，多将住宅建筑前后的空间赠送给建筑底层一楼住户作为私家花园，同时为了不影响居住区绿化设计的整体效果，底层住户小院会留出一定宽度的绿地作为居住区公共绿地范围（图5-38）。

图 5-38　底层住户小院绿化设计

独户庭院的绿化设计，一般是指别墅区中独栋别墅周围的绿地空间规划，可统一规划，也可由住户自行设计（图5-39）。

2. 宅间活动场地的绿化

宅间活动场地属半公共空间，主要为幼儿活动和老人休息之用，宅间活动场地的绿化类型主要有以下几种。

图 5-39　独户庭院绿化设计

（1）游园型

当宅旁绿地面积较大时，也可以将其设计为小游园的形式，但是活动场地一定要与建筑保持一定的距离；植物种植要与建筑保持至少 5m 以上距离，这样既可保持室内良好的通风采光，还能保证室内的安静（图 5-40）。

图 5-40　游园型宅旁绿地

（2）林荫型

林荫型的宅旁绿化一般适用于面积较大的宅旁绿地，但在设计时一定要保证室内良好的通风和采光要求（图 5-41）。

图 5-41　林荫型宅旁绿地

（3）棚架型

宅旁绿地还可以考虑设置花架，这种景观要素可搭配藤本植物形成庇荫空间，又可形成休闲空间成为交流中心（图 5-42）。

图 5-42　棚架型宅旁绿地

（4）草坪型

当楼间距较小时，为了满足室内的通风采光，宅旁绿地一般设计为草坪型，配合孤植树，形成稀树草坪（图 5-43）。

图 5-43　草坪型宅旁绿地

3. 住宅建筑本身的绿化

（1）架空层绿化

在近些年新建的居住区中，常将部分住宅的首层架空形成架空层，通过室外绿化向架空层内部的渗透，形成半开放的绿化休闲活动区。这种半开放的空间与周围较开放的室外绿化空间形成鲜明对比，增加了园林空间的多重性、可变性、趣味性和舒适性，即为居民提供了可遮风挡雨的活动场所，也使居住环境更富有透气感，使空间更加丰富（图 5-44）。

图 5-44　架空层绿化设计

（2）窗台、阳台绿化

窗前绿化在室内的采光、通风以及减弱噪声、防止视线干扰等方面起着相当重要的作用。

其配置方法也是多种多样的，可以在距窗前 1～2m 处种花灌木或修剪成球状，高度以遮挡窗户的一小半为宜，形成一条窄的绿带，既不影响采光，又可防止视线干扰，开花时节还可以形成良好的景观视觉效果；可以在窗前设花坛、花池，使行人分流，增加一楼住户的安全感（图 5-45）。

图 5-45　阳台绿化设计

（3）屋基绿化（图 5-46）

屋基绿化是指墙基、墙角、窗前和入口等围绕住宅外墙面周围的基础栽植。

图 5-46　屋基绿化

① 墙基绿化　使建筑物与地面之间增添一点绿色，一般多选用灌木作规则式配植，也可种植爬墙虎、络石等攀缘植物对墙面（主要是山墙面）进行垂直绿化。

② 墙角绿化　墙角种小乔木、竹或灌木丛，形成墙角的“绿柱”“绿球”，可打破建筑线条的生硬感觉，使建筑与绿植融合在一起。

（4）墙面、屋顶绿化

在寸土寸金的今天，城市用地十分紧张，进行墙面和屋顶的绿化即垂直绿化，是一条增加城市绿量的有效方法。墙面绿化和屋顶绿化不仅能美化环境、净化空气、改善局部小气候，还能丰富城市的俯视景观和立面景观，软化硬质景观界面，使软、硬材质和谐。

住宅建筑本身的绿化是宅旁绿化的重要组成部分，它必须与整个宅旁绿化以及建筑风格相协调（图 5-47）。

图 5-47　墙面与屋顶绿化

三、居住区道路绿地规划设计

居住区道路绿化与城市街道绿化有不少共同之处，但是居住区内的道路由于交通压力不大、人流量较小，所以宽度较窄、类型也较少。

1. 居住区道路绿地类型

（1）居住区主干道绿地

居住区主干道是联系居住区内外的主要通道，用以解决居住区内外交通，与居住区入口相连接。道路红线宽度一般为20～30m，车行道宽度应不小于9m，在大型公共社区，除了供居民行走外，有的还通行公共汽车，如需通行公共交通时，应增至10～14m；人行道宽度为2～4m不等。在道路交叉口及转弯处不要影响行驶车辆的视线，行道树要考虑行人的遮阳及交通安全。道路与居住建筑之间应考虑利用绿化防尘和阻挡噪声，在公共汽车的停靠站点应考虑乘客候车时遮阳的要求（图5-48）。

图5-48　居住区主干道绿地

图5-49　居住区次干道与建筑由绿化带相隔

（2）居住区次干道绿地

居住区次干道是居住区的次要道路，对不同住宅组团进行联系，用以解决居住区内部的交通。道路红线宽度一般10～14m，车行道宽度6～8m，人行道宽1.5～2m。行驶的车辆虽较主干道少，但绿化布置时仍要考虑交通的要求。

当道路与居住建筑距离较近时，要注意防尘、隔声。次干道还应满足救护、消防、运货、清除垃圾及搬运家具等车辆的通行要求，当车道为尽端式道路时，绿化还需与回车场地结合，使活动空间自然通畅（图5-49、图5-50）。

图5-50　居住区主干道可使车辆双向通行

（3）宅前小路绿地

居住区宅前小路是联系各住户或各居住单元门前的小路，主要供居民行走，用以解决住宅组群的内外交通，车行道宽度一般为4～6m。

绿化布置时，道路两侧的种植宜后退，形成较为开阔的道路空间，以便必要时急救车和搬运车驶入住宅区。有的步行道及交叉口可适当放宽，与休息活动场地结合。路旁植树不必都按行道树的方式排列种植，可以断续、成丛地灵活配置，进行组团种植，与宅旁绿地、公共绿地布置配合起来，形成一个相互关联的整体（图5-51）。

图5-51　居住区宅前小路绿地

（4）道路横断面布置

居住区道路横断面一般是单幅式，即在车行道两侧设人行道和绿地，道路宽度可根据建筑的楼层高度、数量以及人流和车流多少而定。道路宽度允许时，也可安排双幅式断面，即在路中间设1m左右隔离带布置绿化。车行道宽度为7m、9m或12m。人行道和绿地每侧应为3～6m，需能满足埋设地下管线的需要。若居住区面积大、主要道路较宽且长时，亦可横向设置公共交通路线，以减少居民步行距离。

2. 居住区道路设计要求

（1）在设计时为了出行方便应使各级道路互相联系，做到交通的贯通性。

（2）分清主要道路与次要道路及宅旁小路的等级关系。

（3）根据实际情况，尽量做到人车分流，车行道与步行道各成系统。

（4）在道路形式上有内环式、环通式、半环式、尽端式、混合式几种。

【设计案例】

顺德碧桂园凤凰城小区规划设计

顺德碧桂园凤凰城小区位于广州市增城区新塘镇，交通便利，该小区居住类型丰富，包括普通住宅、别墅、高层洋房、小高层洋房、独栋别墅、联体别墅。由于居住类型的复杂性，该设计方案最大限度地考虑到交通层面的人流集散、不同人群对小区使用功能的要求、设施的安全性、休闲的舒适性、景观的丰富性与独特性。

1. 策划

（1）“碧桂凤凰城”概念

凤凰在中国的传统中，被视为太阳的动物化身，象征着吉祥如意（图5-52、图5-53）。

凤凰有色彩夺目的羽毛，能歌善舞，专食罕见竹花，栖息在山间的梧桐树上，汲饮于灵泉山涧，在迁徙时为众鸟所簇拥。凤凰自中国商代以来就有深远的象征意义，表现了中国深层的民族文化和习性。凤凰的出现总是预示或伴随着光明君主的统治、秩序的建立、太平的

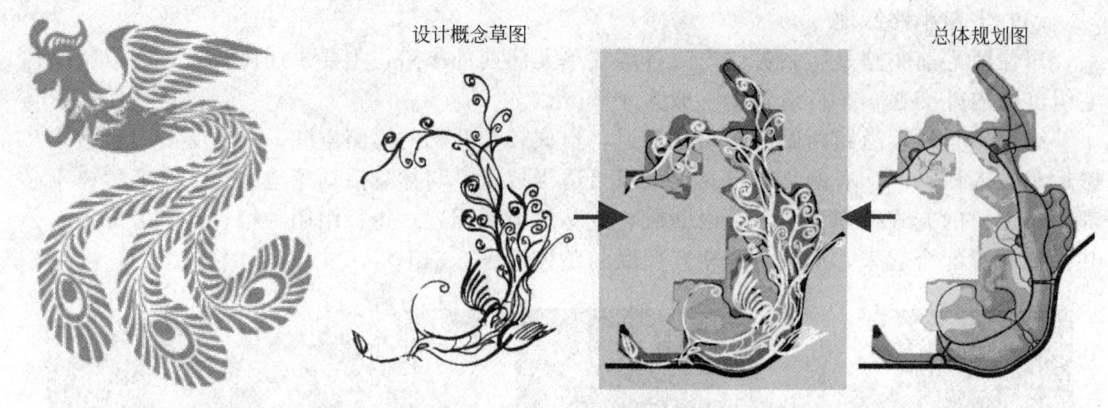

图 5-52　创意来源　　图 5-53　设计概念草图

来临；凤凰的五彩色，使人想到一切道德与文化的积累；凤字在商代的甲骨文中，上面总有一个三角宝盖，与龙字的宝盖头一模一样，是其优越地位的标志；凤凰之歌也是鉴别优雅音乐的标准。

凤凰传统象征意义，植根于中国的文化传统之中，深入人心，与西方的“长生鸟”一样，象征和预示着吉兆。因此，把社区命名为“碧桂凤凰城”，是对高尚的社区文化和业主优越社会地位的借喻，是社区幸福生活的象征。同时，基地地处刘村大山的东侧，而刘村大山则为广州北部南岭丘陵的山麓。基地从其整体空间形态来看，犹如一只附在翡翠大山上碧玉般的凤凰。在这样环境优美的区域，建立新型高尚居住社区，就好像凤凰展翅，五彩缤纷，炫人眼目，美不胜收。

成功是品牌的延续——凤凰是碧桂园物业发展有限公司的标志。

凤凰——灵禽之王，“非梧桐不栖，非练子不食，非灵泉不饮”，其追求完美的高尚气质，与投资策划者和设计师力创全国领先的不懈追求相吻合。凤凰的传说是一种穿越了时间和空间的精神象征和文化底蕴，能够承载现代人追求“完美幸福”的梦想。

山水交融的山形地貌激发了设计师的创作灵感，精心构筑的总体蓝图，形神兼备地体现了凤凰起舞的优美姿态。

(2) 核心规划理念

以人为本，体现科技、文化和生态的可持续发展，创造中国最佳休闲、度假、居住社区和适应未来需求的生活方式，构建具有五星级标准的理想家园（图 5-54）。

图 5-54 核心规划理念

2. 规划设计

规划构思原则以人为本，对居住者充分关心与尊重（图 5-55、图 5-56）。

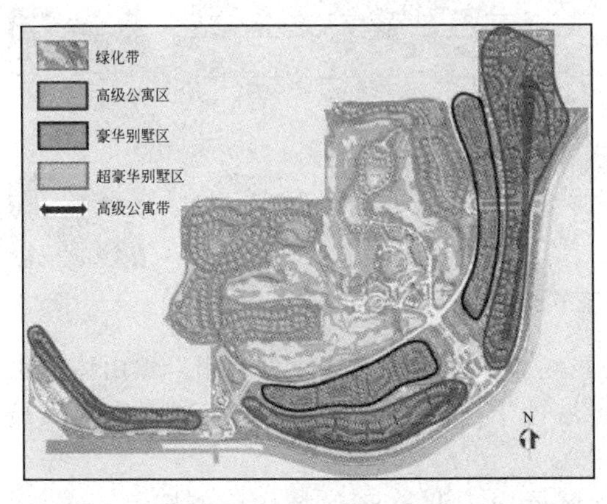

图 5-55 总体规划示意

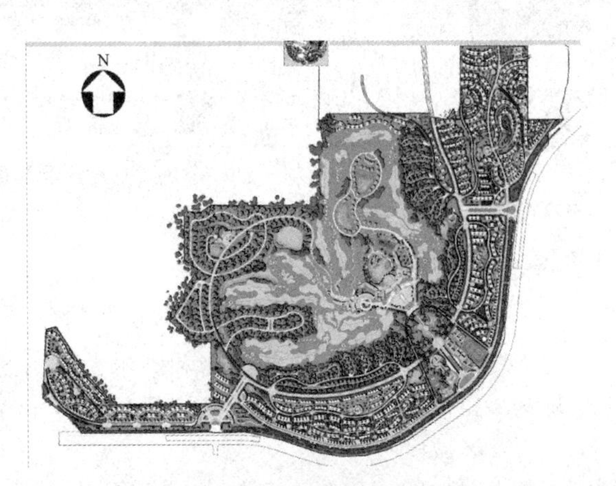

图 5-56 总平面图

从本区内外部空间环境的整体考虑，努力探讨规划空间结构与自然环境及地域文化特征之间的关系，达到人与自然的和谐。

创造积极多样的空间，满足新时代的生活方式和人性个性化发展的需要，同时注重传统文化的延续。

合理布局以获得良好的声环境，最大限度降低噪声污染。

创造人车分流系统，考虑当地气候条件因素，鼓励蔽日设计或遮藏式步行环境，如骑楼、连廊、底层架空等为居民出行与活动提供方便。

富于动感的景观水系，满足人们的亲水本性。

提供充足的室外体育、休憩综合设施和崎岖山区缓跑路径，把居民带往健康锻炼之路。

无障碍设计是生活休闲、度假居住社区的基点。

完善的通信系统，使居住者可以方便、快捷地与外界沟通。

合理布局服务设施，使居民能方便地获取内心安宁和精神愉快，又能拥有物质生活的满足。

提供现代、超前、以人性需要为中心的建筑外观和户型设计，强调住室的通透与自然景观环境的整合，室内装修能尽量个性化、舒适化。

3. 功能分区

规划根据社区发展的整体概念和功能景观社区管理要求，将本期居住组群分为三大片区，包括超豪华别墅区、豪华别墅区、高级公寓区（图 5-57）。

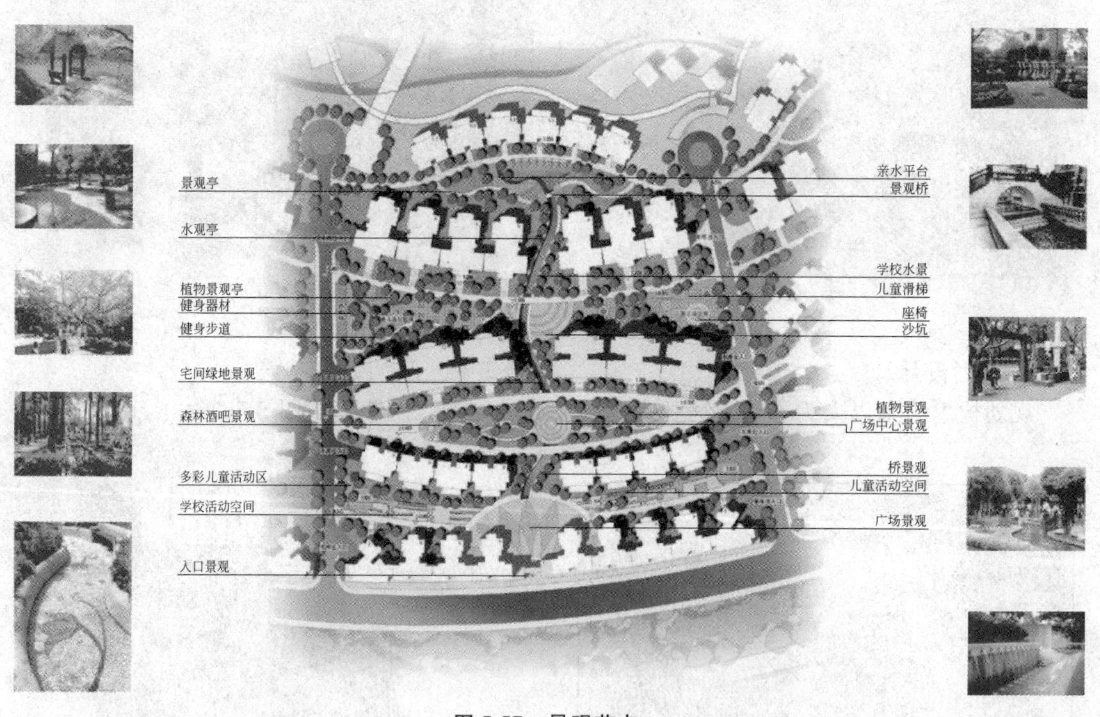

图 5-57　景观节点

超豪华别墅区：分布于酒店和高尔夫球场的两侧和东北面，能够充分利用自然山体、水库湖面、高尔夫球场等自然景观，且位于 30m 区域性干道内侧，是整区相对独立且档次最高的别墅区域。

豪华别墅区：分布于高尔夫球场的东南带状区域内，沿 30m 区域性干道按组团布局，该区紧靠高尔夫球场，依然可以感受到酒店、高尔夫球场及山体等自然和人造景观。

高级公寓区：分布于豪华别墅区的东南，主要包括公建中心区两侧、社区东入口北侧及社区南入口西侧三个片区构成。①对于公建中心两侧的高级公寓，主要考虑日照、用地形态和高尔夫球场景观取向等因素要求，按相对独立而灵活多变的组团布置，由北向东南依次布置五层、六层、十二层的公寓建筑；②社区东入口北侧公寓片区所处地形变化较大，建筑结合地形按组团灵活布置，可以形成管理独立的高级公寓区，规划在此区设立针对外籍人士公寓社区，其设施配套和管理服务充分考虑外籍人士的生活方式及需求；③社区南入口西侧用地较为狭长，其北面紧靠紫云山庄高尔夫球场，规划将六层和十二层公寓由南向北排列，组成连排居住组团，这样后排公寓能够尽享高尔夫球场的良好景观。

4. 道路交通

（1）人车分流的道路交通系统

为了适应小汽车逐步进入家庭的发展趋势，本社区交通组织力求符合车流的轨迹，使之便捷通畅，并提供足够的停车空间，同时重视人车分流，减少人为干扰，为居民提供安全、宁静的步行环境。规划构建车行、人行两个互不干扰、相对独立的体系，使车流和人行组织尽量符合居民出行与活动的行为特征（图 5-58）。

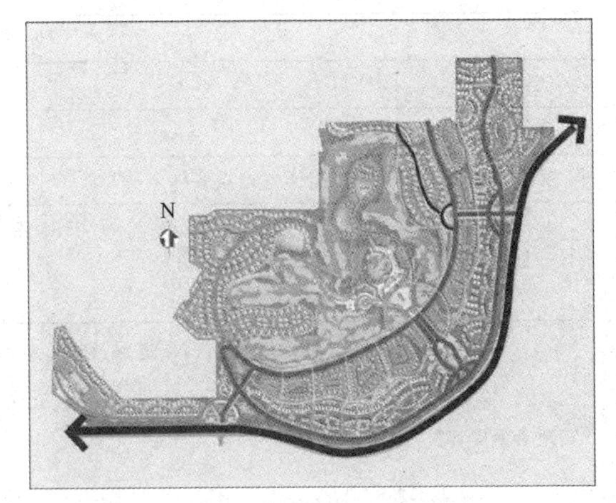

图 5-58　道路网络系统分析图

（2）等级分明、功能明确的道路等级体系

道路系统分为区域性干道、区内联系干道和组团道路三个等级，各自承担“通”与“达”的交通功能。

（3）富有趣味的步行系统

规划重视步行空间与步行活动的组织，强调居住外部环境与步行系统、绿化体系及公建设施布局相互渗透、有机结合。

【调研实习】

1. 实习要求

（1）选择当地具有景观特色的居住小区进行实地考察，时间 4 学时。

（2）考察目的

通过本次居住区参观实习主要达到以下几个目的：

第一，将居住区绿地规划设计原则与居住区规划原理结合起来进一步认识居住区布局原则。

第二，通过参观实习，认识居住区在城市中的作用，居住区和周围其他城市功能空间的协调关系。

第三，通过本次实习，熟悉居住区规划的一些相关规范资料数据，学会将相应规范标准应用到居住区规划设计中。

（3）考察内容

通过本次实习主要熟悉以下几个方面的内容：

第一，熟悉居住区的组织与构成。在居住区组织方面，了解居住区通过什么组织进行小区相应的管理；在居住区组成方面，了解居住区用地组成和环境组成等。

第二，了解居住区住宅组群布局和院落空间的环境设计。在住宅组群布局方面了解住宅组群布局类型、组织方法和相应技术要求等；在院落空间环境设计方面主要侧重了解庭院、近宅、边角和过渡空间等方面的设计。

第三，熟悉居住小区公共服务设施。主要了解公共服务设施种类、分级、服务半径和规划布置等。

第四，了解居住区交通行为与道路停车设施等。在交通行为方面要侧重了解居住区交通需求与方式、交通特点与规律等；在交通道路方面侧重了解道路分类与分级以及道路规划设计等；在停车场规划设计方面，注意了解车辆停放组织与管理、停车场布置以及停车场设计等；同时还要注意无障碍设计。

第五，认识居住区休闲活动与绿地、景观规划设计。包括绿地布置的基本形式和主要指标、道路景观构建以及总体景观构建等。

（4）撰写实习报告

实　习　报　告	
实习地点	
实习时间	
实习目的	（结合考察地点实际来写）
计划内容	
实地考察内容	（结合考察地点入口、道路、植物、地形、建筑小品、空间设计等来写）
实习收获	

2. **评价标准**

序号	考核内容	考核要点	分值	得分
1	文字	流畅	10	
		用词准确、专业性强	10	
2	图片	对居住区景观选择具有代表性	10	
		对居住区交通分析合理	10	
		能够找出居住区植物配置的特点	10	
3	结构	文章结构明确、按考察路线叙述清晰	10	
		能够清晰地运用景观理论进行分析	10	
4	总结	能够很好地分析考察地景观设计的优缺点	30	
合计			100	

【抄绘实训】

1. 抄绘内容：环秀山庄

环秀山庄是以假山为主的一处古典园林，堪称山景园的代表作（图 5-59）。此园本来园内地盘不大，园外无景色可借，造景颇难。但因布局设计巧妙得宜，湖山、池水、树木、建筑得以融为一体；园内假山一座、池水一湾，更是独出心裁，另辟蹊径，两者配合，佳景层出不穷。望全园，山重水复，峥嵘雄奇；入其境，移步换景，变化万端。

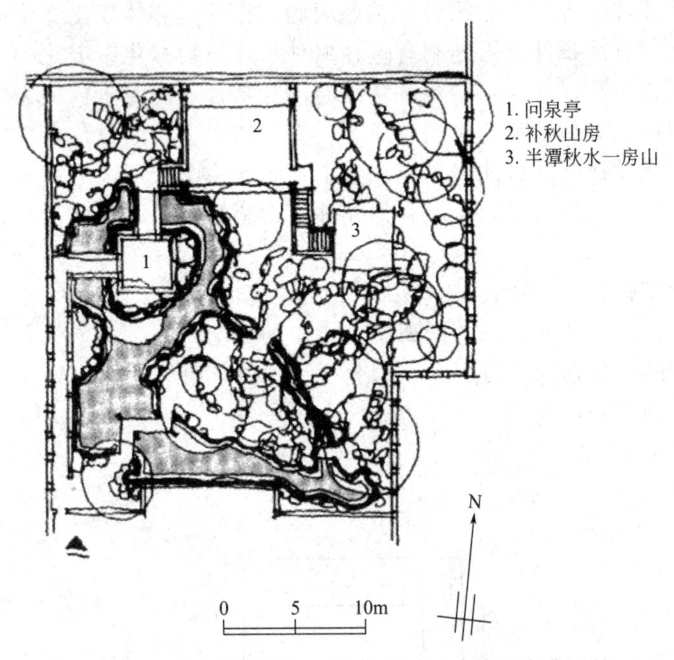

图 5-59　环秀山庄平面图（引自刘敦祯《苏州古典园林》）

2. 要求

体会古典园林的山水布局与建筑布局特点，把握小面积、庭园式造园的布局方式。

3. 评价标准

序号	考核内容	考核要点	分值	得分
1	线条	线条运用熟练、流畅、接头少	10	
2	布局	平面布局合理	10	
		空间尺度合理	10	
		建筑的比例、尺度与周围环境协调	5	
3	总平面表现	空间形式抄绘丰富	15	
		内容充实，方案完整	20	
4	整体效果	能够很好地传达原设计的意图	30	
合计			100	

【设计实训】

设计实训一　新兴小区中心绿地规划设计

1. 现状

新兴小区位于长江流域的某城市，请结合长江流域的气候条件和绿地周围的现状条件进行小区中心绿地规划设计。设计场地是新兴小区的中心绿地，北部为小区幼儿园，其他三个方向均为小区住宅。

2. 设计要求

(1) 居住区绿地设计要求立意新颖，格调高雅，具有时代气息，满足景观要求、功能要求，符合安全性，并与周围环境协调统一。

（2）结合当地环境特点，巧妙构思，主题明确，设计能够体现出文化内涵和地方特色。

（3）结合当地的自然条件，因地制宜选择树种，以植物绿化、美化为主，适当运用其他造景要素。植物配置应乔、灌、草结合，常绿与落叶结合，以乡土树种为主。植物种类数量适当。能正确运用种植类型，符合构图规律，造景手法丰富，注意色彩、层次变化。

（4）按要求完成设计图纸，能满足施工要求；图面构图合理，清洁美观；线条流畅；图例、比例尺、指北针、设计说明、文字和尺寸标注、图幅等要素齐全，符合制图规范。

3. 图纸要求

（1）总平面图 1 张，1∶500；

（2）剖面图 1 张，1∶500；局部剖面图 1 张，1∶300；

（3）功能分析图：包括现状分析、交通分析、视线分析等，比例自定；

（4）透视效果图 2 张；

（5）设计说明 200 字。

4. 现状图（图 5-60）

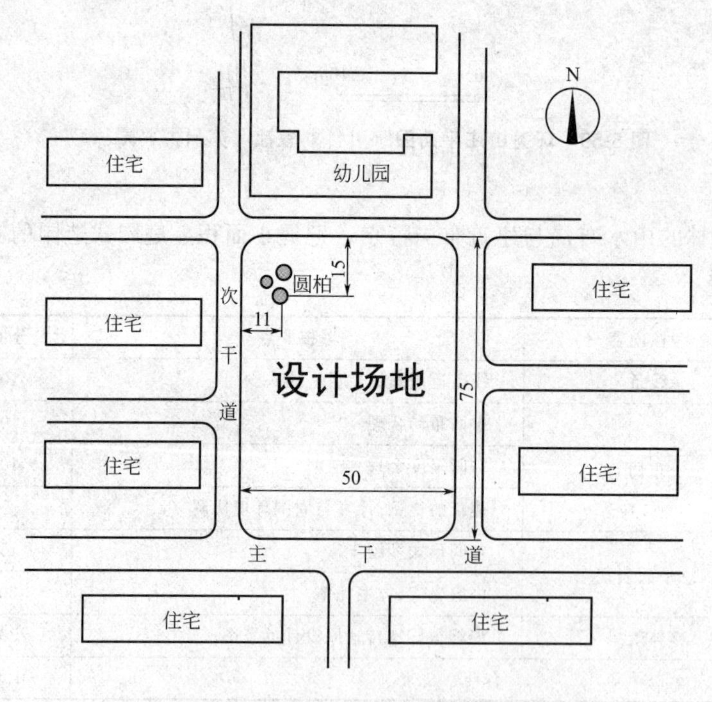

图 5-60　居住区现状图（单位：m）

设计实训二　园丁小区景观规划设计

1. 小区概况

园丁小区位于某大学内部，属于教师家属院，主要居住人群为本校教师及家属。面积 3.6hm² 左右，为小型居住区。由于年久失修，小区内部绿化退化严重，居民缺少必要的休闲绿地，日常游憩、锻炼需求得不到满足。

2. 设计要求

居住小区绿地为本居住区的居民服务，要求具备一定的公共活动空间，设计中需要考虑停车场的安置。设计要合理、美观、适用。注意各类绿地形式的过渡与统一。

3. **图纸要求**

(1) 总平面图 1 张，1∶500；

(2) 立面图 2 张，1∶500；

(3) 局部景观效果图最少 3 张；

(4) 附设计说明；

(5) A1 图纸。

4. **现状图**（图 5-61）

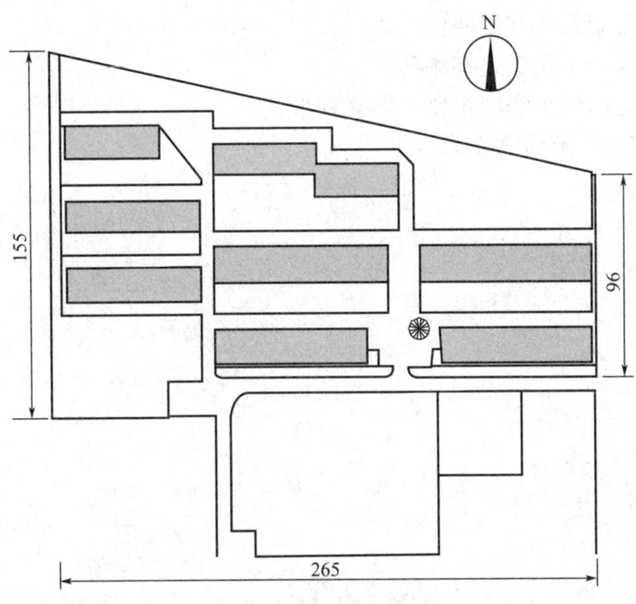

图 5-61　居住区现状图（单位：m）

评价标准

序号	考核内容	考核要点	分值	得分
1	方案主题构思	构思立意新颖，主题明确，符合场地特点要求	5	
		设计风格独特，感染力强	5	
2	方案整体效果	布局合理，空间形式丰富	10	
		内容充实，方案完整	5	
3	总平面设计和表现	空间尺度合理	10	
		出入口位置合理、形式协调，道路系统畅通连贯	10	
		建筑小品体量适当、形式布局合理	5	
		线条、图例符合制图规范	5	
		指北针、方案标注正确	5	
4	种植设计	乔、灌、草配置合理，季相效果好	10	
		乔、灌与植被表达明确，比例符合树种特性	10	
5	设计说明	文字说明精炼、有条理、重点突出，设计内容协调统一	10	
6	版式设计	图纸布局合理、美观协调	10	
合计			100	

【复习思考】

1. 简述居住区绿地组成与居住区绿地的作用。
2. 简述居住区小游园包括哪些景观要素。
3. 简述居住区绿地的设计原则。
4. 简述居住区绿地设计中的植物配置。
5. 简述居住区道路绿地规划设计方法。
6. 简述居住区小游园的规模。
7. 组团绿地的景观形式有哪些？
8. 住宅建筑本身的绿化形式有哪些？
9. 宅间活动场地的绿化类型主要有哪几种形式？
10. 居住区道路设计有哪些要求？

项目六

单位附属绿地规划设计

【项目目标】

1. 掌握单位附属绿地的用地类型及环境特点。
2. 掌握单位附属绿地规划设计的步骤与方法。
3. 能够准确分析服务对象的特点。
4. 能够根据设计要求及环境特点完成单位附属绿地总体规划。
5. 结合各功能区的特点，合理进行植物种植规划。
6. 绘制单位附属绿地功能分区图、总平面图、立面图、效果图、施工图。
7. 掌握设计说明书的编制方法。

【项目实施】

任务一　大专院校校园绿地规划设计

单位附属绿地指在某一单位或部门内，由该单位或部门投资、建设、管理和使用的绿地。单位附属绿地的服务对象主要是本单位的员工，一般不对外开放，因此单位附属绿地也称为专用绿地。常见的单位附属绿地主要包括机关团体、部队、学校、医院、工厂等单位内部的附属绿地。这些绿地在丰富人们的工作、生活，改善城市生态环境等方面起着重要的作用。

校园绿地环境是一个学校的形象，体现学校的文化和底蕴。著名建筑评论家路易斯·康曾经说过：学校就是一棵树下老师和学生一起交流。这句话说明了学校教书育人的用途，从侧面也说明了环境的重要性。

一、大专院校校园绿地的组成

大专院校一般面积较大，总体布局形式多样。由于学校规模、专业特点、办学实力、学校级别、办学方式以及周围的社会条件的不同，其功能分区的设置也不相同。一般可分为学生生活区、教学科研区、体育活动区、后勤服务区及教工生活区。根据功能分区，大专院校校园绿地由以下几部分组成。

1. 学生生活区绿地

该区为学生日常起居、室外活动的区域，有宿舍、食堂、浴室、便利店、银行等生活服务设施、运动空间及部分体育活动器械。该区主要是为学生提供方便、快捷的服务。该区绿地沿建筑及道路分布，为了使交通更加便捷、通达，绿地通常被分割得比较零碎、分散。

2. 教学科研区绿地

教学科研区是学校的主体，包括教学楼、实验楼、图书馆以及行政办公楼等建筑，该区是学校重要的区域，一般与学校主入口联系在一起，是最能体现一个学校的面貌和特色的区域。教学科研区要保持安静的学习与研究环境，通常其绿地沿建筑周围、道路两侧呈条带状或团块状分布。

3. 后勤服务区绿地

该区分布着为全校提供水、电、煤气、热力的设备及各种气体动力站、仓库、维修车间、垃圾转运站等设施，占地面积较大，设施管线多，既要有便捷的对外交通联系，又要离教学科研区较远，避免干扰到学校正常的学习、科研秩序。其绿地基本也是沿道路两侧及建筑场院周边呈条带状分布。

4. 体育活动区绿地

体育活动场所是校园的重要组成部分，是培养学生德、智、体、美、劳全面发展的重要设施。其内容包括篮球场、排球场、运动场、游泳池、体育馆等。该区主要是为学生服务，与学生生活区有较方便的联系。除足球场草坪外，绿地沿道路两侧和场馆周边呈条带状分布。运动场周边绿化既要保持通透，又要有一定遮阴。运动场与建筑物之间要有较宽的绿化带，以起到隔音作用。

5. 校园道路绿地

分布于校园中的道路系统是分隔学校内各功能区的要素，担负着交通运输功能。道路绿地位于道路两侧，除行道树外，道路外侧绿地要与相邻的功能区绿地融合。道路两侧行道树的选择，应以达到遮阳目的为主，可选用大型乔木。

6. 教工生活区绿地

该区为教工生活、居住区域，主要是居住建筑和道路，一般单独布置，位于校园一隅，最好与工作区域有明显的分界线，以求安静、清幽。其绿地分布同居住区。

7. 建筑物周围绿地

学校是以建筑为主体的空间环境，和居住小区一样在建筑物附近绿化要考虑室内通风采光的需要，离建筑物5m以外才可种植高大乔木，靠近墙基可种植低矮的花灌木，搭配草花，其高度不能超过首层窗户。在建筑物的东西两侧即山墙位置，可种植速生大乔木或攀缘植物，既可以增加绿量，又可以防日晒。

二、大专院校校园绿地设计的原则

学校可根据自身的经济状况、用地条件等，在校园规划建设休憩绿地，作为师生课外阅读、休息的场所。绿地布局形式应与校园总体布局相协调，可选用自然式、规则式或混合式设计手法。绿地内可结合面积大小、自然地形、场地布置等因素，设置石凳、凉亭等各种设施，供在校师生休憩、学习使用。校园园林绿地设计应遵循以下原则。

1. 绿化规划应纳入校园总体规划之中

要充分利用原有的地形地貌、水体、植被、历史文化遗址等自然、人文条件，与校园文化建设有机地结合起来，形成特有的风格。要做到点、线、面相结合，使绿化布局与校园建筑相协调，在校园中形成多层次、丰富多彩的绿色环境。

2. 创造良好的校园人文环境

校园绿化设计要遵循为教学服务的宗旨，坚持实用、经济、美观和因地制宜的原则。校园环境生活的主体是人，是师生和员工。大专院校园林绿地作为校园的重要组成部分之一，其规划设计应树立人文空间的规划思想，处处体现以人为主体的规划理念，使校园景观全方位地体现对人的关怀。因此，在校园绿地设计中应根据不同的性质和功能，因地制宜地创造多层次、多功能的绿地空间，以便更好地为师生和员工学习、交往、休息、观赏、娱乐、运动和居住服务。

3. 创造符合大专院校文化内涵的校园艺术环境

美的环境令人身心愉悦。大专院校校园是一个文化环境，是社会文明的橱窗，校园环境理应具有更深层次的美学内涵和艺术品位。校园环境既要传承文脉，显示出历史久远的印迹，又要体现新的时代特色。因此校园环境中不同院系的建筑、道路、绿地，在总体环境协调的前提下，也应具有各自的特点和个性。

4. 创造良好的校园生态环境

校园应是一个富有自然生机的、绿色的、生态良好的环境。校园绿地规划设计要结合其总体规划进行，强调绿色环境与人的活动及建筑环境的整合，体现人与自然共存的理念，形成人的活动融入自然有机运行的生态机制。充分尊重和利用自然环境，尽可能地保护原有的生态环境。

校园园林绿地应以植物绿化美化为主，园林建筑小品辅之。在植物选择配置上要充分体现生物多样性原则，以乔木为主，乔、灌、草结合，使常绿与落叶树种，速生与慢生树种，观叶、观花与观果树木，地被植物与草坪草地保持适当的比例。农、林、师范院校还要把树木标本园的建设与校园园林绿化结合起来。例如南京林业大学、山东农业大学、河南科技大学、黑龙江生态工程职业学院等校园中的树木花草，既是校园景观和生态环境的组成部分，又是教学实习的研究对象。

三、大专院校校园各区绿地规划设计要点

1. 校前区绿化

学校大门、出入口与办公楼、教学主楼组成校前区或前庭，是行人、车辆出入最多之处，具有交通集散功能和集中展示校容校貌的作用，因而校前区通常形成广场和集中绿化区，为校园重点绿化美化地段之一。

学校大门的绿化要与大门建筑形式相协调，以装饰观赏为主，衬托大门及立体建筑，体现学校风格，突出庄重典雅、朴素大方、简洁明快、安静优美的高等学府校园环境。

学校大门绿化设计以规则式绿地为主，以校门、办公楼或教学楼为轴线，通常在主干道两侧种植高大且树冠整齐的乔木，体现学校工作作风的严谨，同时也可标识出交通方向，增强方向感。图 6-1 为杭州外国语学院入口，图 6-2 所示为无锡科技职业学院入口景观效果图。

图 6-1　杭州外国语学院入口

图 6-2　无锡科技职业学院入口景观效果图

2. 教学科研区绿化

教学科研区绿地主要满足全校师生教学、科研的需要，为师生提供安静、优美的环境，也为学生的课间活动提供室外绿色空间。教学科研主楼前的广场设计应以大面积铺装为主，结合盛花花坛、草坪，点缀高大的乔木作为孤景树，布置水面、体现学校精神的主题雕塑和各种园林小品等，突出简洁、开阔的景观特色。

教学用建筑周围的绿化带在不影响建筑内部通风采光的条件下，多种植落叶乔、灌木。为满足学生休息、集会、交流等活动的需要，教学楼之间的广场空间应注意体现其开放性、综合性的特点，设置可供人居留的空间。绿化带景观要设计出优美的图案和线形，以丰富的

植物及色彩形成既适合俯视又适合置身其中的围合空间。植物种植立面要与建筑主体体量大小相协调，集中衬托、美化建筑，使整块绿地成为该区域休闲主体和特色景观的重要组成部分（图 6-3、图 6-4）。

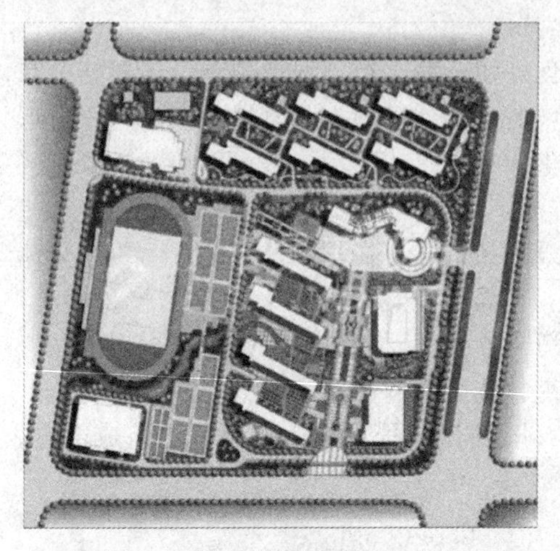

图 6-3 学校科研区效果图（1）

图 6-4 学校科研区效果图（2）

礼堂是单位集会的场所，由于人流量较大，正面入口前应设置集散广场。礼堂周围基础栽植以绿篱和常见的绿化树种为主。礼堂外围可根据道路的走向和集散场地大小布置小品、草坪、树林或花坛。

实验楼的绿化要根据不同实验室的特殊要求，在选择树种时，综合考虑防火、防爆及空气洁净程度等因素，选择具有特殊功能的乡土树种，改善微环境。

图书馆是图书资料的储藏之处，为师生教学、科研活动服务。一般学校的图书馆都与校园内其他建筑既区别又联系，成为学校标志性建筑。其周围的布局主要以半私密空间为主（图 6-5）。

(a)嘉兴学院图书馆景观

(b)四川美术学院图书馆景观

(c)华中农业大学图书馆景观

图 6-5 校园图书馆景观

3. **校园生活区绿化**

校园生活区绿化应延续校园绿化基调，与校园整体绿化相协调，根据场地大小，兼顾交通、休憩、活动、观赏、阅读诸多功能。食堂、浴室、商店、银行、邮局前要设置有交通集散及活动场地，周围可留基础绿带，种植绿化苗木，活动场地中心或周边可设置花坛或种植庭荫树。

学生宿舍区绿化可根据楼间距大小，结合楼前道路进行设计。楼间距较小时，在楼梯口之间最好利用有限的空间营造出丰富的植物空间。场地较大时，可结合行道树，形成封闭式的观赏性绿地，或布置成庭院式休闲绿地，铺装地面，花坛、座椅、花架和庭荫树池结合，形成良好的学习、休闲场地，扩大学生的活动空间（图 6-6）。

图 6-6　学校宿舍区景观

后勤服务区绿化要根据水、电、热力及各种气体动力站、仓库、维修车间等管线和设施的特殊要求，在选择配置树种时应综合考虑防火、防爆等因素。

4. **体育活动区绿化**

体育活动区一般在场地四周栽植高大乔木，下层配置耐阴的花灌木，形成一定层次和密度的绿荫，能有效地遮挡夏季阳光的照射和冬季寒风的侵袭，最重要的是减弱噪声对外界的干扰。

为保证运动员及场外人员的安全，应在运动场四周设围栏。在适当之处设置坐凳，供人们观看比赛。设坐凳处可种植高大乔木遮阳。

室外运动场的绿化不能影响体育活动和比赛，以及观众的视线，应严格按照体育场地及设施的有关规范进行。

体育馆建筑周围应因地制宜地进行基础绿带绿化（图 6-7）。

图 6-7　运动场景观

5. **道路绿化**

校园道路两侧行道树应以落叶乔木为主，构成道路绿地的主体和骨架，浓荫覆盖，有利于师生们的工作、学习和生活，同时夏季可降低校园内的温度达到避暑的效果。在行道树外侧种植草坪或点缀花灌木、色叶树，形成色彩、层次丰富的道路景观（图 6-8）。

图 6-8　校园内的林荫路

6. 休憩游览绿地

大专院校一般面积较大，在校园的重要地段设置花园式或游园式绿地，供师生休闲、静坐、冥想、观赏、游览和读书。另外，农、林、师范类大专院校中的花圃、苗圃、气象观测站等科学实验园地以及植物园、树木园也可以园林形式布置成休憩游览绿地。

四、影响校园绿地设计的因素

1. 总体规划

中心区要求景观形式具有前瞻性，特点鲜明。学生宿舍区以宁静、安全、知性社区形象为特征。运动场地和娱乐场地按活动和竞赛规则设定其布局大小。

2. 校园的尺度、布局与环境

比例、尺度、环境、面积、布局是校园景观设计重要的影响因素。校园景观除了兼具一定功能外，还应体现整个校园人文环境。

3. 环境适应能力

环境适应能力也是一个影响设计的决定因素。设计树木、草花、草坪时都要考虑生态问题。

4. 气候

气候包括温度、湿度、降水量、风速风向、日照时间、日照强度、季候变化规律等。气候是影响植物生长因素的重要自然环境，也是设计时必须考虑的因素。

5. 风格

无论是校园整体景观还是局部景观，首先要设定整个绿地的风格。

6. 植被

校园主体绿化应该有本校特色。所选树种、花种要因地制宜，既适合本地生长又要能体现传统文化。不仅要考虑到易成活、耐修剪、寿命长，还要顾及物种的多样性，体现教育特色和地方特色，突出个性化。

五、校园绿地规划设计步骤

在掌握了必要的理论知识之后，根据园林规划设计的程序以及校园绿地规划设计的特点，完成某学院的绿地规划设计，步骤如下。

1. 调查研究阶段

（1）自然环境

调查学校所在地的水文、气候、土壤、植被等自然条件。例如，某学校坐落在海南省三亚市，我们通过调研知道三亚地处低纬度，属热带海洋性季风气候区，年平均气温25.7℃；气温最高月为6月，平均气温28.7℃；气温最低月为1月，平均气温21.4℃。全年日照时间2534小时。年平均降水量1347.5mm，素有“天然温室”之称。调查完毕再根据自然环境条件进行适合该地区自然环境特点的设计。

（2）社会环境

调查学校所在地的历史、人文、风俗习惯、沿革、传统、学校性质、校史校训、行业特色、在同类院校中的地位、优势等。例如，该学校是哪一类大学，主要学科类型、建校时间、师资与科研情况等。

（3）设计条件或绿地现状的调查

通过现场勘查，首先明确规划设计范围、掌握绿地现状，然后收集设计资料、绘制相关现状图等。

2. 编制设计任务书

根据现场勘查及调查研究的实际情况，结合设计要求和一系列相关设计规范，编制设计任务书如下。

（1）绿地规划设计目标

为提高校园绿化品质，加强校园文化建设，提升校园人文气质，创造浓荫覆盖、花团锦簇、清洁卫生、安静清幽的校园环境，为工作者与学习者提供良好的环境景观和场所，满足师生文化、娱乐、休憩的需要，学校决定对校园重新进行绿地规划设计。设计要求符合学校的综合定位，新颖别致、美观大方，充分展现校园文化与底蕴，满足师生日常的活动与游憩。重新规划以植物造景为主，适当设置硬质景观，并在合适位置设置水景，要与原有景观融为一体。

（2）绿地规划设计内容

学校绿地应将所有绿化用地统一规划、全面设计，形成和谐统一的整体，满足校园多种功能需要。具体设计内容如下。

① 总体规划设计　根据甲方要求与现场实际情况制定总体规划设计原则，依据建筑布局、周边环境和功能要求，确定合理的功能分区。根据各功能区的功能与特点，依据绿地实际大小，规划设计不同的活动场地与居留空间，以满足各空间和区域的功能要求。

② 景观规划设计　在整体规划的前提下，进行景观空间序列的布局，确定不同的景观内容，在以植物造景为主的前提下，合理设置硬质景观，形成美观整洁的校园环境，并根据景观特征为各景区、景点命名。

③ 植物种植设计　以乡土树种为主，选取景观效果好的树种。要求乔、灌、草结合，疏密有致。要体现孤植、丛植、群植、列植等多种种植形式相结合的景观效果，展现丰富的林缘线和林冠线，尽量做到季相分明、四季有景可观。

3. 总体规划设计

根据任务书中已经明确的规划设计场地、目标、内容、原则等具体要求，着手进行总体规划设计。主要有以下工作要做。

（1）功能分区

根据学校原有建筑的布局特点和各建筑的现行使用功能及定位，将校园绿地划分为行政办公区绿地、教学科研区绿地、学生生活区绿地、体育活动区绿地和休息游览区绿地（图 6-9）。

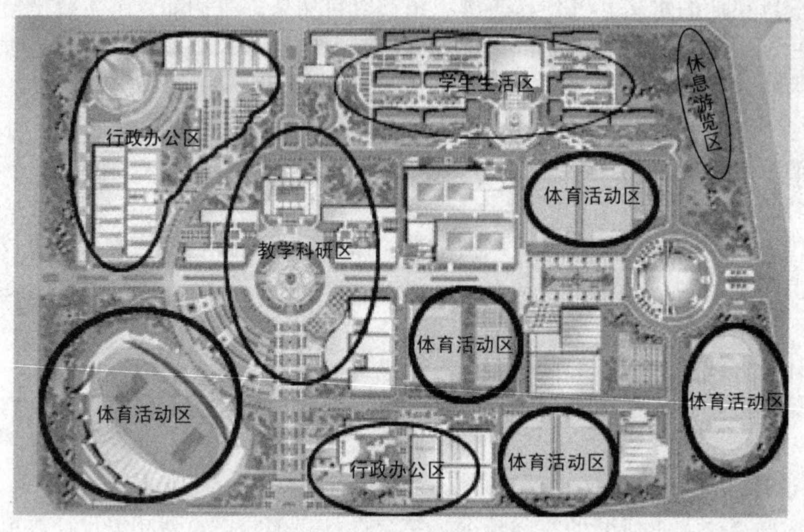

图 6-9　某学院校区功能分区图

（2）景观规划

根据总体布局、功能分区、教学特点等校园实际情况，并结合地域文化、行业特色、校园文化、学校定位等基本情况，形成以下景观规划设计的总体构思。

① 景观轴　通过道路、广场、植物行列式种植等形成多条景观轴线。

② 景观视线　景观视线以景观轴为基础，呈线状分布，包括各个建筑的对景以及由建筑向绿地形成的透景线。

③ 景观节点　办公楼前广场、教学楼前广场、宿舍楼前广场组成各景观节点，形成不同主题和季相的景观空间。

（3）植物规划

植物规划要符合建设用地所在地域的特征。比如某学校位于海南省三亚市，属于热带海洋性气候带，气候湿润，雨量充沛，光照充足，校园内地势较平坦，土壤较肥沃，适合大部分热带植物生长，可应用的植物资源兼具热带、温带特色。同时考虑到该学校的教学特点，植物选择要兼顾景观和教学科研的双重性，使植物具有多元性特色。拟订如下。

① 校园的骨干树种为蝴蝶树、菜豆树、蒲葵、芭蕉。

② 校园的基调树种为竹柏、阴香、樟树、大花紫薇、洋蒲桃、乌墨、榄仁树、榕树、木棉、凤凰木、酸豆树、刺桐、海南红豆。

③ 校园的景观树种为莲叶桐、荔枝、小花龙血树。

4. 局部详细设计

根据确定后的总体规划设计方案，对各绿地局部进行详细设计。局部详细设计工作主要包括以下内容。

（1）校园绿地规划关键点

① 功能结构　高校的建设与管理讲求效率、效益、精神，学校对于功能面积要求大且用地有限，各功能建筑布局紧凑、集中。功能区域集中有利于交流、资源共享，提高效率。

② 空间结构　场地空间规划的主要作用是根据人们不同层次的交往需求创造不同尺度、不同氛围的空间环境。不同尺度的交往空间决定了不同的交往规模与级别。按尺度大小可将

校园空间分为三个层次：集散型空间、交流型空间、冥想型空间。

a. 集散型空间是指日常和节假日时以及上学、放学时间，以年级或班级为单位组织的大型公共活动所使用的空间，这类功能明确的主题式活动空间通常和校园的主要景观轴线相结合。

b. 交流型空间是在小范围内供熟悉或陌生人在一定距离内进行对话、交往的空间。

c. 冥想型空间主要是指能够满足个人独处静思或读书要求的空间，让学生或教师能够在繁忙之余找到属于自己的沉思空间。对于一个文化性极强的单位，这类空间的重要性是不言而喻的，通常主要包括树林、散步小径、沿山脚和滨水的幽静空间。

校园规划空间设计尤其要注重地形的把握，利用原有基础地形创造出丰富多变的空间，传承校园的独特气质与文化品位，同时秉承以人为本的设计理念和可持续发展观点，塑造出适合本校特色的多功能结合、多层次融通的校园环境空间。

③ 组织交通

a. 入口　主入口是与学校正门相联系的一切景观要素，作用是方便交通，功能性、目的性较强。另外，还要在学校校园与城市的次干道人流分流的地方设置次入口，解决部分出入问题，减轻主入口的负担。主入口与次入口各司其职，保证交通便捷合理。

b. 车行道　环绕学校核心工作与学习区域的环路可以有效地解决学校核心区的交通问题，避免规划不合理时对学校正常秩序造成的不良影响。除此之外，规划与环路衔接的尽端路，解决各功能组团的交通问题。校园的次级干道由主干道向各个组团内部延伸，解决其内部交通。主次干道，层次分明，各尽其能。

c. 停车场　汽车停靠采用集中式停车场和路边停车相结合的方式，平衡分布在校园内部。

④ 绿化形式　绿化采用多层次、多元化的植物配置方式，形成丰富的植物景观形式，使其成为学校的中心绿地景观的亮点与优势，同时起到改善整个校园局部小气候的作用。

（2）功能区绿地规划设计

根据学校的原有建筑布局特点和各建筑的功能定位，将校园绿地划分为行政办公区绿地、教学科研区绿地、生活区绿地、活动区绿地和休息区绿地。

① 行政办公区绿地　行政办公区是学校行政机构的主要所在地，是学校的门户和标志，能够体现出学校的工作态度。该区布局多采用规则而开阔的手法，形成宁静、美丽、庄重、大方的校园氛围，装饰性绿地占据了此区域绿化的主导。

例如某办公楼前广场，通过对现状的分析，规划设计出标志性雕塑与喷泉组合、大尺度铺装样式等（图 6-10）。标志性雕塑采用不锈钢材料制成，取名“超越”，寓意勇往直前（图 6-11）。

图 6-10　楼前广场

图 6-11　标志性雕塑

在主出入口设机动车停车场和自行车停车场，突出表现集中式停车与路边停车的完美结合。为增强校园的景观性，停车场地设计为绿荫停车场，车位周围植以高大乔木，停车位设计为嵌草铺装，这种细节设计体现了学校治学的严谨与景观营造的精致（图 6-12、图 6-13）。

图 6-12　嵌草停车场

图 6-13　简洁明了的存车处

② 教学与科研区绿地　教学区作为学校的主体，力求从文化内涵上反映学校的突出特征，配合教育给学生启迪、给教师动力。该区域绿地主要服务于教学活动以及科研活动，绿地沿建筑外围开始，连接道路一侧，植物配置注重空间层次，同时要保证室内的通风、采光等基本要求，营造出适合学习与研究的安静环境。

图 6-14　绿荫广场

空间布局结合绿地现状进行合理的规划设计，最大化地为学生、教师提供读书及各种活动的场所和设施，广场最好为绿荫广场，同时树池具有座椅功能，增加室外可活动空间（图 6-14）。

③ 学生生活区绿地　该区占地面积大且人流比较集中，为使交通顺畅，将绿地规划成若干片区，通过绿地规划和景观营造，形成生活便利、温馨舒适、四通八达、功能完备的生活空间区域（图 6-15）。

④ 体育活动区绿地　体育活动区除足球场草坪外，绿地沿道路两侧和建筑场馆周边呈条带状分布。植物种植在绿地中略微后退，以免生长旺盛造成枝叶进入场地内部，影响场地的使用功能；或者在植物选择过程中选择分枝点较高的高大乔木，这样既可使绿量增大，还可以在正常使用场地的过程中受到浓荫的遮蔽，增加了场地实用性，能够更好地为师生服务。在靠近场地的绿地中可做剪形植物或装饰性模纹花坛设置，增加绿地艺术感与美观度（图 6-16）。

⑤ 休息游览区绿地　该区在校园的一角，区域较大，形成类似中心花园的空间，绿化景观要质高境幽，突显中国古典园林“曲径通幽”的境界，满足师生休息散步、文化娱乐、陶冶情操等一系列活动的需求。

某学校绿地游览区中设有景观雕塑“生命无限”、旱喷泉［图 6-17(a)］、置石［图 6-17(b)］和其他丰富的景观形式。喷泉取名为“生生不息”，雕塑“生命无限”与旱喷泉“生

图 6-15 校园生活绿地

图 6-16 运动场周边绿化

(a)“生命无限”雕塑与旱喷泉景观

(b)置石景观

图 6-17 喷泉和置石景观

生不息”的主题，彰显出知识是无止无境的寓意。

（3）植物种植

植物配置紧扣设计主题，变化与统一相结合，利用植物材料本身的树形和花果色彩、气质的差异，划分出不同的景观区域。选用能够体现当地气候环境基本特色的树种如芭蕉、菜豆树等，以突出每个相对独立的景观区域的特色。

绿化中应突出自然的特色，着重配植观花的乔、灌、草和地被植物。保留现有大乔木，使改造后的景观能够在短期内形成层次丰富的景观效果，植物主要选择当地的乡土树种。

各游憩绿地的植物配置采取组团式栽植，植物选择树形优美、冠型饱满、病虫害少、无毒、无刺激性、生长速度快、管理方便的乡土树种，满足丰实度要求。

所有的车行道和人行步道两侧均种植冠幅大、遮阳效果好的落叶乔木。林荫道、中心绿地及楼前绿地均为大树移植，为保证移植大树的成活率，早春就将大树假植，这样会使绿地成荫加速，使人们更早地享受成熟绿地的环境。除绿地种植外，还应重视垂直绿化，增加绿化覆盖率与绿量；精心选择攀缘性强的藤本植物，使绿化从一维变成二维。

行道树按行列式布置，形成林荫大道，为学生创造一个良好的休息和运动的室外空间，把道路空间中移动的人与休息、运动的学生分开，成功地避免了相互干扰。成行成排的行道树，重点强化了校园的景观轴线，形成视觉廊道，是校园的主要透景线。

植物配置季相明确，春天有花赏，秋季有叶观，夏季有林荫，冬季阳光通透，形成四季有景可观的植物景观。

5. 绘制图样

根据总体规划设计、细节设计以及学校绿地规划设计的相关知识和设计要求，可以完成学校的绿化设计，设计图样应包括如下内容。

（1）平面图

设计平面图中应包括设计范围内的所有绿化设计，准确地表达设计思想，图面整洁，图例使用规范，苗木种类表达清晰，绿化基本指标标记明确。平面图主要表达功能区、道路广场规划、景点景观布局、植物种植设计等平面设计内容。

（2）立面图

在学校绿地规划设计中为了更好地表达景观的空间层次，要求绘制出主要景观、主要观赏面的立面图，在绘制立面图时应严格按照比例表现硬质景观、植物以及两者在空间上的相互关系，植物景观均按照植物长成后最佳观赏效果的时期来表现。立面图主要表达地形、建筑物、构筑物、植物等立面设计。

（3）效果图

效果图是最直观地表现规划理念与设计主题的表达方式，一般分为表现全局的鸟瞰图和表现局部景观的透视图。在绘制时应注意选择合适的视角，尽量真实地还原设计意图、反映设计效果。

（4）植物及相关设施表

植物及相关设施表以图表的形式列出所用植物材料、建筑设施的名称、图例、规格、数量、面积及备注说明等。

（5）设计说明书

设计说明书（文本）主要包括项目概况、规划设计依据、设计原则、艺术理念、景观设计、植物配置等内容，以及补充说明图样无法表现的相关内容，让看图者尽量理解设计者的真实意图与设计目标。

任务二　工厂绿地规划设计

工厂绿地除一般的绿化功能外，还具有其他特殊的功能和作用：减轻工作压力、恢复工作状态、重新充满活力。工厂绿地除了工厂内的中心花园外，还包括工厂内带有一定面积的院子、复式建筑工厂的厂区，即工厂附带的独立的花园空间。工厂绿地的重要性是在工厂工作的人最能直接体会到的。

一、工厂绿化的特点

工厂绿地与其他园林绿地相比，环境条件有相同的一面，也有其特殊的一面。相同是指它们都是单位附属绿地，不同的是工厂绿地所处的环境较其他绿地来说比较恶劣。认识工厂绿地环境条件的特殊性，有助于合理地进行厂区绿地规划设计，准确地选择绿化植物，满足功能需要和服务对象的需要。

1. 服务对象特殊

工厂绿地是本厂职工休息的场所，具有面积小、使用时间短的特点，加上环境条件的限制，使可以种植的花草树木种类受到限制。我们需要解决的就是如何在有限的绿地中，以绿化为主、美化为辅，完成工厂绿地的规划设计。条件许可时，适当设置一些小型景点景区、建筑小品和休息设施，这是工厂绿化的中心问题。工厂绿化必须围绕有利于职工工作、休息和身心健康，有利于创造优美的厂区环境的主题思想来进行。

2. 环境恶劣

工厂在生产过程中常常会排放、逸出各种对人体健康、植物生长有害的气体、粉尘、烟尘及其他物质，使空气、水、土壤受到不同程度的污染，虽然人们采取各种环保措施进行治理，但由于经济条件、科学技术、管理水平、资金来源的限制，污染还不能完全杜绝。另外工业用地的选择尽量不占耕地良田，加之基本建设和生产过程中材料的堆放和废物的排放使土壤的结构被破坏、化学性能和肥力变差，造成树木生长发育的立地条件较差，在有些污染严重的厂矿植物生长环境甚至是恶劣的，这也相应增加了工厂绿化的难度。因此，根据不同类型、不同性质的工厂选择适宜的花草树木，是工厂绿化成败的重要环节，否则就会造成树木的死亡，不能达到预期效果。

3. 首要保证生产安全

工厂的核心任务是发展生产，为社会提供质优量多的产品，保证有序的产品供应。工厂企业的绿化要有利于生产的正常运行，有利于产品质量的提高，有利于工人工作情绪的激发。由于特定的社会功能，工厂内地上、地下管线密布，可谓“天罗地网”，建筑物、构筑物、轨道、道路交叉如织，厂内外运输繁忙。有些军工厂、仪表厂、电子设备厂的设备和产品对环境质量有较高的要求，这就要求厂区内要有较好的绿化水准。工厂绿化首先要处理好与建筑物、构筑物、道路、管线的关系，保证生产的安全运行，还要满足设备和产品对环境的特殊要求，要使植物在恶劣的环境中能有较正常的生长条件。

4. 工厂的规模不一

工厂绿化应根据工厂的规模、庭院的使用对象、布置的风格和意境，表现新时代工人阶级的精神风貌，体现当代工人阶级奋发向上、勇于进取的高尚情操，衬托出厂区的整齐、宏伟，使厂容厂貌面目一新、井井有条。

工厂企业内通常建筑密度大，由于工厂的特定性质使得道路、管线及各种设施纵横交错，尤其是在城镇中的小型工厂，绿化用地往往很少，甚至没有可绿化的用地。因此，工厂绿化要遵守“见缝插绿”“找缝插绿”“寸土必争”的原则，灵活地运用绿化布置手法，在有限的绿化面积上做出无限的景观空间。如在水泥地上砌池栽花、植树，墙边栽植攀缘植物进行垂直绿化，开辟屋顶花园进行空中绿化等，都是增加工厂绿化面积、提高绿地率的有效途径。

二、工厂绿地的组成

1. 厂前区绿地

厂前区由出入口、道路广场、门卫收发室、办公楼等组成，每个工厂规模、建筑布局不同所包括的内容也不同，厂前区是全厂行政、生产、科研、技术、生活、活动的中心，也是职工上下班集散的中心，是连接城市环境与厂区的纽带。厂前区绿地包括广场绿地、建筑周围绿地、建筑之间绿地等。厂前区绿地面貌体现工厂的形象、整体风貌和特色。

2. 生产区绿地

生产区分布着车间、道路、各种生产装置和管线、辅助设施，是工厂的核心，也是工人生产劳动的主要工作区域。生产区绿地因为需要比较方便的交通功能，被道路分割得比较零碎分散，呈条带状和团片状分布在道路两侧或车间周围。

3. 仓库区绿地

该区是原料和产品集中堆放、保管和储存、运输的区域，分布着仓库和露天堆场，绿地与生产区基本相同，多为边角地带。为保证生产用地，绿化不可占据较多的用地，所有的景观都是为生产目的服务的。

三、工厂绿化的设计原则

工厂绿化既要重视厂前区绿化美化地段，提高园林艺术水平，体现绿化美化和游憩观赏功能，也不能忽视生产区和仓库区绿化，应以改善和保护环境为主，兼顾美化、观赏功能。

工厂绿化关系到全厂各区、各车间内外生产环境和厂区容貌的好坏，在规划设计时应遵循如下几项基本原则。

1. 注重调查，因地制宜

工厂绿化是以厂内建筑为主体的环境净化、绿化和美化，要体现本厂绿化的特色和风格，充分发挥绿化的整体效果，植物应与工厂特有的建筑形态、体量、色彩相衬托、对比、协调，形成别具一格的工业景观（远观）和独特优美的厂区环境（近观）。如电厂高耸入云的烟囱和造型优美的双曲线冷却塔，纺织厂锯齿形天窗的生产车间，炼油厂、化工厂的烟囱，各种反应塔，银白色的储油罐，纵横交错的管道等。这些建筑物、装置与花草树木形成形态、轮廓和色彩的对比变化，刚柔相济，从而体现各个工厂的特点和风格。

2. 为生产服务，为职工服务

为生产服务，就要充分了解工厂及其车间、仓库、料场等区域的特点，综合考虑生产工艺流程、防火、防爆、通风、采光以及产品对环境的要求，使绿化服从或满足这些要求，有利于生产和安全。为职工服务，就要创造有利于职工劳动、工作和休息的环境，创造有益于工人身心健康的环境。尤其是生产区和仓库区，占地面积大，又是职工生产劳动的场所，绿化的好坏直接影响厂容厂貌和工人的身心健康，应作为工厂绿化的重点之一。根据实际情况，从树种选择、布置形式和栽植管理上多下工夫，充分发挥绿化在净化空气、美化环境、消除疲劳、振奋精神、增进健康等方面的作用。

3. 合理布局、保证安全生产

工厂绿化要纳入厂区总体规划中，在工厂建筑、道路、管线等总体布局时，要把绿化结合进去，做到全面规划，合理布局，形成点、线、面相结合的厂区园林绿地系统。点的绿化是厂前区和游憩性游园，线的绿化是厂内道路、铁路、河渠及防护林带，面就是车间、仓库、料场等生产性建筑、场地的周边绿化。从厂前区到生产区、仓库、作业场、料场，到处是绿树、红花、青草，让工厂掩映在绿荫丛中。同时，也要使厂区绿化与市区街道绿化联系衔接，自然过渡。

工厂的绿化规划是工厂总体规划的有机组成部分，要在工厂建设总规划的同时进行绿化规划。要本着统一安排、统一布局的原则进行，规划时既要有长远考虑，又要有短期安排，要与全厂的分期建设协调一致。一般工厂的建设规划可分为厂前区、生产区、露天堆料场、仓库区及绿化美化区。在对工厂建设规划时，同时要考虑到绿化规划，以便达到所期待的景观效果。

绿化时不能影响地上、地下管线和车间生产的采光。为使工厂绿化达到预期效果，还要考虑到厂区生产流程、环境特点、建筑及地上地下管线布局等，合理地进行规划设计，具体有以下几点必须注意。

(1) 架空线　要充分掌握所栽的树木生长情况，以避免影响景观的长期效应；在架空线下不种植物或种植一些低矮灌木和草本植物。

(2) 树影　在合理的搭配下，树影会使景观更添新姿；但是在处理不当的情况下，则会影响到厂区的通风透光问题。由于树影会使办公楼和生产车间采光受阻，不仅影响一些地被植物的生长，还影响到每个职工的工作心情，使工作热情低落，进而影响到工厂的效益。

(3) 地下管线　地下主要考虑到地下管线的问题，诸如排水管、给水管、电力管、热力管、电信管等。植物配置应不影响管线正常而简捷的铺设。

4. 增加绿地面积，提高绿地率

工厂绿地面积的大小直接影响到绿化效果、绿地的功能和厂区景观。各类工厂为保证文明生产、环境质量、提高工作效率，必须有一定的绿地率：重工业 20%，化学工业 20%～25%，轻纺工业 40%～45%，精密仪器工业 50%，其他工业 25%。据调查，大多数工厂绿化用地不足，特别是位于旧城区的工厂绿化用地远远低于上述指标，而一些地处偏远的新建工厂增加绿地面积的潜力还是相当大的，只要决策者能认识到环境对于一个工厂的重要性，就会克服资金的困难，努力提高绿地率，这是变相提高生产效率、提高工厂效益的双赢行为。

四、工厂绿地设计步骤

在掌握了必要的工厂绿地基本理论知识与规划设计原则之后，下面我们根据园林规划设计的程序以及工厂绿地规划设计的特点，以某热电场为例完成工厂景观设计的任务书。

1. 调查研究阶段

(1) 企业性质、生产特点及主要污染物情况的调查

该热电厂总体布局以生产过程为轴线，功能设置合理，设有主入口和生产专用出入口，由于用地面积有限，建筑布置紧密。

热电厂主要以发电和城市生活供热为主，在发电过程中煤燃烧会产生大量二氧化硫等有害气体，充分燃烧后还会形成大量粉煤灰，同时在煤场周边及转运过程中有一定的煤粉扬尘(图 6-18)。

(2) 绿地现状的调查

绿地规划符合新型园林设计理念，基本合理，绿地内有少量建筑垃圾，土质基本良好，适宜作绿化用，若经过多年培育土质会改良成营养丰富的种植用土，但由于受用地面积限制，煤场、生产区等周边防护绿地较少或没有。

调查场区地上、地下管网，从设计到施工不能破坏原有市政管线。主入口区域绿地面积较大，建筑周边绿地多呈条带状、零散布局。

(3) 确定绿地规划设计的基本原则

根据该热电厂的生产特点及主要污染物的情况，结合绿地现状，确定以下规划设计原则：

图 6-18　某热电厂生产环境

① 以人为本、生态优先。不管何种绿化除了功能性绿化外，都是以人为基本受益人群，任何设计都是为人服务的。

② 功能明确、因地制宜。绿化的服务对象明确，要按照实地状况来进行规划设计。

③ 植物选择针对性强、植物群落稳定持久。植物选择以能吸附有毒气体、具有自净功能的植物为主，植物配置以群落关系为主体，使植物间具有关联性。

2. 总体规划设计

(1) 功能分区

根据前面学习的工厂绿地规划设计的理论知识，结合该厂的生产布局以及道路区划等特点，将厂区绿地分为厂前区绿地、生产区绿地、辅助生产区绿地三部分，具体规划如下。

① 厂前区绿地　主要包括办公楼周边绿地、主入口左右两侧绿地等，该区是职工活动和上下班的集散中心，还是连接城市外环境与工厂厂区内环境的纽带。办公楼前一般比较宽敞，绿地面积较大，可设计为植物景观与休憩空间相结合的景观区域，还可以利用电厂水资源丰富的方便条件构成水景，从而体现工厂的形象和特色。

厂前区的绿化是体现一个企业形象的关键区域，要规划整齐、得当、美观、大方、开朗、明快，给外来者以深刻印象，给企业员工以愉悦的感觉，还要方便车辆通行和人流集散。绿地设置应与广场、道路、周围建筑及有关设施（光荣榜、画廊、阅报栏、黑板报、宣传牌等）相结合，一般多采用混合式设计方式，根据具体情况设计出不同的形式。植物配置要和建筑立面、形体、色彩相协调，种植类型多用对植和列植。设计还可以因地制宜地设置林荫道、行道树、绿篱、花坛、草坪、喷泉、水池、假山、雕塑、园林小品等。入口处的布置要富有装饰性和观赏性，强调入口空间，并能在第一时间抓住路过者的视线与心理。建筑周围的绿化还要处理好空间的艺术效果、通风采光以及与周围各种管线的关系，必须以安全生产为前提。广场周边、道路两侧的行道树，选用冠大荫浓、耐修剪、生长快的乔木或选用树姿优美、高大雄伟的常绿针叶乔木。花坛、草坪及建筑周围的基础绿带可选用修剪整齐的常绿绿篱围边，点缀色彩鲜艳的花灌木、宿根花卉；或植草坪，用低矮的色叶灌木形成模纹图案。

厂前区是职工上下班的必经场所，也是来宾首到之处，又临近城市街道，规划设计小游园结合厂前区布置，既方便职工游憩，也美化了厂前区的面貌和街道侧旁景观，体现出以员工为本的企业文化，使人对企业产生信任和依赖，有助于企业的成功与发展。

② 生产区绿地　工厂生产车间周围的绿化比较复杂，绿地大小差异较大，多以条带状和团块状的形式分布在道路两侧或车间周围。由于不同车间的功能和生产特点不同，绿地也不一样。有的车间散发有害气体、烟尘、噪声等对周围环境会产生不良影响和严重污染；有

的车间则对周围环境有较高的要求，如空气洁净程度、防火、防爆、降温、加湿、降噪等。因此生产车间周围的绿化要根据生产特点以及职工视觉、心理和情绪需求等特点，创造出生产所需要的环境条件，减轻和防止车间污染物对周围环境的持续影响和危害，满足车间生产安全、检修、运输等生产过程对环境的要求，为工人提供景观良好的短暂休息用地。

③ 辅助生产区绿地　主要包括配电装置区、冷却塔、垃圾转运区等建筑周边绿地，该区是生产控制、散热、电能和热能、积蓄废物以免二次污染的对外输出的核心，污染相对较轻，绿地设计在保证生产的前提下，以装饰美化为主，力求形成清洁舒适的工作环境，对工人起到激励的作用。

④ 工厂防护林带　工厂防护林带是工厂绿化的重要组成部分，将工厂与外部空间鲜明地分隔开，尤其对那些产生有害排出物或产品要求卫生防护很高的工厂显得非常重要。工厂防护林带的主要作用是滤滞粉尘、净化空气、吸收有毒气体、减轻污染、保护改善厂区乃至城市环境。

排出量、风速、风向、垂直温差、气压、污染源的距离及排出高度都会影响烟尘和有害气体的扩散，因此设置防护林带也要综合考虑这些因素，才能使林带的卫生防护效果最大化。在大型工厂中，为了持续降低风速和污染物的扩散程度，有时还要在厂内各区、各车间之间设置防护林带，以起到小区域的隔离作用。因此，防护林带的设置还应与厂区、车间、仓库、道路绿化结合起来，以节省用地。

防护林带设置通常在工厂上风方向，防止风沙侵袭及邻近企业污染；当不得不在下风方向设置防护林带时，必须根据有害物排放、降落和扩散的特点，选择适当的位置和种植类型。工厂防护林带首先要根据污染因素、污染程度和绿化条件综合考虑，确立林带的条数、宽度和位置。一般情况，污染物排出后并不立即降落，所以在厂房附近地段不必设置林带，应将林带设在污染物开始密集降落和受影响的地段内。在防护林带内，不宜布置散步休息的小道、广场，在横穿林带的道路两侧加以重点绿化隔离。

防护林带应选择生长健壮、病虫害少、抗污染性强、树体高大、枝叶茂密、根系发达的树种。树种搭配上，要常绿树与落叶树相结合，乔木与灌木相结合，阳性树与耐阴树相结合，速生树与慢生树相结合，净化与绿化相结合。

a. 防护林带的类型

ⅰ. 通透型：通透型的防护林带由乔木组成。株行距因树种及树木实际情况而异，一般为4m×4m。气流一部分从林带下层树干之间穿过，一部分滑升，从林冠上面绕过。据研究，在林带背风一侧距离是树高7倍处，风速为原风速的28%，在树高52倍处，恢复原风速。

ⅱ. 半通透型：以乔木构成林带主体，在林带两侧各配置一行灌木。少部分气流从林带下层的树干之间穿过，大部分气流则从林冠上部绕过，在背风林缘处形成涡旋和弱风。据测定在林带两侧树高30倍的范围内，风速均低于原风速。

ⅲ. 紧密型：由大小乔木和灌木配置成的林带，形成复层林相，防护效果好。气流遇到林带，在迎风处上升扩散，由林冠上方绕过，在背风处急剧下沉，形成旋涡，有利于有害气体的扩散和稀释。

ⅳ. 复合型：如果有足够宽度的地带设置防护林带，可将三种结构结合起来，形成复合型结构林带。在临近工厂的一侧建立通透结构，临近居住区的一侧为紧密结构，中间为半通透结构。复合型结构的防护林带可以充分发挥防护作用。

b. 防护林的断面形式　防护林带由于采用的树种不同，形成的林带横断面形式也不同。防护林带的横断面形式有矩形、屋脊形、凹槽形、梯形、背风面垂直和迎风面垂直的三角形。凹槽形横断面林带有利于粉尘阻滞和沉降。结合道路设置的防护林带，矩形横断面的林带防风效果好，屋脊形横断面和背风面垂直的三角形横断面林带有利于气体上升和扩散。防护林带以乔、灌混交的紧密结构和半通透结构为主，外轮廓保持梯形和屋脊形的林带防护效果较好。

c. 防护林带的位置　防护林带的位置有以下几种。

ⅰ. 工厂区与生活区之间的防护林带。

ⅱ. 工厂内分区、分厂、车间、设备场地之间的隔离防护林带。如厂前区与生产区之间、各生产系统间为减少相互干扰而设置的防护林带，防火、防爆车间周围起防护隔离作用的林带。

ⅲ. 工厂区与农田交界处的防护林带。

ⅳ. 结合厂内、厂际道路绿化形成的防护林带。

(2) 树种规划

要使工厂绿地树种生长良好，植物群落稳定持久，取得较好的绿化效果，必须认真选择绿化树种，原则上应注意以下几点。

① 适地适树　适地适树就是根据绿化地段的环境条件选择园林植物，使环境适合植物生长，也使植物能适应栽植地环境。适地适树地选择树木花草，成活率高，生长茁壮，抗逆性和耐性强，绿化效果好。前提就是要对拟绿化的工厂绿地的环境条件有清晰的认识和了解，包括温度、湿度、光照等气候条件和土层厚度、土壤结构和肥力、pH 值等土壤条件，也要对各种园林植物的生物学和生态学特征了如指掌。

② 注意防污植物的选择　工厂企业是污染源，要在调查研究和测定的基础上，尽量选择防污能力较强的植物，使其见效的周期缩短，快速取得良好的绿化效果，避免失败和浪费，发挥工厂绿地改善和保护环境的功能，激励工人爱厂如家。

③ 生产工艺的要求　不同工厂、车间、仓库、料场，其生产工艺流程、机器设备和产品质量对环境质量的要求也不同，如空气洁净程度、防火、防爆等。选择绿化植物时，要充分了解、考虑和满足这些生产工艺流程对环境条件的要求，做到树种适合基址环境。

④ 成长快，便于管理　工厂因其主要业务是工业生产，绿化管理人员安排有限，为省工节支，宜选择繁殖、栽培容易和管理粗放、容易成活的树种，尤其要注意选择乡土树种。装饰美化厂容，要选择那些繁衍能力强的多年生宿根花卉，这样就不用年年重复种植。

根据以上几条绿化树种选择的原则，同时针对本例中热电厂主要污染物为二氧化硫和粉尘的特点，结合当地自然条件和植被类型，确定绿化的骨干树种和景观树种如下。

a. 骨干树种：抗二氧化硫的黄花夹竹桃、细叶榕、印度榕；抗氟化氢的丁香、女贞、大叶黄杨、龙柏、香樟等；抗氯气的细叶榕、印度榕、木麻黄、石栗、重阳木等。

b. 景观树种：泡桐、悬铃木、香樟、榕树、雪松、龙柏、竹类、棕榈科、美丽榕（云南榕）、木麻黄、波罗蜜、刺桐等植物。

3. 局部详细设计阶段

该热电厂区绿地基本分厂前区绿地、生产区绿地、辅助生产区绿地三部分。根据总体规划，结合各绿地现状，在以人为本、功能明确、生态优先、因地制宜的规划设计原则下，绿地设计以滞尘降噪、减轻污染、吸附有毒气体、绿化美化为目的，详细设计如下。

(1) 厂前区绿化设计

厂前区绿化设计主要包括办公楼周边绿化和建筑之间的绿化。办公楼周边绿地以整齐的绿篱围边，混播草坪铺底，种植高大常绿乔木，形成简洁、明快的办公环境。主入口两侧以高大乔木形成绿荫通道，强调入口空间，并形成视觉廊道。

(2) 生产区绿化设计

生产区绿化设计主要包括主厂房、输煤栈道、化水车间、综合仓库、维修车间等建筑周边绿化。建筑周围绿地多为条带状，绿地以绿篱围边，整齐美观，植物配置以抗污树种为主，如法桐、松柏、杧果、槟榔、大叶女贞、国槐等，采用行列式种植，高低错落。

(3) 生产辅助区绿化设计

生产辅助区绿化设计主要包括主控楼、配电装置区、冷却塔、堆放场地等建筑周边绿化，该区域为非主要生产用地区域，污染相对较轻，但不同功能区有不同的生产要求，如配电装置区多架空线路，冷却塔周边要求通风，因此绿化以低矮的模纹花坛为主，只沿周边种植常绿植物，形成厂区绿色背景。

4. 绘制图样

根据以上总体规划设计、局部详细设计以及工厂绿地规划设计的相关知识和设计要求，我们可完成工厂的绿化设计，设计图样应包括以下内容。

(1) 平面图

设计平面图中应准确地表达设计者的设计思想，图面整洁，图例使用符合规范，包括设计用地内的所有植物种植，苗木种类、图标要表达清晰，绿化基本指标标记明确。功能分区、道路、广场设计、景观布局、植物种植设计等内容在平面图中要清晰地表达。

(2) 立面图

为了传达最好的设计效果，选择主要景观、主要观赏面，绘制出其立面图。在绘制立面图时应严格按照比例来表达硬质景观、建筑、植物、地形等园林要素在空间上的相互关系，且植物景观均按照成年后处于最佳赏景效果时期的景观来表现。

(3) 效果图

效果图包括局部透视与全园鸟瞰图两种。它能够最直观地表现设计师的规划设计理念以及反映设计主题。在绘制时应选择合适的视点，能够尽量真实地反映设计师的设计效果。

(4) 植物及相关设施表

植物及相关设施表以图表的形式列出所用植物材料、建筑设施的名称、图例、规格、数量、面积及备注说明等。

(5) 设计说明书

设计说明书（文本）主要包括项目概况、规划设计依据、设计原则、艺术理念、景观规划、植物配置、主要景观等内容，以及补充说明图样无法表现的相关内容，让看图者尽量理解设计者的真实意图与设计目标。

任务三　宾馆、饭店绿地规划设计

宾馆、饭店是向顾客提供住宿、餐饮、会议以及娱乐、健身、购物、商务等服务的公共建筑，是促进旅游和经济发展必不可缺的载体。

一、宾馆、饭店的性质与组成

按照规模、建筑、设备、设施、装修、管理水平、服务项目与质量标准，一般将宾馆、饭店划分为五个星级，星越多表示级别越高、服务质量越高、服务设施越完善。

宾馆饭店的总体规划，除合理设置出入口并通过道路组织主体建筑群外，还应根据宾馆、饭店的功能要求，综合考虑广场、停车场、道路、杂物堆放、运动场地及庭园绿化等。一般宾馆饭店由客房、公共区域、行政办公区域、后勤服务区域四部分组成。

客房部分是为顾客提供住宿服务的地方，体现宾馆饭店的主要功能，是宾馆饭店的主体建筑，一般临街设置。

公共部分是为住宿的客人提供餐饮、会议、商务、娱乐、健身等服务之处，由门厅、会议厅、餐厅、商务中心、商店、康乐设施等组成。

行政办公部分是行政职员工作的地方，此区域的功能主要是负责宾馆饭店的日常工作活动，保证宾馆、饭店的正常运行。

后勤服务部分包括员工生活、后勤服务、机房与工程维修等附属建筑或用房。

二、宾馆、饭店的绿地组成

宾馆、饭店绿地又称为公共建筑庭园绿地。所谓庭园，就是房屋建筑绿地及其围合的院落，可以在其中种植以美化为目的的各种花草树木，人工堆山理水，布置各种园林小品、雕塑，供人们欣赏、娱乐、休闲、运动，是出门在外的生活空间的一部分。公共建筑所接待的人形形色色，职业、地位、性格、爱好、富裕程度各不相同，因而在进行庭园绿化时，要根据服务对象的不同情况，满足各类庭园性质和功能的要求，植物造景应尽量做到形式多样、丰富多彩、突出特色，在风格上要与建筑物和周边环境的性质、风格、功能等相协调，与庭园绿化总体布局相一致。

宾馆、饭店绿地根据庭园在建筑中所处的位置及其使用功能划分为前庭、中庭（内庭）和后庭。

（1）前庭

前庭位于宾馆、饭店主体建筑前，与城市道路相邻，供人、车交通出入，也是建筑物与城市道路之间的过渡空间及交通缓冲地带，可以降低噪声。一般前庭较宽敞，其总体规划要综合考虑交通集散、绿化美化、观赏景观和休闲空间等功能，根据场地大小，布置小型广场、停车场、喷泉、水池、雕塑、山石、花坛、树坛等，通常采用规则式构图，以大尺度草坪铺底，修剪整齐的绿篱围边，严整堂皇、雄伟壮观；也可采用自然式布局，以草坪与草花打造精致的绿色背景，点缀球形、尖塔形的常绿树木和低矮、耐修剪的花灌木，自由活泼、注重生机和野趣。如图 6-19 所示高层宾馆前庭，山冈、水石、广场、植物等要素有机地组合起来，既解决了人流和车辆出入的交通问题，又利用挖池的土堆山形成冈阜，做前庭主景和屏障，起观赏和隔离作用，在山后广场与建筑结合处做成自然式水池，从而在主楼与城市街道之间构成清幽、雅致的现代宾馆之园景。

图 6-19　广州白云宾馆前庭景观

（2）中庭

中庭又叫内庭。宾馆、饭店等高层建筑，为了满足各种使用功能，活跃建筑内的环境气氛，常将建筑内部的某一局部空间抽空，形成玻璃屋顶的大厅，或将建筑底层门厅部分扩大形成功能多样、景观变化丰富的共享空间。

内庭的绿化造景空间一般位于门厅内、后墙壁前，正对大厅入口，或位于楼梯口两侧的角落处。内庭因空间限制，布置宜少而精，自由灵活。内庭绿化造景多直接将自然气息引入室内，到处充满生活情趣。如岭南造园手法，根据内庭上下平台提供的高差和内庭与室外湖面的连接关系，堆砌奇石假山，引水上山形成瀑布，建造卵石滩和跌水阶水池，合理布置石拱桥、喷水柱、汀步、石灯笼和观景台等景观小品，结合热带植物配置，使狭小空间显得生机盎然，突出小空间小而精的内涵（图 6-20）。如图 6-21 所示的宾馆中庭庭园中布置了假山、藏式小亭、瀑布、水池、折桥，加上植物的配置，于方寸间做出了大山大水的丰富内容，展现了热带风光特色。

图 6-20 宾馆绿地植物配置

图 6-21 瀑布假山景观

（3）后庭

后庭位于建筑主体楼后，或由不同建筑围合形成庭园，空间相对较大。后庭绿化造景应以绿化、美化为主，还要满足各建筑物之间的交通联系等使用功能，综合运用各种造景要素，规划设计成具有休憩观赏功能、自然活泼的开放性小游园，是客人主要的休闲区域。既可运用传统造园手法，设计成具有中国古典园林意境和风格的游园，也可运用现代景观设计手法，创造出富有当前时代气息的游园。根据场地大小，繁简皆宜，将前庭、中庭、后庭综合考虑，视整体风格而定。地势平坦或微起伏，园路蜿蜒曲折，周围置桌、凳、椅等休息设施，园中挖池堆山，池边、道旁及坡地上堆砌置石，形成小型休闲广场。植物配置疏密有致，高低错落，形成优美、清新、幽静的庭园环境。庭园绿化一般都是在较小的范围内进行，要充分利用可绿化的空间，增加庭园的绿量，运用多种植物，形成生物多样性的景观环境。如用耐阴的草坪、宿根花卉等地被植物覆盖树池、林下、道旁，使庭园充满绿意；利用攀缘的藤本植物在围栏、墙面及花架上进行垂直绿化，形成绿色走廊；在建筑角隅处、围墙边栽植花灌木，使庭园生机盎然（图 6-22）。

图 6-22 建筑角隅处绿化

【设计案例】

设计案例一 黄冈中学校园景观设计

黄冈中学校园占地面积500亩（1亩=667平方米），建筑面积15万平方米，校园规划合理，功能完善，设施齐全，环境幽雅。学校图书馆拥有文史哲阅览室1个、语文期刊阅览室2个、英语期刊阅览室1个、综合阅览室3个、研修室3个，藏书30万册，期刊15万册，电子阅览室配有计算机92台。具体校园景观设计见图6-23。

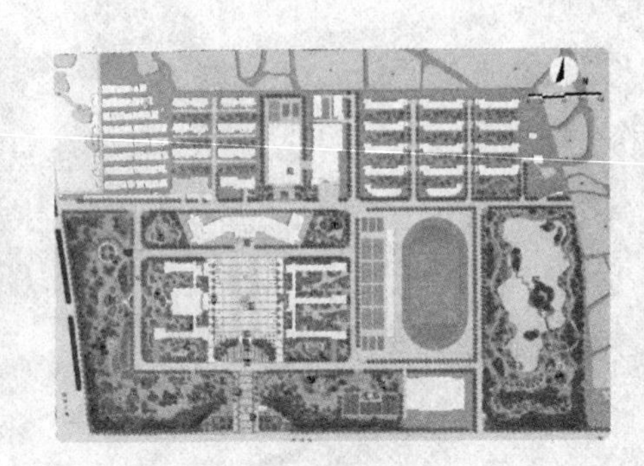

(a)黄冈中学校园景观设计平面图

(b)黄冈中学校园景观设计鸟瞰图

(c)黄冈中学校园入口景观

(d)黄冈中学校园景观

(e)黄冈中学校园楼间景观

(f)黄冈中学校园小广场景观

图 6-23　黄冈中学校园景观设计

设计案例二　江苏洋河酒厂厂区景观改造设计

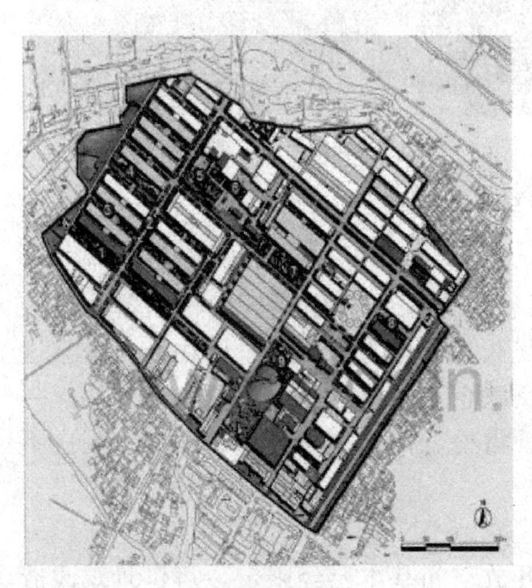

(a)总平面图

(b)十里窖香景观

图 6-24

(c)洞宾馋酒景观

(d)醉卧深处景观

(e)景墙景观

(f)屋后迎春景观

(g)洋河佳酿景观鸟瞰图

(h)洋河佳酿景观局部透视

图 6-24　江苏洋河酒厂厂区景观改造设计

1. 景观现状

江苏洋河酒厂股份有限公司（图 6-24）的老厂区整体布局为规则式，厂房密集，厂区缺乏一定的主题，呈现离散状态。厂房与办公建筑年代久远，较为陈旧。景区中有美人泉这一人文景观，但也过于陈旧简单，缺乏很好的管理。反映企业文化的景点主题分散，缺乏一定的主题使之连续。植物单一，主要植物品种有龙柏、雪松、棕榈、紫薇、海桐等，层次不够丰富，缺乏管理。

2. 主题构思

江苏洋河酒厂股份有限公司的老厂区建设较早，开放空间基本已经限定，可供景观改造的空间有限。因此，本设计主要以加强现有开放空间的利用来提升厂房周边的植物景观效果，提高厂区生态质量，力图使整个厂区“旧貌换新颜”。同时，含蓄地将洋河文化与景观结合在一起，利用好不同尺度的空间，营造浓厚的文化氛围。景观特点也偏向于传统样式，用中国人特有的方式来表现洋河酒厂的历史内涵。

设计案例三　宝泉岭某医院景观设计

图 6-25 所示为黑龙江省宝泉岭某医院拟建绿地，建设用地位于宝泉岭农管局主干道的一侧，周边为正在建设的新社区。建设用地与周边道路存在一定的高差，要处理好道路与绿地之间的高差关系。要求根据绿地规划设计的相关知识完成该区域的绿地设计，规划设计出能符合患者心理与身体健康的文化、娱乐、休闲活动场地。

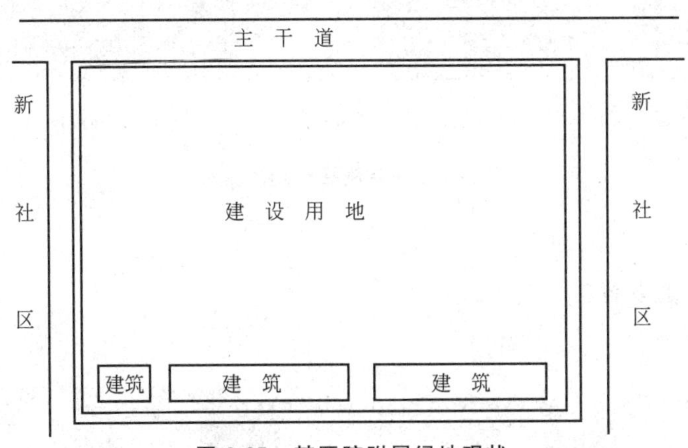

图 6-25　某医院附属绿地现状

1. 医院附属绿地方案一（图 6-26）

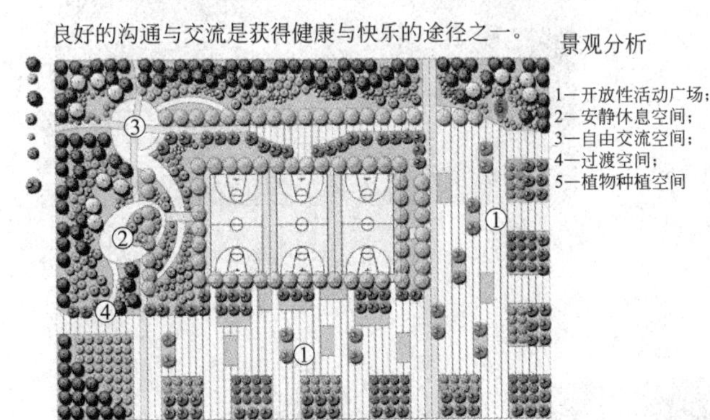

(a)平面效果图

(b)开放性活动空间透视效果图

(c)过渡空间透视效果图

(d)植物配置空间透视效果图

图 6-26

(e)安静休息空间透视效果图

(f)自由交流空间透视效果图

图 6-26　医院附属绿地方案一

2. 医院附属绿地方案二（图 6-27）

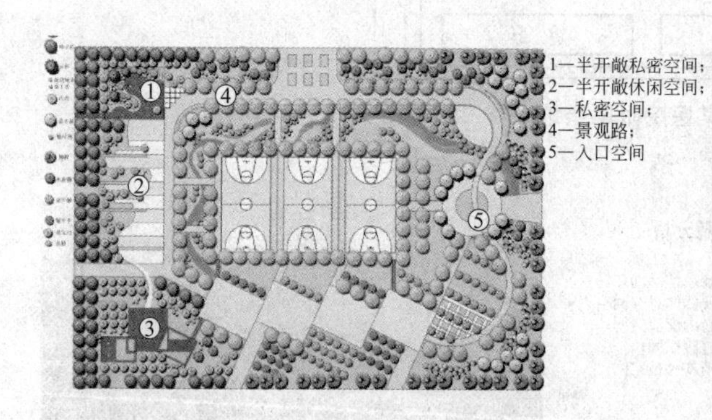

(a)平面效果图

(b)半开敞私密空间透视效果图

(c)半开敞休闲空间透视效果图

(d)入口空间透视效果图

(e)私密空间透视效果图

(f)景观道路空间透视效果图

图 6-27　医院附属绿地方案二

设计案例四　星野度假酒店景观设计

(a)总平面图

(b)景观透视

(c)铺装景观

(d)庭院景观透视(1)

图 6-28

(e)庭院景观透视(2)

(f)庭院景观透视(3)

(g)剖面图

(h)建筑、水景观

图 6-28　星野度假酒店景观设计

星野度假酒店（图 6-28）位于日本长野，占地 4200m²，100 多年来都是一个非常受欢迎的温泉旅游胜地。度假酒店比城市酒店更强调建筑与自然空间的渗透性，星野度假酒店的改造要求营造出一种全新的、既现代又怀旧的乡村景观。

设计人性化的体验，打造游客乐于停留的场所，设计中的每个元素都是为了把人们从生活的压力当中释放出来，人们可以漫步或是在阳台上观赏优美的景观。

力求打造生态度假村，设计中倡导节约和循环利用，在能源规划上，将二氧化碳的排放量降到最低至零排放量的标准，采用一些节能环保的材料，保证通风，减少空调的使用，对保护现有的地形和植物有一定作用，有利于生态的可持续发展。

设计案例五 梨湖乐园项目景观设计

梨湖乐园（图 6-29）项目坐落于韩国济州岛梨湖一洞，紧邻梨湖海水浴场和济州国际机场，由七星级酒店和综合性国际度假村等项目组成，拥有大海、海堤、沙滩、树林等风景秀丽的自然景观，总占地面积 1000 余亩。在梨湖一洞一带围垦建成的海堤上，一红一白两座高大的马形灯塔格外引人注目，成为一大景观，许多游客在此拍照留影。这两座马形灯塔，不仅是奔马集团落地韩国的标志，而且已成为当地的地标性建筑。

(a)梨湖乐园项目总平面图

(b)梨湖乐园项目鸟瞰图

图 6-29

(c)红、白灯塔

(d)项目景观

图 6-29　梨湖乐园项目景观设计

【调研实习】

1. 实习要求

(1) 选择当地具有景观特色的单位进行实地考察。

(2) 考察目的

通过本次单位附属绿地参观实习主要达到以下几个目的：

第一，将单位附属绿地设计原则与园林规划设计原理结合起来，进一步理解单位附属绿地规划设计的布局方式与原理。

第二，通过参观实习认识单位附属绿地在城市中的地位与作用，了解单位附属绿地和城市绿地系统的关系与协调方式。

第三，通过本次实习，熟悉单位附属绿地一些相关规范资料数据，学会将相应规范标准应用到单位附属绿地规划设计中。

(3) 考察内容

通过本次实习主要熟悉以下方面的内容：

第一，熟悉单位附属绿地的交通组织方式与构成。了解单位的性质与组织方式、单位的管理方式将有助于了解单位附属绿地的交通组织；了解单位附属绿地组成，包括单位附属绿地内的建筑、周围环境等。

第二，了解单位附属绿地建筑组群的布局和绿地空间的环境设计。在绿地空间中的建筑组群布局方面包括建筑组群布局类型、组织方法和相应技术要求等；在绿地空间环境设计方面主要侧重建筑与建筑之间、建筑前后场地、边角和过渡空间等方面。

第三，熟悉单位附属绿地公共服务设施。主要包括服务设施的种类、性质、服务人群、服务半径、规划布局等。

第四，了解单位附属绿地空间中人、车的交通行为与道路停车设施等。在交通行为方面要侧重了解单位的性质、人群的交通需求与方式、交通特点与规律等；在交通道路方面侧重道路分类与分级以及道路规划设计等；在停车场规划设计方面，注重车辆停放的组织与管理，停车场的布置以及停车场的设计等。

第五，了解单位性质，具有针对性地对单位附属绿地植物配置需求进行研究，不仅达到美观，还要满足特殊单位对净化空气、吸附有毒气体、防风、防尘等方面的要求。

(4) 撰写实习报告

实 习 报 告	
实习地点	
实习时间	
实习目的	(结合考察地点实际来写)
计划内容	
实地考察内容	(结合考察地点入口、道路、植物、地形、建筑小品、空间设计、功能分区等来写)
实习收获	

2. 评价标准

序号	考核内容	考核要点	分值	得分
1	文字	流畅	5	
		用词准确、专业性强	5	
2	图片	选取的景观能够充分反映单位景观设计特色，对景观点描述与分析合理	10	
		能够反映设计主题	10	

续表

序号	考核内容	考核要点	分值	得分
3	结构	报告结构明确	10	
		按考察路线叙述清晰	10	
		对交通、功能空间、植物配置分析准确	10	
		景观理论把握准确	10	
4	总结	能够很好地分析考察地景观设计的优缺点	30	
合计			100	

【抄绘实训】

1. 抄绘内容

(1) 燕山大学校园总平面图

通过对燕山大学西校区景观环境设计规划原则、总体构思的分析，掌握高校新校区景观规划设计应注重以人为本、传承校园文脉、体现地域文化和可持续发展的原则。建设一所与社会融为一体的开放性、生态型、园林式的高等学府。

燕山大学景观设计将校园分为两个层次，第一个层次就是以塔山和湖区为核心的校园中心；第二个层次就是以各组团各不相同的自然主题为核心的共享空间。在这个自然韵律的传导过程之中，地形是最重要的。通过地形的塑造来承载和实现“山水之轮拨动自然之韵”这一设计理念，既因地制宜地发挥了现有地形的特点，也通过机械工业用途最广的零件——齿轮，体现了燕山大学前身东北重型机械学院的办学历史和特色。

基于对原规划的理解和延伸，景观设计将燕山大学西校区的结构提炼为：一山、一水、两轴、四区。

一山：塔山。在环境设计中，原景观设计在塔山上设计了高度为 27m 的观光塔。但塔山上目前有高压走廊等设施，短期内观光塔不具备实施条件，因此，最终将塔山区域规划为以林地为主的校园“绿肺”。

一水：湖区。减小原规划中的水面面积，因地制宜采用多层跌水的方式使得湖面的大小可以自主调节，构筑沿湖休闲特色景观带。

两轴：东入口轴线强调校园历史，南入口轴线强调校园人文。

四区：第一教学区以人、光、林作为主题；第二教学区以人、风、地作为主题；第三教学区强调人、水、光；第四教学区强调人、林、风。四个教学区都将人作为第一重要的设计参照物，这样的提炼更有利于整个校园景观的体系化。

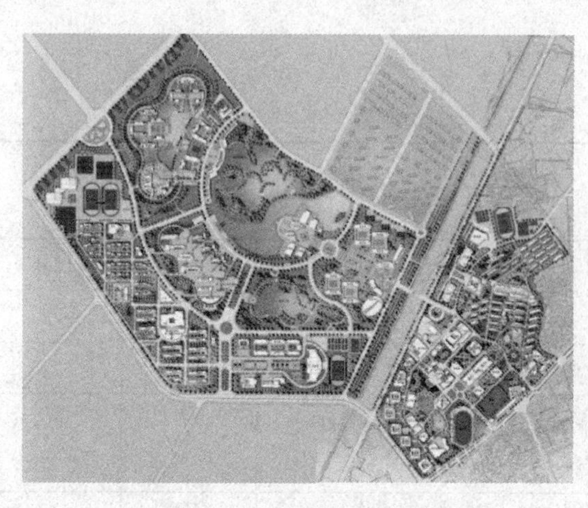

图 6-30 燕山大学校园总平面图

燕山大学是一个面积较大的校园（图 6-30），湖区又是校区的中心，沿中心湖区的“C”形环路的圆心，设计了一个下沉式开敞的空间，另外在入口、轴线、重要建筑等地方增加伸向中心的平台，尽量缩短视距，将景观控制在一个适宜的观赏距离内。

（2）南通机械制造工厂景观设计平面图

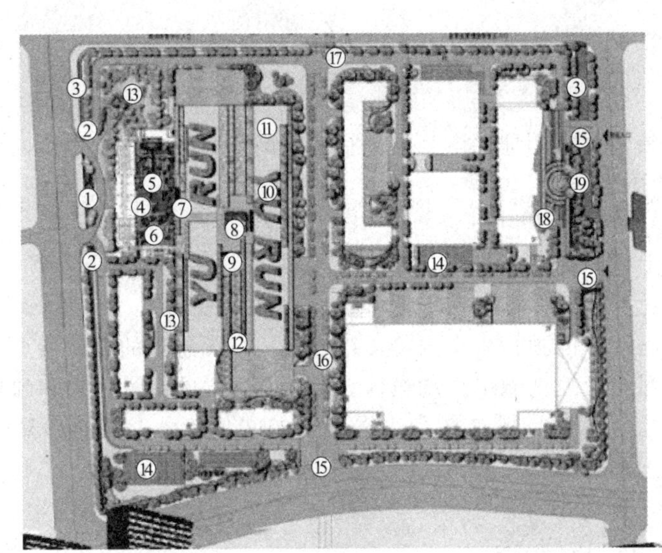

1—主入口水景；
2—门卫；
3—护城河；
4—中庭室外咖啡吧；
5—中庭水景；
6—中庭林间小路；
7—空中花园观景平台；
8—空中花园logo绿篱；
9—空中花园棚架；
10—空中花园“雨搭”绿篱；
11—空间花园佛甲草；
12—空中花园绿篱；
13—特色景观道；
14—停车场；
15—货运入口；
16—枫香大道；
17—次入口；
18—特色铺装；
19—滨水木平台

图 6-31　南通机械制造工厂景观设计平面图

南通机械制造工厂属机械制造类企业，设计平面图如图 6-31 所示，绿地设计按总平面原构思与布局对各种空间进行绿化布置，在厂内起到美化、分流、指导、组织作用。绿地设计主要考虑以下 3 点：

① 保证工厂生产安全。由于工厂生产的需要，在地上、地下设有很多管线，在墙上开设大块窗户等。绿化设计一定要合理，不能影响管线和车间劳动生产的采光需要，以保证生产的安全。

② 因地制宜进行绿化规划。工厂绿化规划设计应结合工厂的地形、土壤、光线和环境污染情况，因地制宜、合理布局，才能得到事半功倍的效果。

③ 绿化规划与全厂分期建设相协调。工厂绿化规划要与全厂的分期建设协调一致，既有远期规划又有近期安排。从近期着手，兼顾远期建设的需要。

2. 要求

体会单位附属绿地设计中交通的安排、空间的分布、植物的种植设计、山体的布局、水体的布置方式，使景观设计满足单位工作的需求。

3. 评价标准

序号	考核内容	考核要点	分值	得分
1	线条	线条运用熟练、流畅，接头少	10	
2	布局	平面布局合理	10	
		空间尺度合理	10	
3	总平面表现	空间形式抄绘丰富	20	
		内容充实，方案完整	20	
4	整体效果	能够很好地传达原设计的意图	30	
合计			100	

【设计实训】

设计实训一　某中医学院校园景观设计任务书

1. 基址现状

设计用地位于某中医学院校园内，用地北侧为学生宿舍，南侧为教学综合楼，西侧和东侧为体育场。

2. 规划范围

面积约 3.3hm^2，具体如图 6-32 所示。

3. 设计要求

充分考虑基址条件及该中医校园的独特人文内涵，结合现代校园景观的设计特点，提出整体规划理念和设计定位，并对给定地块做出详细设计。要求有独立的设计思想和独特的设计理念，整体设计功能合理，空间适宜，既能体现中医学院的文化传承，又能彰显时代特色；并妥善处理好教室、宿舍、运动场之间的功能转换。

4. 图纸要求

(1) A1 总平面图，比例不小于 1∶500；

(2) 功能分析图内容自定，比例自定；

(3) 种植意向图；

(4) 重要节点详细设计图，比例不小于 1∶200；

(5) 剖面图和重要节点效果图；

(6) 设计说明简明扼要，可简洁表现设计构思；

(7) 表现手法不限，图纸张数 2～3 张。

5. 现状图

如图 6-32 所示。

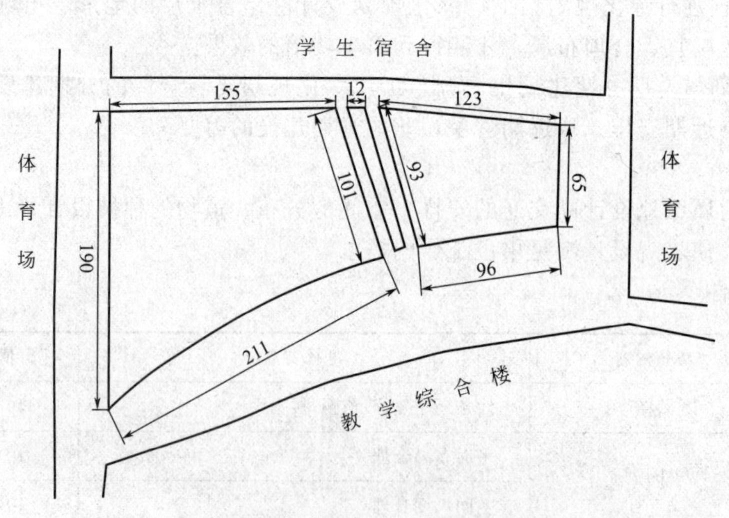

图 6-32　某中医学院设计用地平面图（单位：m）

设计实训二　哈尔滨市中航轴承厂行政楼中心广场景观设计

该设计用地为哈尔滨市中航轴承厂行政楼中心广场，四周均为车间用地，面积约 48400m^2。参照所给基地平面图（图 6-33），对该中心广场进行景观设计，要求体现该工厂企业文化和时代特征。

1. 设计内容

（1）景观创意文字说明，要求 200～300 字；

（2）广场景观设计总平面图（比例自定，彩色图纸），图纸应标明用地方位和图纸比例、各类景观元素形态、设施位置及铺地方式等；

（3）主要功能分区图；

（4）道路交通分析图；

（5）鸟瞰图；

（6）剖立面图（不少于 2 个，比例自定）；

（7）主要景点透视效果图（不少于 4 个）；

（8）景观小品透视图（不少于 2 个）。

2. 设计要求

（1）广场内原有建筑不得改动，景观设计要与建筑相互结合。

（2）广场内要设置 100 个机动车生态停车位和 1 个升旗台。

（3）广场设计要对水景、铺地、绿化配置有独特的表现。广场进出口的设置要与周边环境相结合。

（4）景观小品包括灯具、雕塑、坐具、垃圾桶、亭子、花架等。

（5）作品制作成 A3 彩色文本（标书），不得少于 10 页（封面、封底除外），分辨率 100 像素/英寸。标题为：工厂行政中心广场景观设计，版面内容、表现手法不限。

3. 设计场地条件

设计场地长 260m,宽 140m,场地周围均为道路。

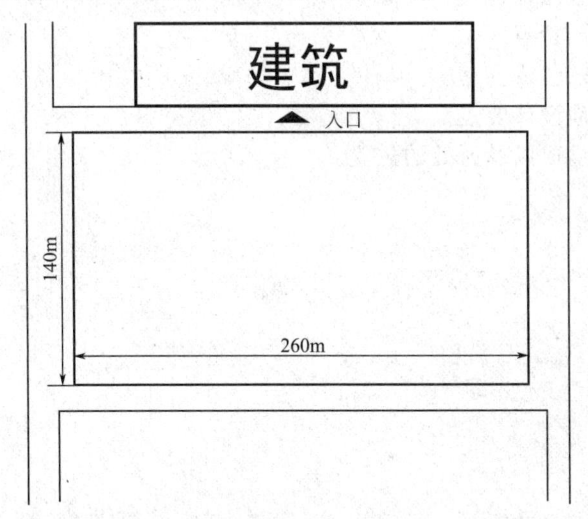

图 6-33 哈尔滨市中航轴承厂行政楼中心广场基地平面图

4. 评价标准

序号	考核内容	考核要点	分值	得分
1	方案主题构思	构思立意新颖,主题明确,符合场地特点要求	5	
		设计风格独特,感染力强	5	
2	方案整体效果	布局合理,空间形式丰富	10	
		内容充实,方案完整	5	

续表

序号	考核内容	考核要点	分值	得分
3	总平面设计和表现	空间尺度合理	10	
		出入口位置合理、形式协调，道路系统畅通连贯	10	
		建筑小品体量适当、形式布局合理	5	
		线条、图例符合制图规范	5	
		指北针、方案标注正确	5	
4	种植设计	乔、灌、草配置合理，季相效果好	10	
		乔、灌与植被表达明确，比例符合树种特性	10	
5	设计说明	文字说明精炼、有条理、重点突出，设计内容协调统一	10	
6	版式设计	图纸布局合理、美观协调	10	
合计			100	

【复习思考】

1. 单位附属绿地有哪些类型？
2. 简述大专院校绿地组成、分类。
3. 简述大专院校校园绿地设计原则。
4. 简述大专院校校园绿地设计要点。
5. 简述大专院校校园绿地设计程序。
6. 简述工厂绿化的特点。
7. 简述工厂绿地的组成。
8. 简述厂前区绿地设计要点。
9. 简述宾馆绿地组成以及所处的位置。

项目七

城市广场设计

【项目目标】

1. 能够根据设计要求和现状条件，合理完成广场的功能分区。

2. 掌握城市广场的布局形式及出入口设计。

3. 掌握城市广场景观构思的基本方法。

4. 按照园林制图规范准确地绘制城市广场规划设计平面图、剖（立）面图、植物种植图、局部透视图等相关图样。

5. 能够编写城市广场规划设计的设计说明、植物名录。

【项目实施】

任务一　城市广场概述

广场是城市居民社会生活的空间，一般设在城市中心，是城市不可缺少的部分。它是大众群体聚集的大型场所，也是现代都市人们进行户外活动的重要场所。现代城市广场还是点缀、创造优美城市景观的重要手段。

一、城市广场的定义

城市广场的产生、发展经历了一个漫长的过程，它随着城市的发展而发展，现代城市广场的定义是随着人们社会生活的需求和文明程度的发展而变化的。

1. 从场所功能上定义

广场是由于城市功能上的要求而设置的、供人们活动的空间。城市广场通常是城市居民社会活动的中心，广场上可以组织聚会、交通疏散、组织居民游览休息、组织商业贸易的交流等。

2. 从场所内容上定义

广场是指城市中由建筑、道路或绿化地带围绕而成的开敞空间，是城市公众社会生活的中心。

3. 现代社会背景下的定义

广场是以城市历史文化为背景，以城市道路为纽带，由建筑、道路、植物、水体、地形等围合而成的城市开敞空间，是经过艺术加工的多景观、多效益的城市社会生活场所。

因此，总的来说，城市广场一般是指城市中由建筑物、构筑物、街道和绿地等围合或限定形成的永久性城市公共活动空间，是城市空间环境中最具公共性、最富有艺术魅力、最具活力、最能反映城市文化特征和文明的开放空间，有着城市“起居室”和“客厅”的美誉（图 7-1、图 7-2）。

图 7-1　西安鼓楼广场

图 7-2　某城市的休闲广场

二、城市广场的特点

在现代社会背景下，现代城市广场面对现代人的需求，表现出以下基本特点。

1. 性质上的公共性

现代城市广场作为现代城市户外公共活动空间系统中的一个重要组成部分，首先应具有公共性的特点。随着人们工作、生活节奏的加快，传统封闭的文化习俗逐渐被现代文明开放的精神所代替，人们越来越喜欢丰富多彩的户外活动。

2. 功能上的综合性

现代城市广场应满足的是现代人户外多种活动的功能要求。年轻人聚会、老人晨练、歌舞表演、综艺活动、休闲购物等，都是过去以单一功能为主的专用广场所无法全部满足的，取而代之的必然是能满足不同年龄、性别的各种人群（包括残疾人）的多种功能需要，具有综合功能的现代城市广场。

3. 空间场所上的多样性

现代城市广场功能上的综合性，必然要求其内部空间场所具有多样性特点，以达到实现不同功能的目的。综合性功能如果没有多样性的空间场所与之相匹配，是无法实现的。

4. 文化休闲性

现代城市广场的文化性特点，主要表现为：

① 对城市已有的历史、文化进行反映。

② 对现代人的文化观念进行创新。现代城市广场既是当地自然和人文背景下的创作作品，又是创造新文化、新观念的手段和场所，广场的设计和使用是一个以文化造广场、又以广场造文化的双向互动过程。

三、城市广场的分类

现代城市广场的类型划分，通常是依据广场的功能性质、尺度关系、空间形态、材料构成、平面组合和剖面形式等划分的，其中最为常见的是根据广场的功能性质不同来进行分类。

1. 市政广场

市政广场一般位于城市中心位置，通常是市政府、城市行政区中心、老行政区中心或旧行政厅所在地。常用于集会、庆典、检阅、礼仪、传统民间节日活动等，它往往布置在城市主轴线上，成为一个城市的象征，如图 7-3 所示。

在市政广场上，常有表现该城市特点或代表该城市形象的重要建筑物或大型雕塑等。图 7-4所示是美国加州圣弗朗西斯科市政广场的主体建筑。

图 7-3 澳门市政广场

图 7-4 圣弗朗西斯科市政广场

市政广场的特点是：

① 市政广场应具有良好的可达性和流通性，故要合理有效地解决好人流、车流问题，有时甚至用立体交通方式，如地面层安排步行区，地下安排行车、停车等，实现人车分流。

② 市政广场一般面积较大，为了让大量的人群在广场上有自由活动、节日庆典的空间，一般多以硬质材料铺装为主，如北京天安门广场（图 7-5）、俄罗斯莫斯科红场等；也有以软质材料绿化为主的，如美国华盛顿市中心广场（图 7-6），其整个广场如同一个大型公园，配以坐凳等小品，把人引入绿化环境中去休闲、游赏。

图 7-5 北京天安门广场

图 7-6 美国华盛顿市中心广场

③ 市政广场布局形式一般较为规则，甚至是中轴对称的。标志性建筑物常位于轴线上，其他建筑及小品对称或对应布局，广场中一般不安排娱乐性、商业性很强的设施和建筑，以加强广场稳重、庄严的气氛。图 7-7 所示是北京天安门广场的平面示意图。

2. 纪念广场

城市纪念广场题材非常广泛，涉及面很广，可以纪念人物也可以纪念事件，供人瞻仰是其主要目的。通常广场中心或轴线有以纪念雕塑（或雕像）、纪念碑（或柱）、纪念建筑或其他形式的纪念物为标志物，主体标志物应位于整个广场构图的中心位置。

纪念广场的大小没有严格限制，只要能达到纪念效果即可。因为通常要容纳众人举行缅

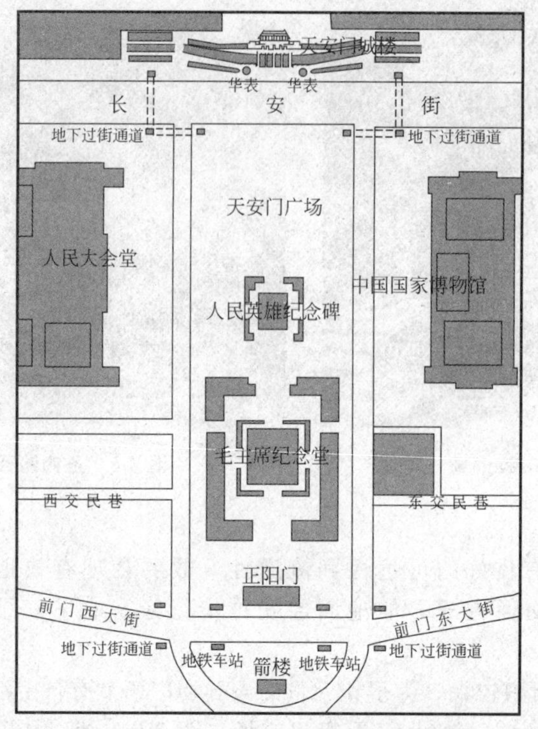

图 7-7　北京天安门广场的平面示意图

怀纪念活动，所以应考虑广场中具有相对完整的硬质铺装场地，而且与主要纪念标志物（或纪念对象）保持良好的视线或轴线关系，如图 7-8、图 7-9所示。

图 7-8　哈尔滨防洪纪念广场

图 7-9　遵义老县城纪念广场

3. 交通广场

交通广场的主要功能是有效地组织城市交通，包括人流、车流等，是城市交通体系中的有机组成部分。它是连接交通的枢纽，起交通、集散、联系、过渡及停车的作用。通常分两类：

（1）交通集散广场

交通集散广场是指城市内外交通会合处，主要解决人流、车流的交通、集散、转换，如影剧院前的广场、体育场，展览馆前的广场，工矿企业的厂前广场，交通枢纽站前广场，火车站、长途汽车站的站前广场（即站前交通广场）等，均起着交通、集散作用。

对外交通的站前交通广场往往是一个城市的入口，其位置一般比较重要，很可能是一个城市或城市区域的轴线端点。广场的空间形态应尽量与周围环境相协调，体现城市风貌，使过往旅客使用舒适，印象深刻，如图 7-10 所示。

总之，交通集散广场的车流和人流应很好地组织，以保证广场上的车辆和行人互不干扰，畅通无阻。

（2）城市干道交叉口处交通广场

城市干道交叉口处交通广场即环岛交通广场，是道路交叉口的扩大，其目的是疏导多条道路交汇所产生的不同流向的车流与人流交通。环岛交通广场地处道路交汇处，四条以上的道路交汇处以圆形居多，三条道路交汇处常常呈三角形。环岛交通广场的位置很重要，通常处于城市的轴线上，是城市景观、城市风貌的重要组成部分，形成城市道路的对景。一般以绿化为主，有利于交通组织和司乘人员的动态观赏，广场上往往还设有城市标志性建筑或小品（喷泉、雕塑等），如西安市的钟楼、法国巴黎的凯旋门（图 7-11）都是环岛交通广场上的重要标志性建筑。

图 7-10　哈尔滨火车站站前广场（交通广场）

图 7-11　法国巴黎的凯旋门（环岛广场）

4. 休闲广场

休闲广场是供市民休息、娱乐、游玩、交流等活动的重要场所，其位置常常选择在人口较密集的地方，以方便市民使用，如街道旁、市中心区、商业区甚至居住区内。休闲广场不像市政广场和纪念性广场那样严肃，往往灵活多变，空间多样自由，一般与环境结合很紧密。广场的规模可大可小，没有具体的规定，主要根据现状环境来考虑，如图 7-12 所示。

休闲广场以让人轻松愉快为目的，因此广场尺度、空间形态、环境小品、绿化、休闲设

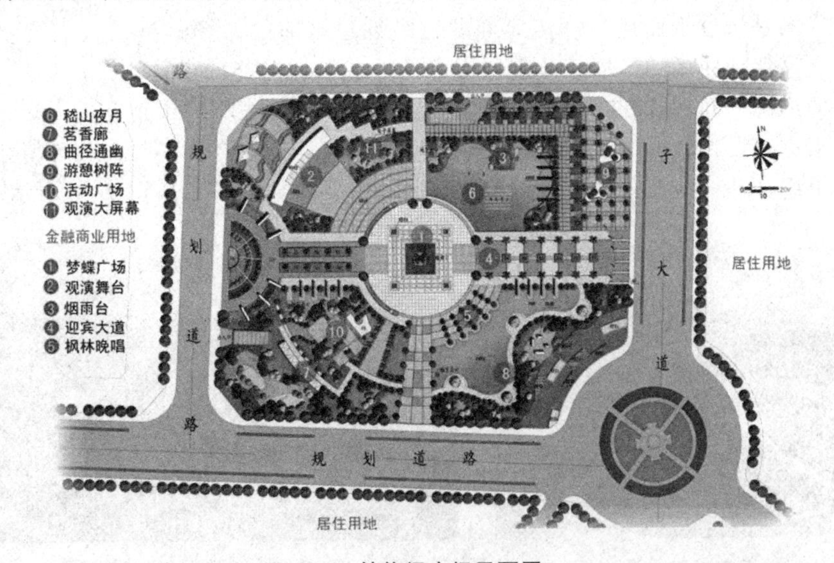

图 7-12　某休闲广场平面图

施等都应符合人的行为规律和人体尺度要求。利用地面高差、绿化、雕塑小品进行空间限定分割，增加空间的层次感，以满足不同文化、不同层次、不同习惯、不同年龄的人对休闲空间的要求，如大连星海文化休闲广场。

就广场整体而言主题可以是不确定的，甚至可以没有明确的中心主题，但每个小空间环境的主题、功能是明确的，每个小空间的联系是方便的。

5. **文化广场**

城市文化广场是以突出文化主题而在城市中人为设置，以供市民公共活动、休闲学习，改善城市环境，具有多重社会文化含义的一种现代开放空间。城市文化广场建设作为一种公共文化事业，与当地历史、文化相结合，对本地文化和各地外来文化起到了传承、开拓、创新的作用。

因此，文化广场应有明确的主题，文化广场可以说是城市的室外文化展览馆，一个好的文化广场应让人们在休闲中了解该城市的文化渊源，从而达到热爱城市、激励上进的目的，如图 7-13 所示。

6. **古迹广场**

古迹（古建筑等）广场是结合城市的遗存古迹保护和利用而设的城市广场，生动地代表了一个城市的古老文明程度。可根据古迹的体量高矮，结合城市改造和城市规划要求来确定其面积大小。古迹广场是表现古迹的舞台，所以其规划设计应从古迹出发组织景观。如果古迹是一幢古建筑如古城楼、古城门等，则应在有效组织人车交通的同时，让人在广场上逗留时能多角度地欣赏古建筑，登上古建筑又能很好地俯视广场全景和城市景观，如图 7-14 所示。

图 7-13　北京西单文化广场

图 7-14　江苏泰州靖江市鼓楼广场

7. **商业广场**

商业广场是指位于商店、酒店等商业贸易性建筑前的广场，是供人们购物、娱乐、餐饮、商品交易活动使用的广场，体现城市广场最古老的功能，也是城市广场最古老的类型。商业广场的形态空间和规划布局没有固定的模式，它总是根据城市道路、人流、物流、建筑环境等因素进行设计，可谓“有法无式”“随形就势”。商业广场必须与其环境相融、功能相符、交通组织合理，应充分考虑人们购物休闲的需要，如图 7-15、图 7-16 所示。

图 7-15　辽宁营口山海广场

图 7-16　厦门市瑞景商业广场

各类城市广场的主要功能作用、布局形式、广场特点、绿化设计要点等对比具体见表7-1。

表7-1 各类型城市广场对比分析表

广场名称	主要功能作用	布局形式	特点分析	绿地设计要点
市政广场	文化、节日庆典	多为规则式	中心位置、轴线突出、交通便利、多具标志物	较大的铺装面，注意周边围合，多配置乔木树种，强化生态防护和植物空间效果
纪念性广场	缅怀历史事件和历史人物	多为规则式或混合式	突出某一主题，有纪念性标志物	绿化和小品设计要利于创造纪念性氛围和教育氛围
交通广场	交通、集散、联系、过渡及停车	规则式或混合式	人流、车流量大，多分区、多出入口，是城市的窗口	交通便利、服务设施齐全、多种信息汇集，绿化要创造优美的空间，为短期休息提供场所
休闲广场	休息、娱乐、健身、游玩、交流	自然式或混合式	市民使用舒适方便，景观丰富多样，空间灵活多变	以植物景观为主，林相、季相景观多变，突出环境效益和人文关怀，三季有花、四季有景
文化广场	休息、健身、文化娱乐	自然式或混合式	参与性、生态性、丰富性和灵活性，寓教于乐	植物造景为主，多空间、多设施，具有地方特色和较深刻的教育意义
古迹广场	古迹或古建筑保护，传承文化，教育、休闲	规则式或混合式	保护性、真实性、历史性和融合性	绿化设计以营造氛围、突出装饰性为主
商业广场	购物、休息、娱乐、观赏、饮食、社交	规则式或混合式	多空间、建筑物内外的结合，设计步行	突出商业氛围，利用多种绿化手段，形成良好宜人的游、购、娱环境

四、城市广场的作用

城市广场的作用主要有：

① 组织交通　广场作为道路的一部分，是人、车通行和驻留的场所，起交汇、缓冲和组织交通的作用。方便人流交通，缓解交通拥挤。

② 改善和美化生态环境　街道的轴线可在广场中相互连接、调整，加深了城市空间的相互穿插和贯通，增加了城市空间的深度和层次。广场内配置绿化、小品等，有利于在广场内开展多种活动，增强了人们城市生活的情趣，满足了人们日益增长的艺术审美要求。

③ 突出城市个性和特色，给城市增添魅力。或以浓郁的历史背景为依托，使人们在休憩中获得知识，了解城市过去曾有过的辉煌。如北京的天安门广场，既有政治和历史的意义，又有丰富的艺术面貌，是全国人民向往的地方。

④ 提供社会活动场所　为城市居民提供散步、休息、社会交往和休闲娱乐的场所。如上海市人民广场是市民生活、节日集会和游览观光的地方。

⑤ 城市防灾　是火灾、地震等灾害的避难场所。

⑥ 组织商贸交流活动。

任务二　城市广场的规划设计

一、城市广场规划设计的原则

1. 系统性原则

现代城市广场是城市开放空间体系中的重要节点。它与小尺度的庭园空间、狭长线型的街道空间及联系自然的绿地空间共同组成了城市开放空间系统。现代城市广场通常分布于城市人口密集处、城市核心区、街道空间序列中或城市轴线的节点处、城市与自然环境的结合部、城市不同功能区域的过渡地带、居住区内部等。

2. 完整性原则

完整性包括功能的完整和环境的完整两个方面。

功能的完整是指一个广场应有其相对明确的功能。在这个基础上，辅之以相配合的次要功能，做到主次分明、重点突出。

环境完整主要考虑广场环境的历史背景、文化内涵、时空连续性、完整的局部空间、周边建筑的协调和变化等问题。由图 7-17 我们可以看到，大雁塔北广场在建设过程中遵循了时空连续性，并且在设计时充分考虑到与周边环境的协调。

图 7-17　西安大雁塔北广场俯瞰

3. 尺度适配原则

尺度适配原则是根据广场不同的使用功能和主题要求，确定广场合适的规模和尺度。如市政广场和一般的市民广场尺度上就应有较大区别，市政广场的规模与尺度较大，形态较规整；而市民广场规模与尺度相对较小，形态较灵活。

广场空间的尺度对人的感情、行为等都有很大影响。据研究，如果两个人处于1～2m的距离，可以产生亲切的感觉；两人相距 12m，能看清对方的面部表情；相距 25m，能认清对方是谁；相距 130m，仍能辨认对方身体的姿态；相距 1200m，仅能看得见对方。所以空间距离越短亲切感越强烈，距离越长越疏远。如图 7-18 所示。

此外，广场的尺度除了具有自身良好的绝对尺度和相对的比例以外，还必须适合人的尺度，广场的环境小品布置更要以人的尺度为设计依据。

4. 生态环保性原则

生态性原则就是要遵循生态规律，包括生态进化规律、生态平衡规律、生态优化规律、生态经济规律，体现“因地制宜，合理布局”的设计思想。现代城市广场设计应从城市生态环境的整体出发，一方面应运用园林设计的方法，通过融合、嵌入、缩微、美化和象征等手段，在点、线、面不同层次的空间领域中，引入自然，再现自然，并与当地特定的生态条件和景观特点相适应；另一方面，城市广场设计应特别强调其小环境生态的合理性，既要有充足的阳光，又要有足够的绿化，冬暖夏凉，为居民的各种活动创造宜人的生态环境，如图 7-19 所示。

图 7-18 广州车站绿化广场（大尺度的广场）

图 7-19 体现生态环保性的某城市广场

5. **多样性原则**

市民在广场上的行为活动，无论是自我独处的个人行为还是公共交往的社会行为，都具有私密性与公共性的双重特征。当独处时，只有在社会安全与安定的条件下才能安心，如失去场所的安全感和安定感，则无法潜心静处；反之，当处于公共活动时，也带着自我防卫的心理，力求自我隐蔽，敞向开阔视野，方感心平气稳。这样一些行为心理对广场中的场所空间设计提出了更高的要求，即提供能满足人们不同需要的、多样化的空间环境，如图 7-20 所示。

图 7-20 将纪念性、艺术性、娱乐性和休闲性融为一体的广场

6. **步行化原则**

步行化是现代城市广场的主要特征之一，也是城市广场的共享性和良好环境形成的必要前提。广场空间和各因素的组织应该支持人的行为，如保证广场活动与周边建筑及城市设施使用的连续性。大型广场，还可根据不同使用功能和主题考虑步行分区问题。随着现代机动车日益占据城市交通主导地位的趋势，广场设计的步行化原则更显示出其

重要性，如图 7-21 所示。

图 7-21　特拉法尔加广场步行化方案的鸟瞰（伦敦）

7. 文化性原则

城市广场作为城市开放空间体系中艺术处理的精华，通常是城市历史风貌、文化内涵集中体现的场所。其设计既要尊重传统、延续历史、文脉相承，又要有所创新、有所发展，这就是继承和创新有机结合的文化性原则。

8. 特色性原则

个性特征是通过人的生理和心理感受到的与其他广场不同的内在本质和外部特征。现代城市广场应通过特定的使用功能、场地条件、人文主题及景观艺术处理来塑造特色。

广场的特色不是设计师凭空创造的，更不能套用现成特色广场的模式。设计师们对广场的功能、地形、环境、人文、区位等方面做全面分析，不断地提炼，才能创造出与市民生活紧密结合和独具地方、时代特色的现代城市广场。

一个有个性特色的城市广场应该与城市整体空间环境风格相协调，若违背了整体空间环境的和谐，城市广场的个性特色也就失去了意义，如图 7-22 所示。

二、城市广场规划设计的要点

在广场设计过程中，必须综合考虑广场设计的各种需要，统一和协调解决各种问题。因此广场设计必须有好的总体布局、独特的广场构思和创意良好的广场功能，解决好广场的风格、特色的艺术处理以及建造广场所需要的技术设计等问题。

1. 广场的布局

在城市总体规划中，对广场的布局应作系统的安排。广场的数量、面积的大小、分布取决于城市的性质、规模和广场功能。

广场的总体布局应有全局观点，综合考虑、预想广场实质空间形态的各个因素，作出总体设计。广场的功能和艺术处理与城市规划等各个因素应彼此协调，形成一个有机的整体，在设计中使广场在空间尺度感、形体结构、色彩方面与交通和周围环境协调一致。

在广场总体设计构思中，既要考虑功能性、经济性、艺术性以及坚固性等内在因素，还要考虑当地的历史、文化背景、城市规划要求、周围环境、基地条件等外界因素。

2. 广场的构思

广场设计构思要把客观存在的“境”与主观构思的“意”相结合。一方面要分析环境对广场可能产生的影响，另一方面要分析设想广场在城市环境或自然环境中的特点。应因地制宜，结合地形的高低起伏，利用水面环境以及实际环境特色进行设计。

现代大城市中的居民，希望更多地接触大自然。在城市广场设计中应多建造和创造利用自然环境因素进行设计的“绿色广场”。这个“绿色广场”不能简单地套用古典园林造园手法，造成许多不协调的环境关系，而应追求广场设计构思的独特性。

3. 广场的功能设计

各种广场设计的基本出发点就是充分满足人们习惯、爱好、心理和生理等需求，这些需求影响到广场的功能设计。20 世纪 60 年代起，行为科学和心理学开始引入到外部环境和广场设计中，使广场功能和作用的设计研究更加深入。

(1) 广场的功能分区

一般广场由许多部分组成，设计广场时要根据各部分功能要求的相互关系，把它们组合成若干个相对独立的单元，使广场布局分区明确、使用方便。图 7-23 所示是一个综合性的城市广场，广场中心利用大面积的铺装形成了一个供市民集会和开展公共活动的开放空间，四周采用自然式的植物栽植形成各具特色的小活动空间，可以满足不同人群的休闲活动。

图 7-22 特色鲜明的广场雕塑

图 7-23 功能分区明确的城市广场

(2) 广场的交通流线设计

人在广场环境中活动，参与广场中的活动主题，所以广场设计要安排交通流线，合理的交通流线使各个部分之间的联系变得方便、快捷。

4. 广场的艺术处理

广场具有实用和美观的双重作用，不同性质和特征的广场，它们的双重作用表现是不均衡的。实用性比较强的交通广场等，它的实际作用效果是首要的，艺术处理处于次要地位。作为市政广场和文化、纪念性广场，它们的艺术处理就居于比较重要的地位，尤其是市政、纪念性广场艺术设计要求更加突出。

广场艺术设计不仅是广场的美观问题，而且还有着更深刻的内涵，可以反映出它所处时代的精神面貌，反映特定的、城市一定历史时期的文化传统积淀。

（1）广场的造型

比较完美的广场艺术设计，首先要有良好的比例和合适的尺度，要有良好的总体布局、平面布置、空间组合，还要有细部设计与之配合，充分考虑到材料、色彩和建筑艺术之间的相互关系，形成比较统一的具有艺术特色和艺术个性的广场。

（2）广场的形式

广场的形式主要取决于广场的性质和内容，广场的功能要求很大程度上决定了广场形象的基本特征，广场的形式要有意识地表现其形象特征。市政性、纪念性广场要求布局严整、庄重，休闲性广场的形式应自由、轻松、优雅。

5. 广场的特色

广场的特色是广场设计成功与否的重要标志。广场特色是一个国家、一个民族在特定的城市、特定的环境中的体现。所谓广场特色，就是要表现其所具有的时代性、民族性和地方性。特色就是与众不同，它只能出现在某一处，具有不可代替的形态和形式。广场特色反映在当地人民的社会生活和精神生活之中，体现在当地人民的习俗和情趣之中，如图 7-24 所示。

（a）海拉尔成吉思汗广场

（b）西安大雁塔广场

图 7-24　富有特色的城市广场

广场还是一个体现时代特征的重要载体。广场设计必须要运用最新设计思想和理论，追求新的创意，利用新技术、新工艺、新材料、新的艺术手法，才能反映时代水平，使广场设计更具有时代精神和风格，从而更好地表现出广场的时代特征，如图 7-25所示。

三、城市广场空间设计的方法

广场的平面布置和造型应通过城市设计进行整体规划设计，广场四周的建筑高度、体量应与广场尺度相协调。在广场上布置建筑物、喷泉、雕塑、照明设施、花坛、座椅及植物可以丰富广场空间，提高艺术性。

1. 广场设计常用的设计手法

（1）广场形式的轴线控制设计手法

轴线是不可见的虚存线，但它有支配广场全局的作用。按一定规则和要求将广场空

(a)

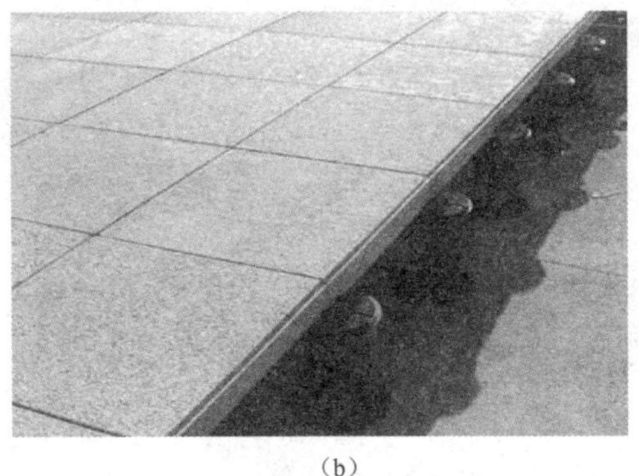
(b)

图 7-25 具有时代性、采用新材料的城市广场

图（b）的右侧为万能支撑器，用于广场架空系统

间要素形成空间序列，依据轴线对称设计关系，使广场空间的组合构成更具有条理性。如图 7-26 所示，在西安大雁塔北广场入口，大型铜雕史书、水景景观带、大雁塔等景观构成了清晰的广场轴线。

（2）广场形式的特异变换设计手法

广场形式的特异变换设计手法是指广场在一定形式、结构以及关联的要素中，加入不同的、局部的形状、组合方式的变异、变换，以形成较为丰富、灵活和新奇的表现力。

（3）广场形式的母形设计手法

广场形式的母形设计手法使用最为普遍。它通常运用一个或两个基本形作为母形基本形，在此基础上进行排列组合、变化，使广场形式具有整体感，也易于统一。

（4）广场形式的隐喻、象征设计手法

运用人们所熟悉的历史典故和传说的某些形态要素，重新加以提炼处理，使其与广场形式融为一体，以此来隐喻或象征性地表现某种文化传统，使人产生视觉上、心理上的联想。比较有代表性的作品是美国新奥尔良的意大利广场。

2. 广场的面积与比例尺度

城市广场面积大小和形状的确定，与广场类型、广场建筑物性质、广场建筑物的布局及交通流量有密切关系。城市越大，城市中心广场的面积也越大。小城市的市中心广场不宜规划得太大。片面地追求大，不仅在经济上不合理，而且在使用上不方便，也不会产生好的空间艺术效果。小城市中心广场的面积一般不小于 1～2hm^2。大、中城市广场面积 3.0～4.0hm^2，如有需要还可以大一些。城市广场面积还应考虑各种因素和使用需要。

（1）广场的形式

① 规整形广场　广场的形状比较严整对称，有比较明显的纵横轴线，广场上的主要建筑物往往布置在主轴线的主要位置上。

a. 正方形广场　在广场本身的平面布局上无明显的方向，可根据城市道路的走向、主要建筑物的位置和朝向来表示广场的朝向，如图 7-27 巴黎旺多姆广场，该广场始建于 17 世纪，平面接近方形，有一条道路居中穿过，为南北轴线；横越中心点有东西轴线。中心点原有路易十四的骑马铜像，法国大革命时期被拆除，后被拿破仑为自己建造的纪功柱所代替。广场四周是统一形式的 3 层古典主义建筑，底层为券柱廊，廊后为商店。广场为封闭型，建筑统一、和谐，中心突出。纪功柱成为各条道路的对景。这样的广场要组织好交通，使行人活动避免交通的干扰。

图 7-26　西安大雁塔北广场上的轴线效果

图 7-27　巴黎旺多姆广场

b. 长方形广场　在广场的平面上有纵横的方向之别，能强调出广场的主次方向，有利于分别布置主次建筑。在作为集会游行广场使用时，会场的布置及游行队伍的交通组织均较易处理。广场的长宽比无统一规定，但长宽过于悬殊，则使广场有狭长感，成为广阔的干道，而减少了广场的气氛。广场究竟采用纵向还是横向布置，应根据广场的主要朝向、与城市主要干道的关系及广场上主要建筑的体形而定。过去欧洲历史上以教堂为主要建筑的广场，因配合教堂纵向高耸的体形，多以纵向为轴线。

c. 梯形广场　由于广场的平面为梯形，有明显的方向性，容易突出主体建筑。广场只有一条纵向主轴线时，主要建筑布置在主轴线上，如布置在梯形的短底边上，容易获得主要建筑的宏伟效果；如布置在梯形的长底边上，容易获得主要建筑与人较近的效果。还可以利用梯形的透视感，使人在视觉上对梯形广场有矩形广场感。图 7-28 所示是罗马的卡皮多广场是罗马市政广场，建于 16～17 世纪，广场呈梯形，进深 79m，两侧宽分别为 60m、40m，西侧主入口有大阶梯由下向上。广场正面布置一排雕像，中心布置骑像。建筑布局在视觉上突出中心，使建筑物产生向前的动感，表现出巴洛克城市空间特征。

图 7-28　罗马的卡皮多广场

d. 圆形和椭圆形广场　圆形广场、椭圆形广场和正方形广场、长方形广场有些近似，广场四周的建筑在面向广场的立面上往往按圆弧形设计，从而形成圆形或椭圆形的广场空间。

② 不规整形广场　由于用地条件、城市在历史上的发展和建筑物的体形要求，会产生不规则形广场。不规则形广场不同于规则形广场，平面形式较自由。如意大利威尼斯圣马可广场（图 7-29）、佛罗伦萨的西诺利亚广场及锡耶纳的坎波广场（图 7-30）都是很有特色的不规整形广场。

意大利威尼斯圣马可广场建于 14～16 世纪，南面迎海，是城市中心广场即城市的宗教、行政和商业中心。圣马可广场平面由三个梯形组成，广场中心建筑是圣马可教堂。教堂正面是主广场，广场为封闭式，长175m，两端宽分别为90m、56m。次广场在教堂南面，朝向亚德里亚海，南段的两根纪念柱既限定了广场界面，又是广场的特征之一。教堂北面小广场是市民游憩、社交聚会的场所。广场建筑物建于不同的历史年代，虽然建筑风格各异，但能相互协调。建于教堂西南角附近的钟楼高100m，在城市空间构图上起了控制全局的作用，成为城市的标志。

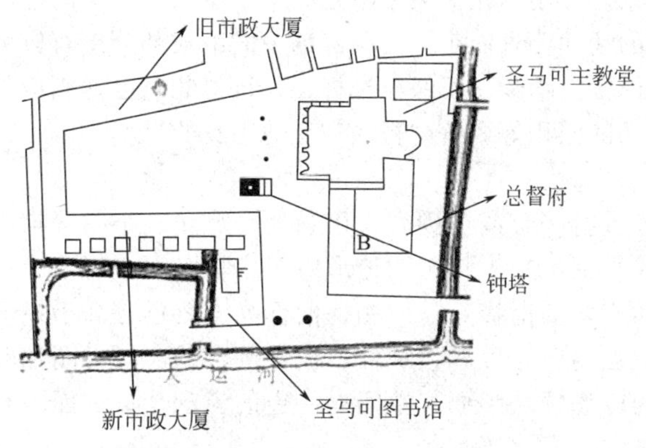

图7-29 威尼斯圣马可广场

图7-30 锡耶纳的坎波广场

坎波广场是中世纪不规则广场的另一范例，它位于市中心，是一个全部被建筑围合的广场，市政厅建于广场南部。在市政厅对面，西北侧呈扇形平面，广场地面用砖石铺砌，形如扇形，由西北向东南倾斜，创造了排水与视线的良好条件。广场市政厅侧面钟塔高耸，与四层建筑形成强烈对比，是一个独具特色的生活和聚会广场。

(2) 广场的面积

广场面积大小及形状的确定取决于功能要求、观赏要求及客观条件等因素（表7-2）。

表7-2 中外著名城市广场面积比较

国别	广场名称	面积/hm^2
中国	北京天安门广场	39.6
	大同红旗广场	2.9
	太原五一广场	6.3
	天津海河广场	1.6
	郑州二七广场	4.0
外国	庞贝城中心广场	0.39
	佛罗伦萨长老会议广场	0.54
	威尼斯圣马可广场	1.28
	巴黎协和广场	4.28
	莫斯科红场广场	5.0
	澳大利亚墨尔本市政广场	0.60
	意大利罗马市政广场	0.40
	美国纽约洛克菲勒中心广场	0.60

功能要求方面，如交通广场的面积大小及形状取决于交通流量的大小、车流运行规律和交通组织方式等。集会广场的面积大小及形状取决于集会时需要容纳的人数及游行行列的宽

度，在规定的时间内应能使参加游行的队伍顺利通行。影剧院、体育馆、展览馆前的集散广场的面积大小取决于在许可的集散和疏散时间内需要组织和通过的人流量、车流量。

（3）广场的比例尺度

广场的比例尺度包括广场的用地形状，各边的长度尺寸之比，广场大小与广场上的建筑物的体量之比，广场上各组成部分之间相互的比例关系，广场上的整个组成内容与周围环境如地形地势、城市广场以及其他建筑物的比例关系。广场的比例关系不是固定不变的，广场的尺度应根据广场的功能要求、广场的规模与人们的活动要求而定。大型广场中的组成部分应有较大的尺度，小型广场中的组成部分应有较小的尺度。踏步、石级、栏杆、人行道的宽度，则应根据人们的活动要求设计。车行道宽度、停车场的面积等要符合行人和交通工具的尺度。

3. 广场的限定与围合

广场的空间处理上可用建筑物、柱廊等进行围合或半围合；用绿地、雕塑、小品等构成广场空间；也可结合地形用台式、下沉式或半下沉式等特定的地形组织广场空间。但不要用墙把广场与道路分开，最好模糊处理街道和广场的衔接处。广场地面标高不要过分高于或低于道路。四面围合的广场封闭性强，具有较强的向心性和领域性；三面围合的广场封闭性较好，有一定的方向性和向心性；两面围合的广场领域感弱，空间有一定的流动性；一面围合的广场封闭性差（图 7-31）。

图 7-31　广场的空间处理（引自《外部空间与建筑环境设计资料集》）

为了保证广场视觉上的连接，形成开阔体感，同时又能划分出不同的活动空间，打破单调感，常运用矮墙和敞廊。广场的覆盖主要是指运用布幔、华盖或构架遮住空间，形成弱的、虚的限定。运用绿地大乔木形成林荫空间，在广场的覆盖中具有很强的实用性。广场地坪的升高与下沉，可以形成广场不同的空间变化。但升高与下沉要适度，避免造成人群活动的不便。主要通过铺地的材质、植物配置组合图案的变化等造成不同的地面质感的变化，以作为空间限定的辅助方法。

建筑物对于广场空间的形成具有重要的作用，传统的古典广场主要是由建筑物的墙面围合形成。通过建筑的围合，使广场具有一种空间容积感。

广场空间与周围建筑形态的关系：

① 一般高层建筑物与低层建筑物共同围合形成广场空间，高层建筑物的裙房或低层的敞廊可以与邻近建筑物建立联系；

② 主体建筑后退，以突出广场空间体量；

③ 有的主体建筑向广场空间内扩展，打破单一的空间形式，使广场空间变化多样；

④ 相互联系的广场空间通过廊柱及敞廊的过渡或围合形成广场空间，这种广场形式可

以形成多样的、多层次的使用功能。

4. 广场的空间组织

广场的空间组织主要应满足人们活动的需要及观赏的要求。在广场的空间组织中，要考虑动态空间的组织要求（图 7-32、图 7-33）。人们在广场观赏，人的视平线能延伸到广场以外的远处，所以空间应是开敞的。如果人的视平线被四周的屏障遮挡，则广场的空间是比较闭合的。开敞空间中人的视野开阔，特别是在较小的广场上，组织开敞空间，可减低广场的狭隘感。闭合空间中，环境较安静，四周景物呈现在眼前，给人的感染力较强。在设计中，可适当开合并用，使开中有合、合中有开，让广场上既有较开阔的区域，也有较幽静的区域。

图 7-32 边界的庇护感

图 7-33 荷兰 Gouvernementsplein 广场

（1）广场空间的设计要与广场性质、规模及广场上的建筑和设施相适应。

广场空间的划分，应有主有次、有大有小、有开有合、有节奏地组织，以衬托不同景观的需要。如有纪念性质的烈士陵园的广场空间，一般采用对称、严谨、封闭的设计手法，并以轴线引导人们前进，空间的变化宜少，节奏宜缓，以营造肃穆的气氛。游憩观赏性的广场空间，可多变换，快节奏，收放自由，并在其中增设小品，造成活泼气氛。

广场空间的景观分近景、中景、远景。中景一般为主景，要求能看清全貌，看清细部及色彩。远景作背景，起衬托作用，能看清轮廓。近景作框景、导景，增强广场景深的层次感。静观时，空间层次稳定；动观时，空间层次交替变化。有时要使单一空间变为多样空间，使静观视线转为动观视线，把一览无余的广场景观转变为层层引导、开合多变的广场景观。

（2）广场上的建筑物和其他设施的布置。

建筑物是组成广场的要素。广场上除主要建筑外，还有其他建筑和各种设施。这些建筑和设施应在广场上组成有机的整体，主次分明。满足各组成部分的功能要求，并合理地解决交通路线、景观视线和分期建设问题。

广场中纪念性建筑的位置选择要根据纪念建筑物的造型和广场的形状来确定。纪念物是纪念碑时，无明显的正背关系，可从四面来观赏，宜布置在方形、圆形、矩形等广场的中心。当广场为单向入口或纪念性建筑物为雕像时，则纪念性建筑物宜迎向主要入口。当广场面向水面时，布置纪念性建筑物的灵活性较大，可面水也可背水，可立于广场中央也可立于临水的堤岸上，可以主要建筑为背景，也可以水面为背景，突出纪念性建筑物。在不对称的广场中，纪念性建筑物的布置应使广场空间景观构图取得平衡。纪念性建筑物的布置应不妨碍交通，并使人们有良好的观赏角度。同时其布置还需要有良好的背景，使它的轮廓、色彩、气氛等更加突出，以增强艺术感染力。

广场上的照明灯柱与扩音设备等设施，应与建筑、纪念性建筑物协调（图 7-34）。亭、廊、椅、宣传栏等小品体量虽小，但与人活动的尺度比较接近，有较好的观赏效果，它们的位置应不影响交通和主要的观赏视线。

图 7-34　佐佐木叶二作品：榉树广场（夜景）

5. **广场的交通组织**

广场还需考虑广场内的交通路线组织，以及城市交通与广场内各组成部分之间的交通组织。组织交通的目的主要在于使车流通畅，行人安全，方便管理。广场内的行人活动区域要限制车辆通行。交通集散广场车流和人流应很好地组织，以保证广场上的车辆和行人互不干扰，畅通无阻。广场要有足够的行车面积、停车面积和行人活动面积，其大小根据广场上车辆及行人的数量决定。在广场建筑物的附近设置公共交通停车站、汽车停车场时，其具体位置应与建筑物的出入口协调。在规划设计时，应根据广场的有关功能，区分主次，进行综合考虑。

任务三　城市广场的景观设计

一、广场标志物与主题表现

广场的标志物与主题表现更能显现广场的个性和可识别性。在广场上设置雕塑、纪念柱、纪念碑等标志物是表现广场主题内容的常用方法。一般布置广场中央的标志物，宜体积感较强，无特别的方向性。成组布置的标志物应当具有主次关系，适宜于大面积或纵深较大的广场。标志物布置在广场的一侧，侧重于表现某个方向的轮廓线；将标志物布置在广场一角，则更适用于按一定观赏角度来欣赏（图 7-35）。

图 7-35　千岛湖雕塑

二、广场的地面铺装与绿地

广场的地面应根据不同的功能要求进行铺装（图 7-36），如集会广场需有足够的面积容纳参加集会的人群，游行广场要考虑游行队列的宽度及重型车辆通过的要求，其他广场亦须考虑人行、车行的不同要求。广场的地面铺装要有适宜的排水坡度，能顺利地解决广场地面的排水问题。有时因铺装材料、施工技术和艺术设计等的要求，广场地面须划分网格或铺设各式图案，以增强广场的尺度感。

图 7-36 杭州捍海塘广场的铺装

绿地种植是美化广场的重要手段，它不仅能增加广场的表现力，而且还具有一定的改善生态环境的作用（图 7-37）。在规整型的广场中多采用规则式的绿地布置，在不规整的广场中多采用自由式的绿地布置，在靠近建筑物的区域宜采用规则式的绿地布置。绿地布置应不遮挡主要视线，不妨碍交通，并与建筑组成优美的景观。应该大量种植草坪、花卉、灌木和乔木，并考虑四季色彩的变化，以丰富广场的景观效果。

（a）规则式

（b）自然式

图 7-37 广场绿化常见的设计形式

三、广场的水体

广场的水景可以起美化城市环境、丰富精神文化、调节局部生态环境、调节心理情绪等作用（图 7-38）。古人云："石为山之骨，泉为山之血。无骨则柔不能立，无血则枯不得

图 7-38 旧金山里维斯广场上的水体设计（哈普林设计）

生。”“风水之法，得水为上”。设计时，不仅要设计供人们观赏为主的水景观，更要多提供人们直接参与的戏水池、旱喷泉等，使人们在水中畅游或赤着脚在水中嬉戏，直接感受水的清澈和纯净。

四、广场的园林建筑与建筑小品

园林建筑（图 7-39）是一种独具特色的建筑，设计时既要满足建筑的使用功能要求，又要满足园林景观的造景要求，并与园林环境密切结合，与自然融为一体。

现代城市广场中的园林小品（图 7-40）形式多种多样，所用的构造材料也有所不同，很多园林小品设计时全方位地考虑了周围环境、特征、文化传统、空间和城市景观等因素。园林小品设计灵活新颖，具有科学性、文化性、艺术性、功能性和技术性。在广场中，园林小品的布局不是独立的，它与整个广场环境是一个有机的整体，与园林建筑、地形、植物、水体有机结合，共同构成优美的园林景观，产生奇妙的艺术效果。

图 7-39　南宁五象广场上的园林建筑

图 7-40　哥本哈根城市广场

五、城市广场种植设计

广场绿化首先应配合广场的性质、规模和广场的主要功能进行设计，使广场更好地发挥其作用。城市广场周围的建筑通常是重要建筑物，是城市的主要标志，应充分利用绿化来配合、烘托建筑群体。广场绿地作为空间联系、过渡和分隔的重要手段，使广场空间环境更加丰富多彩和充满生气。广场绿地布置和植物配置要考虑广场规模、空间尺度，使绿化更好地装饰、衬托广场，美化广场，改善广场的小气候，为人们提供一个四季如画、生机盎然的休憩场所。在广场绿化与广场周边的自然环境和人造景观环境相协调的同时，应注意保持自身的风格统一。

1. 广场绿地规划设计原则

① 广场绿地布局应与城市广场总体布局统一，使绿地成为广场的有机组成部分，从而更好地发挥其主要功能，符合其主要性质要求。

② 广场绿地的功能应与广场内各功能区相一致，更好地配合和加强该区功能的实现。例如入口区植物配置应强调绿地的景观效果，休闲区规划则应以落叶乔木为主，冬季的阳光、夏季的遮阳都是人们户外活动所需要的。

③ 广场绿地规划应具有清晰的空间层次，独立形成或配合广场周边建筑、地形等形成良好、多元、优美的广场空间体系。

④ 广场绿地规划设计应与城市绿化总体风格协调一致，结合地理区位特征，物种选择应符合植物的生长规律，突出地方特色。

⑤ 结合城市广场环境和广场的竖向特点，以提高环境质量和改善小气候为目的，协调

好风向、交通、人流等诸多因素。

⑥ 对城市广场上的原有大树应加强保护，保留原有大树有利于广场景观的形成，有利于体现对自然、历史的尊重，有利于对广场场所感的认同。

2. 城市广场绿地种植设计形式

城市广场绿地种植主要有四种基本形式：行列式种植、集团式种植、自然式种植、花坛式种植（图案式种植）。

（1）行列式种植

这种形式属于规整形式，主要用于广场周围或者长条形地带，用于隔离或遮挡，或作背景。单排的绿化栽植，可在乔木间加种灌木，灌木丛间再加种草本花卉，但株间要有适当的距离，以保证有充足的阳光和营养面积。为取得较好的绿化效果，在株间排列上短期可以密一些，几年以后再进行间移，又能培育一部分大规格苗木。乔木下面的灌木和草本花卉要选择耐阴品种。并排种植的各种乔灌木在色彩和体形上要注意协调。

（2）集团式种植

集团式种植也是规整形式的一种，是为避免成排种植的单调感，把几种树组成一个树丛，有规律地排列在一定的地段上。这种形式有丰富、浑厚的效果，排列得整齐时远看很壮观，近看又很细腻。可用草本花卉和灌木组成树丛，也可用不同的灌木或乔木组成树丛，如图 7-41 所示。

（3）自然式种植

这种形式与规整形式不同，是在一定地段内，花木种植不受统一的株、行距限制，疏密有序地布置，从不同的角度望去有不同的景致，生动而活泼。这种布置不受地块大小和形状限制，可以巧妙地解决植株与地下管线的矛盾。自然式树丛布置要密切结合环境，才能使每一株植物茁壮生长。此方式对管理工作的要求较高，如图 7-42 所示。

图 7-41　某广场上的集团式种植

图 7-42　宁波太阳广场上的自然式种植

（4）花坛式（图案式）种植

花坛式种植即图案式种植，如图 7-43 所示，是一种规则式种植形式，可以构成各种图案，装饰性极强，选择的材料可以是花、草，也可以是修剪整齐的木本树木。它是城市广场常用的种植形式。

3. 城市广场植物选择的原则

城市广场植物的选择要适应当地土壤与环境条件，掌握选种的原则、要求，因地制宜，才能达到合理、最佳的绿化效果。

图 7-43　牡丹江兴隆广场上的图案式种植

(1) 广场的土壤与环境

城市广场的土壤与环境，一般说来不同于山区。土壤、空气、温度、湿度、日照及空中、地下设施等，各地区各城市差别很大。种植设计、植物选择时应将此类条件首先调查研究清楚。

① 土壤　城市长期建设的结果是土壤情况比较复杂，土壤的自然结构已被完全破坏，城市土壤的土层不仅较薄，而且成分较为复杂。行道树下面经常是城市地下管道、城市旧建筑基础或废渣土。

城市土壤常由于人为的因素（人踩、车压或曾做地基而被夯实）而板结，孔隙度较小，透气性差，经常由于不透气、不透水而使植物根系窒息或腐烂。土壤板结还产生机械抗阻，使植物的根系延伸受阻。

② 空气　城市道路、广场附近的工厂、居住区及汽车排放的有害气体和烟尘，直接影响着城市空气质量。有害气体和烟尘的主要成分有二氧化硫、一氧化碳、氟化氢、氯气、氮氧化物、光化学气体、烟雾和粉尘等。这些有害气体和粉尘一方面直接危害植物，使植物出现被污染症状，破坏植物的正常生长发育，降低植物抵抗病虫害的能力；另一方面，飘浮在城市的上空降低了光照强度，减少了光照时间，改变了空气的物理化学结构，影响了植物的光合作用。

③ 光照和温度　城市内的温度一般比郊区要高，因为城市中的建筑表面和铺装路面反射热，而且市内工厂、居民区和车辆等散发热量。在北方城市，城区早春树木的萌动一般比郊区要早一个星期左右，而在夏季市内温度要比郊区温度偏高 2～5℃。

④ 空中、地下设施　城市的空中、地下设施交织成网，对树木生长影响极大。空中管线常抑制破坏行道树的生长，地下管线常限制树木根系的生长。另外，人流和车辆繁多，往往会碰破树皮，折断树枝，摇动树干，甚至撞断树干。

(2) 选择植物的原则

在进行城市广场植物选择时，一般应遵循以下几条原则（标准）：

① 冠大荫浓　枝叶茂密且冠大的植物夏季可形成大片绿荫，能降低温度、避免行人曝晒。如槐树中年期时冠幅可达 5m 多，悬铃木更是冠大荫浓。

② 耐瘠薄土壤　城市中土壤瘠薄，且树木多种植在道旁、路肩、广场周边，受各种管线或建筑物基础的限制、影响，树体营养面积很少，补充有限。因此，选择耐瘠薄土壤习性

的植物尤为重要。

③ 深根性　深根性植物根系生长很强，根系向较深的土层伸展使植物能根深叶茂。根深则不会因践踏造成表面根系被破坏而影响正常生长，特别是在一些沿海城市，选择深根性的植物能抵御暴风袭击，且树体本身不易受损害。浅根性植物根系的生长和穿插会拱破场地的铺装。

④ 耐修剪　广场植物要求枝条有一定高度的分枝点（一般在 2.5m 左右），侧枝不能刮、碰过往车辆，并具有整齐美观的树形，每年都需要修剪侧枝，所以所选树种需有很强的萌芽能力，修剪以后能很快萌发出新枝。

⑤ 抗病虫害与污染　要选择能抗病虫害且易控制其发展和有特效药防治的树种，选择抗污染的植物，有利于改善环境。

⑥ 落果少且无飞毛、飞絮　应选择一些落果少且无飞毛、飞絮的植物，用无性繁殖的方法培育雄性不孕系是目前解决这个问题的一条途径。

⑦ 发芽早、落叶晚且落叶期整齐　选择发芽早、落叶晚的阔叶植物。另外，落叶期整齐的植物有利于保持城市的环境卫生。

⑧ 耐旱、耐寒　我国北方大陆性气候，冬季严寒，春季干旱，致使一些树种不能正常越冬，必须予以适当防寒保护。选择耐旱、耐寒的树种可以保证树木的正常生长发育，减少管理上财力、人力和物力的投入。

⑨ 寿命长　植物的寿命长短影响到城市的绿化效果和管理工作。寿命短的植物一般在 30～40 年后就要出现发芽晚、落叶早和枯梢等衰老现象而不得不砍伐更新。要延长植物的更新周期，必须选择寿命长的植物。

【设计案例】

五彩文化广场规划设计

五彩文化广场位于莱山区港城东大街以南、金滩东路以北、长宁路以东、长安路以西。规划总用地面积约 21.84hm^2，其中可建设用地面积约 13.9hm^2。分为市民广场、文化艺术交流中心、市民活动中心、七千年发现之旅、创意文化产业基地、地下车库及广场配套服务用房六个功能区。

规划总建筑面积 324665m^2，其中地上建筑面积 207808m^2，地下建筑面积 116857m^2。容积率 1.495，建筑密度 34.96%，绿地率 26.2%。建筑层数 1～30 层，建筑高度 8.6～99.6m。规划停车位 2990 个。建筑外墙装饰材料采用石材、玻璃幕墙、文化石、涂料、木板、古典构件、铝板等，色彩基调为米白、米黄、灰白、青灰色。见图 7-44、图 7-45。

【调研实习】

1. 实习要求

（1）选择当地有代表性的城市广场进行实地考察，时间 6 学时。

（2）考察目的

通过本次城市广场参观实习主要达到以下几个目的：

第一，将参观城市广场的内容与设计方法相结合来进一步认识广场规划设计。

第二，通过参观实习认识城市广场在城市中的作用，城市广场绿地和周围其他城市功能空间的协调关系。

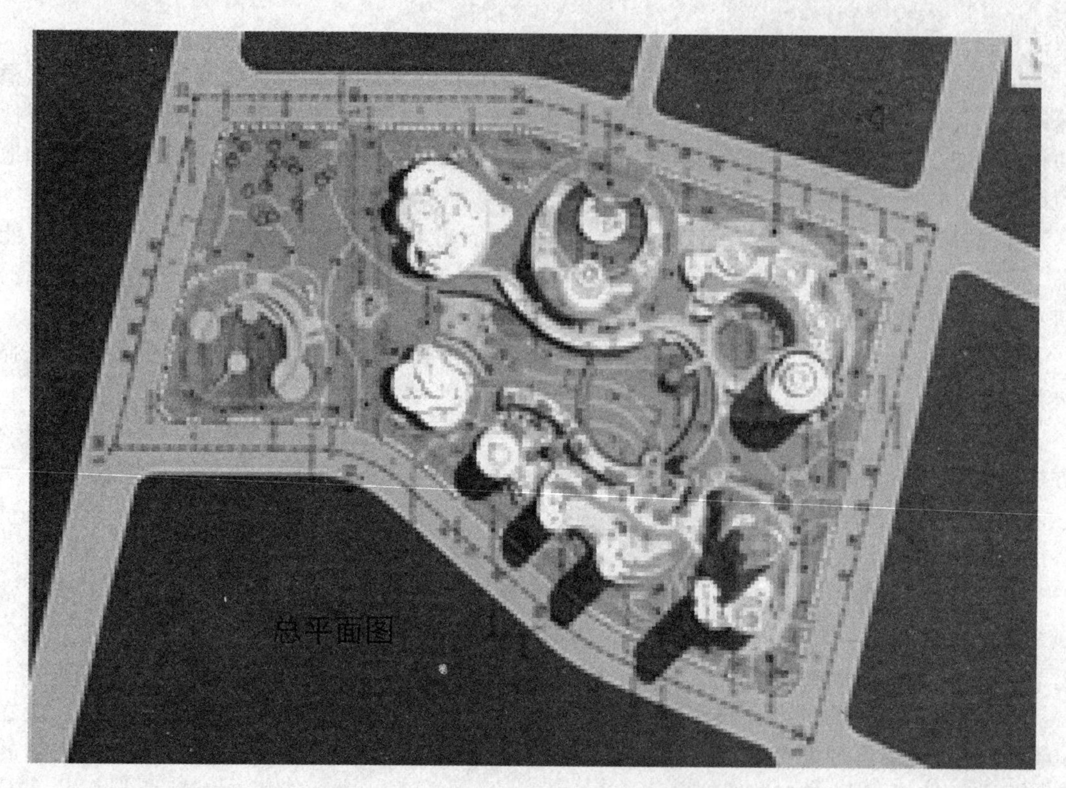

图 7-44　五彩文化广场总体规划平面图

(a)

(b)

图 7-45　五彩文化广场总体规划鸟瞰图

(3) 考察内容

通过本次实习主要熟悉以下几方面的内容：

第一，熟悉城市广场规划设计的原则。即系统性原则、完整性原则、尺度适配原则、生态环保原则、多样性原则、步行化原则、文化性原则、特色性原则。

第二，掌握广场设计原理。了解广场的布局和构思；熟悉广场的功能；熟练掌握广场的艺术处理及设计手法，能够准确快速地发现广场的特色。

第三，熟悉城市广场的绿化设计。主要包括广场绿地规划设计原则、绿地种植设计形式、植物选择的原则等。

第四，熟悉城市广场的园林建筑、小品的处理手法，包括亭、廊、花架、廊架、座椅、垃圾桶、标志牌等。

(4) 撰写实习报告

<table>
<tr><td colspan="2">实　习　报　告</td></tr>
<tr><td>实习地点</td><td></td></tr>
<tr><td>实习时间</td><td></td></tr>
<tr><td>实习目的</td><td>(结合考察地点实际来写)</td></tr>
<tr><td>计划内容</td><td></td></tr>
<tr><td>实习内容</td><td>(结合考察地点入口、道路、植物、地形、建筑小品、空间设计等来写)</td></tr>
<tr><td>实习收获</td><td></td></tr>
</table>

2. 评价标准

序号	考核内容	考核要点	分值	得分
1	文字	流畅	10	
		用词准确、专业性强	10	
2	图片	选取景观点合理	10	
		对景观点描述与分析合理	10	
3	结构	文章结构明确	15	
		按考察路线叙述清晰	15	
4	总结	能够很好地分析考察地景观设计的优缺点	30	
合计			100	

【抄绘实训】

1. 抄绘内容:漳州人民广场

漳州人民广场位于龙文区(图7-46),按不同使用功能分为四个区域:东为集散区,有花坛、舞台、市标等设置;中部为中心喷泉区,是广场建筑的核心地段;次中部为欧式疏林区;西部为密林区,有品种繁多的高大乔木、绿茵如毯的草地,为广场与立交桥的绿色屏障,也是散步休憩、调节生活环境的乐园。

其中旱地喷泉的设计为全国首创,1～4号池组成的大型彩色音控工程,2200多个喷头各显奇异,900多盏水底彩灯交相辉映。中心喷泉区两侧矗立着六架高功率的露天音响。

更引人注目的是夜景工程设置,42根通天石柱如42条顶天立地的硬汉,组成一颗庞大

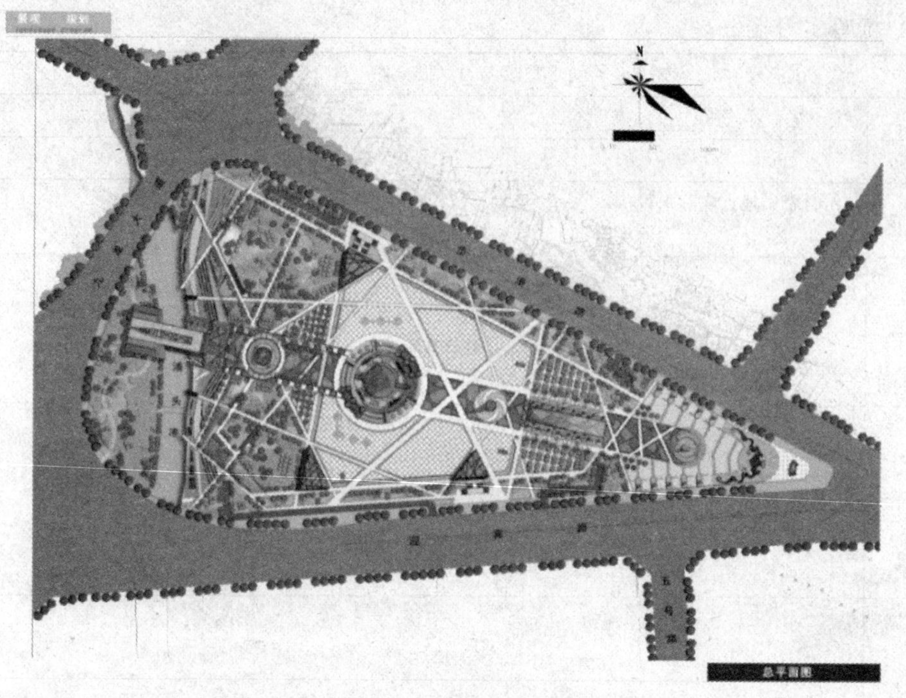

图 7-46　漳州人民广场规划设计平面图

的保龄球外形。占地约 50%的绿地（15 万平方米）给广场带来了活力与生机，给人们带来新鲜空气和清静环境。在四个不同功能区内，分布着 30 个科的 53 种花草树木。

2. 要求

能够根据不同类型广场的各自特点，灵活运用构图法则和制图规范完成抄绘图样。

3. 评价标准

序号	考核内容	考核要点	分值	得分
1	线条	线条运用熟练、流畅，接头少	10	
2	布局	平面布局合理	10	
		空间尺度合理	10	
3	总平面表现	空间形式抄绘丰富	20	
		内容充实，方案完整	20	
4	整体效果	能够很好地传达原设计的神韵	30	
合计			100	

【设计实训】

某文化广场规划设计

1. 现状

黑龙江省哈尔滨市道里区透笼街中央大街东侧附近拟建一文化广场，场地地势北高南低，基本平坦，土质良好。广场位于城市主干道一侧，其余三面均有公共建筑物。

2. 设计要求

（1）根据城市广场规划设计的相关知识，规划设计能满足群众文化、娱乐、休闲活动等功能要求，具有时代气息，满足景观要求、生态效果，符合安全性，并与周围环境协调统一。

(2) 结合当地环境特点，巧妙构思，主题明确，设计能够体现出文化内涵和地方特色。

(3) 结合当地的自然条件，以植物绿化、美化为主，适当运用其他造景要素。植物配置应乔、灌、草结合，常绿植物与落叶植物结合，以乡土树种为主。植物种类数量适当。能正确运用种植原则，符合构图规律，造景手法丰富，注意色彩、层次变化。

(4) 按要求完成设计图纸，能满足施工要求；图面构图合理，清洁美观；线条流畅；图例、比例尺、指北针、设计说明、文字和尺寸标注、图幅等要素齐全，符合制图规范。

3. 图纸要求

(1) 总平面图 1 张，1∶300；

(2) 剖面图 1 张，1∶300，局部剖面 1 张，1∶100；

(3) 功能分析图：包括现状分析、交通分析、视线分析等，比例自定；

(4) 透视效果图 2 张；

(5) 设计说明 400 字。

4. 现状图

见图 7-47。

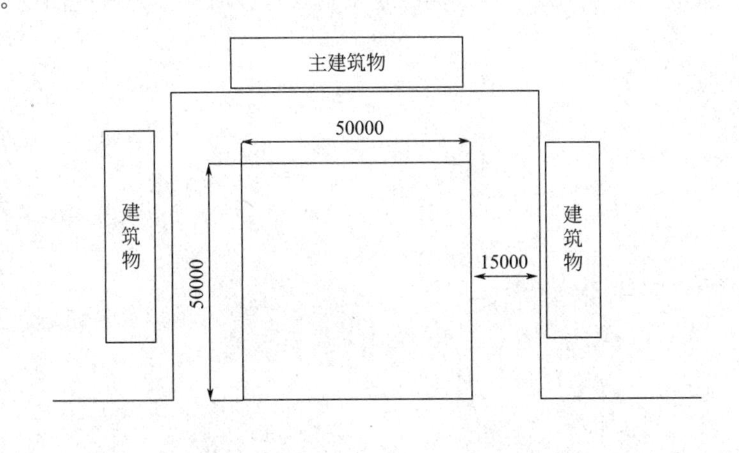

图 7-47 哈尔滨市道里区透笼街拟建广场现状图（单位：cm）

评价标准

序号	考核内容	考核要点	分值	得分
1	方案主题构思	构思立意新颖，主题明确，符合场地特点要求	5	
		设计风格独特，感染力强	5	
2	方案整体效果	布局合理，空间形式丰富	10	
		内容充实，方案完整	5	
3	总平面设计和表现	空间尺度合理	10	
		出入口位置合理、形式协调，道路系统畅通连贯	10	
		建筑小品体量适当、形式布局合理	5	
		线条、图例符合制图规范	5	
		指北针、方案标注正确	5	

续表

序号	考核内容	考核要点	分值	得分
4	种植设计	乔、灌、草配置合理，季相效果好	10	
		乔、灌与植被表达明确，比例符合树种特性	10	
5	设计说明	文字说明精炼、有条理、重点突出，设计内容协调统一	10	
6	版式设计	图纸布局合理、美观协调	10	
合计			100	

【复习思考】

1. 简述各类城市广场的主要功能，并分析其特点。
2. 分析各类城市广场规划布局形式的特点。
3. 各类城市广场在绿化设计时分别应注意哪些问题？
4. 简述城市广场规划设计的原则。
5. 简述城市广场设计的要点。
6. 简述城市广场绿化设计的原则。
7. 如何进行城市广场绿化设计？广场绿化植物在选择时应注意哪些问题？

项目八

城市街头绿地设计

【项目目标】

1. 熟练掌握道路交通绿地的概念。
2. 了解道路交通绿地的功能。
3. 掌握道路交通绿地的断面布置形式。
4. 熟练掌握道路交通绿地设计要点。
5. 掌握道路交通绿地设计的构思方法并具备设计思维表达能力。
6. 能够根据设计要求科学、合理地进行道路交通绿地方案设计。

【项目实施】

任务一　道路交通绿地规划设计

一、道路交通绿地的概念

城市道路是指城市中行人和车辆往来的专用地，是城市交通的主要设施之一。随着城市建设的不断发展，道路交通绿地作为城市绿化系统的重要组成部分，越来越引起人们的关注。道路交通绿地不仅具有净化空气、降低噪声、调节小气候等生态功能，还具有美化城市、改善人居环境的功能，而且在城市景观塑造上起着积极作用，已成为反映城市风貌和文明程度的重要标志。城市道路交通绿地景观直接影响城市的形象，决定城市的品位。

二、道路交通绿地的功能

1. 美化城市环境

植物景观是城市道路的重要组成部分，植物是城市中最为特殊、活跃的元素，植物的自然美使城市更接近自然，植物生长中产生的各种变化使得道路景观更为生动自然，让城市中的人体验到时间、季节的变化更替（图 8-1、图 8-2）。城市道路以建筑和人工设施为主，通过植物的色彩、质感、形态与建筑硬质景观相互烘托，达到丰富而和谐的景观效果，使道路空间更加柔和、自然、丰富多彩，给城市增添生机和活力。

2. 保护和改善城市生态环境

城市道路的生态环境比城市其他区域更为恶劣，植物种植是改善道路生态环境最有效的途径。植物景观改善城市生态环境的效益主要有吸滞粉尘、降低温度、增加空气湿度、吸收有害气体、减弱噪声、防火、防风、保持水土等。道路绿地是城市生态系统中的绿色廊道，使道路环境更为清洁、健康和自然，同时植物还会对人的感官、心理和情感产生良性的影响，满足人类对自然与生俱来的亲近和依赖。

图 8-1　长春市某道路秋季景观

图 8-2　哈尔滨市某道路冬季景观

3. 娱乐休闲功能

遮阳是植物最主要的实用功能，高大的行道树在夏季可以有效地为行人遮阳降温，有些城市道路绿地内还设有座椅、花架、园林小品等休憩设施，给行人提供健身、散步、休息和娱乐的休闲场所，可以弥补城市公园分布不均造成的不足。

4. 组织交通

利用绿化带可以将道路分为上下行车道、机动车道、非机动车道和人行道等，使道路人车分流，创造安全有序的交通环境，保证交通的安全和畅通。研究表明：绿色植物可以减缓司机的视觉疲劳，在交通岛、路侧、立体交通岛等道路空间利用不同形式的绿化，不仅可以分隔与组织交通、诱导视线，而且还有减少交通安全隐患、增加行车安全和人行安全的作用。

三、道路交通绿地的断面布置形式

1. 一板两带式

一板两带式是常见的城市道路交通绿地布置形式，中间是车行道，在车行道两侧的人行道上种植行道树。优点是简单整齐、用地经济、管理方便，适于路幅宽度较窄、车流量不大的城市道路。不足之处是当机动车道过宽时行道树的遮阳效果差，不能解决机动车与非机动车混合行驶的矛盾，不利于组织交通（图 8-3）。

图 8-3　一板两带式

2. 两板三带式

车行道两侧的人行道上种植行道树，用一条绿化分隔带将车行道分成对向行驶的两条车道。这种形式适合机动车多、夜间交通量大而非机动车少的道路。其优点是解决了对向车流相互干扰的矛盾，且绿化面积大、生态效益明显、景观效果好（图 8-4）。

3. 三板四带式

利用两条绿化分隔带将车行道分为三块，中间为快车道，两侧为慢车道，连同两侧的行道树共有四条绿化带，因此称为三板四带式。这种形式占地面积大，因其绿化面积大，夏季遮阳效果好、组织交通方便、安全可靠、利于夜间行车，解决了各种车辆相互干扰的矛盾，尤其适合机动车、非机动车流量大的城市干道使用，是城市道路交通绿地的理想布置形式（图 8-5）。

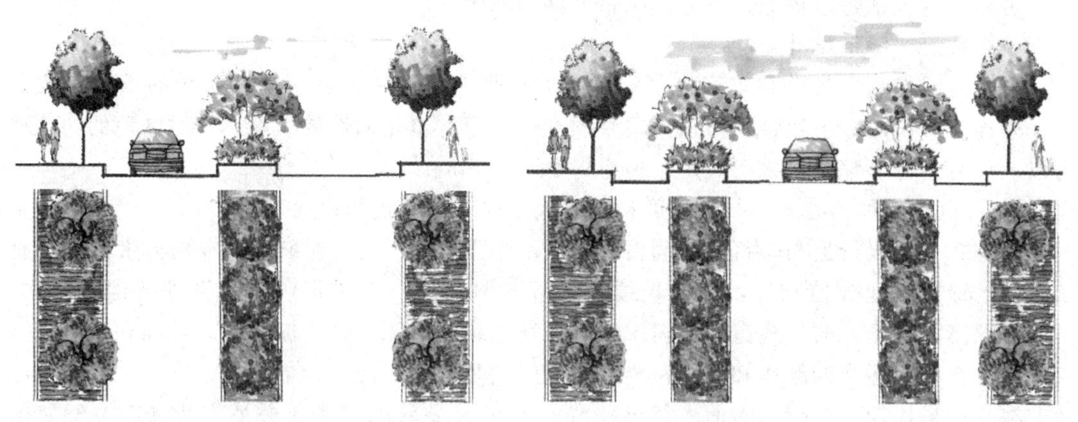

图 8-4 两板三带式　　图 8-5 三板四带式

4. 四板五带式

利用三条分隔带将车道分为四条，有五条绿化带，使机动车与非机动车均形成上行、下行，各行其道，互不干扰，保证行车速度和交通安全。四板五带式用地面积大，具有较多的植物空间，可以营造丰富的植物景观，一般是城市形象的体现。但其占地面积大，建设投资和养护管理成本高，在用地比较紧张的地区，不易布置为五条绿化带，可用栏杆分隔，以便节约用地（图 8-6）。

图 8-6 四板五带式

四、道路交通绿地设计要点

1. 道路绿地的组成及道路绿地率

（1）道路绿地的组成

道路绿地主要有道路绿带、交通岛的绿地、立交桥绿地、防护绿带等。

（2）道路绿地率

我国城市规划有关标准规定：

① 园林景观绿地率不得小于40%；

② 红线宽度大于50m的道路，绿地率不得小于30%；

③ 红线宽度40～50m的道路，绿地率不得小于25%；

④ 红线宽度小于40m的道路，绿地率不得小于20%。

2. 道路绿带景观设计

道路绿带包括行道树绿带、分车绿带、路侧绿带。

（1）行道树绿带设计

行道树绿带是人行道和车行道之间种植的绿带，行道树是城市道路系统的重要组成部分，是连接城市的绿色纽带。行道树绿带的宽度应根据道路的性质、类别和对绿地的功能要求以及立地条件等综合考虑而决定，但不得小于1.5m。

① 行道树的种植方式　行道树的种植方式主要有树带式和树池式。

树带式是在人行道与车行道之间留出一条不小于1.5m宽的种植带。根据树带的宽度种植乔木、绿篱和地被植物等，形成连续的绿带（图8-7）。在树带中种植草坪或地被植物，不能有裸露的土壤。树带式有利于树木生长和增加绿化面积，改善城市生态环境和丰富道路景观。可在树带适当的距离和位置留出一定量的铺装通道，便于行人往来。

在交通量比较大、行人多而人行道狭窄的道路上多采用树池式种植方式（图8-8）。但是树池式种植面积小，不利于树木生长。树池之间的行道树绿带最好采用透气性的路面材料铺装，如混凝土草皮砖、彩色混凝土透水透气性路面、透水性沥青铺地等，以利渗水、通气，保证行道树生长和行人行走。

图8-7　树带式行道树

图8-8　树池式行道树

② 行道树树种选择　行道树的生长环境条件比较恶劣，日照、通风、水分和土壤等因素与其他园林树木的环境生长相比具有很大的差距，除了辐射温度高、空间干燥、汽车尾气污染以外，还受到地下各种管网线路限制，这些因素都会影响到树木正常的生长和发育，因此在行道树树种选择时应按以下标准进行选择：

a. 能适应城市的生态环境，对病虫害抵抗力强，苗木来源容易，成活率高的树种。

b. 树龄长、树姿端正、树形优美、冠大荫浓、花朵艳丽、芳香馥郁、春季发芽早、秋季落叶迟、季相景观变化明显的树种。

c. 不含污染性花果、无臭味、无毒、无飞絮、少根蘖的树种。

d. 管理粗放，对土壤、水分、肥料等要求不高的深根性树种。

e. 生长迅速而健壮、寿命长、耐修剪的树种。

f. 我国地域辽阔，地形和气候差异大，植被分布类型也明显不同，各城市行道树最好选择本地区乡土树种作为行道树。例如哈尔滨市常用的行道树树种有旱柳、银中杨、红皮云杉、水曲柳、垂枝榆、黑皮油松、丁香等。

③ 行道树绿带的种植要求　行道树定植株距，应以其树种壮年期冠幅为准，最小种植株距应不小于4m，行道树树干中心至路缘石外侧最小距离不小于75cm，便于公交车辆停靠和树木根系的均衡分布。

在道路交叉口视距三角形范围内，行道树绿带应采取通透式配置。

行道树绿带种植应以行道树为主，并宜与乔木、灌木、地被植物相结合，可以增加绿量，构成多层次的复合结构，形成具有特色的植物群落景观（图8-9）。

在车辆交通流量大的道路上及风力很强的道路上，行道树可以结合绿篱种植，加强防护效果（图8-10）。

图8-9　多层次的复合结构行道树绿带

图8-10　行道树与绿篱结合

（2）分车绿带设计

分车绿带指车行道之间的绿化分隔带，位于上下行机动车道之间的为中间分车绿带；位于机动车道与非机动车道之间或同方向机动车道之间的为两侧分车绿带。分车绿带不仅可以将来往的车流和人流分隔，而且也可以形成优美的植物景观。

分车绿带宽度因道路的不同而有所差异，最窄的道路分车绿带宽度仅为1m，宽的可以达到10m左右，一般的分车绿带宽度为4.5～6.0m，长度为50～100m。

分车绿带的植物景观设计除考虑到景观效果以外，首先要满足交通安全的要求，以不妨碍司机及行人的视线为原则。道路中间分车绿带应密植常绿的植物，高度以0.6～1.5m为宜，这样既可减少不同方向车流之间的相互干扰，又可避免夜间行车时对向车流之间车灯的炫目照射。乔木树干中心至机动车道路缘石外侧距离不宜小于0.75m。在距相邻机动车道路面0.6～1.5m之间的范围内，配置植物的树冠应枝叶茂密，其株距不得大于冠幅的5倍。道路两侧分车绿带宽度大于或等于1.5m的，应以种植乔木为主，将常绿乔木、落叶乔木、灌木、花卉及草坪地被植物配置成高低错落有致的植物景观，两侧乔木树冠不宜在机动车道上方搭接。分车绿带宽度小于1.5m的，应以种植灌木为主，并应灌木、地被植物相结合，形成丰富的绿化层次。分车绿带的植物造景应形式简洁、树形整齐、排列一致，为了丰富景观，可以兼顾观赏植物搭配结合少量景石、小型雕塑小品等（图8-11）。

（3）路侧绿带设计

常见的路侧绿带的最低限度为1.5m，可配植一行乔木，在乔木间可种植地被或矮灌木

(a)

(b)

图 8-11　长春市某道路分车绿带植物景观

形成的绿篱，以增强防护效果。宽度为 2.5m 的路侧绿带可种植一行乔木，并在靠近车道一侧再种植一行绿篱，如图 8-12(a)。5m 宽的路侧绿带可交错种植两行乔木，并在乔木间隙配植灌木，也可种一行乔木并在乔木两侧配植两行灌木。路侧绿带宽度大于 8m 时，可设计成开放式绿地，如图 8-12(b)。开放式绿地中，可以设置游憩小路和供游人游憩的景观小品，增加路侧绿带休闲功能和道路景致的艺术效果，但是绿化用地面积不得小于该段绿带总面积的 70%。路侧绿带与毗邻的其他绿地一起辟为街旁游园时，其设计应符合现行行业标准的规定。

(a)

(b)

图 8-12　路侧绿带植物景观

3. 交通岛绿地设计

交通岛是指为控制车流行驶路线和保护行人安全而设置在道路交叉口范围内的岛屿状构造物，起到引导行车方向的作用。交通岛是独具特色的城市景观节点，也是城市重要的标志性景观。交通岛的主要功能是组织道路交通，增强道路的连续性，保证交通线路的顺畅，缓解城市交通压力。交通岛的植物造景不仅可以丰富城市景观，而且能增强道路的识别性和方向性，以便于绕行车辆的司机准确、快速地识别各路口。交通岛按其功能及布置位置可分为中心绿岛、交通导向绿岛和立体交叉绿岛。

(1) 中心绿岛设计

中心绿岛是位于城市道路交叉路口上可绿化的中心岛用地。中心绿岛的人流和车流量非常大，中心绿岛植物景观可以结合雕塑、立体花坛、景观灯柱等成为构图中心，但其体量和高度不能遮挡视线。常规中心岛直径在 25m 以上，中心绿岛汇集了多处路口，尤其是在一些放射状道路的交叉口，可能汇集5个以上路口，为了便于驾驶员准确快速识别各路口，中心绿岛要采取通透式栽植，以保持交通上的安全视距，因此不宜密植乔木或大灌木。中心绿岛植物景观设计以草坪、花卉为主，或采用几种不同质感、不同颜色的低矮常绿树、花灌木和草坪组成模纹花坛，图案应简洁、曲线优美、色彩明快，不要过于繁复、华丽，以免分散驾驶员的视线和注意力（图8-13）。也可布置修剪成形的小灌木丛，在中心种植1株或1丛观赏价值较高的乔木加以强调。若中心绿岛外围有高层建筑，图案设计还要考虑俯视景观效果。

（2）交通导向绿岛设计

在交叉路口中间设置的交通导向绿岛，用于指引行车方向、约束行道、使车辆减速转弯、保证行车安全。当车辆从不同方向经过导向绿岛后，会发生顺行交织，为了保证驾驶员能及时看到车辆行驶情况和交通管制信号，在视距三角形内不能有任何阻挡视线的东西，但在交叉口处，个别进入视距三角形内的行道树，如果株距在6m以上，树干分枝高在2m以上，树干直径在40cm以下时是允许存在的，因为驾驶员可通过空隙看到交叉口附近的车辆行驶情况。种植绿篱时，株高要低于70cm，如图8-14所示。

图8-13　某道路中心绿岛

图8-14　某道路导向绿岛

（3）立体交叉绿岛设计

立体交叉绿岛是城市道路立体交叉中面积比较大的绿化地段。道路立体交叉的形式主要有两种，即简单立体交叉和复杂立体交叉。简单立体交叉为纵横两条道路在交叉点相互不通，这种立体交叉一般不能形成专门的绿化地段，只作行道树的延续而已。复杂立体交叉又称互通式立体交叉，两个不同平面的车流可以通过匝道连通。立体交叉绿岛的植物造景应服从立体交叉的交通功能，使司机有足够的安全视线。在顺行交叉处，要留出一定的视距，不宜种植乔木，可种植低于司机视线的灌木、绿篱、草坪、花卉，形成疏朗开阔的绿化效果，同时在转弯的外侧，可种植成行的乔木，以便诱导司机的行车方向，使司机有一种安全的感觉。哈尔滨松花江公路大桥绿岛区（图8-15）植物景观采用规则式布局，形成雄伟、整齐、恢宏大气的景观效果。如果交叉绿岛面积很大又不影响交通时，可按街心花园布置，设置一些园林小品和休息设施，供人们作短时间休憩。

4. 立交桥绿地设计

立交桥绿地指以立交桥为主体，围绕桥体周围，根据城市立交桥的特殊性质所进行的植物配置。立交桥绿地不是简单的桥体绿化，而是随着立交桥的立体交叉形式形成的一个多结构、多功能、多样性的植物复合种植群。立交桥绿地可分为桥体绿地和附属绿地。

图 8-15　哈尔滨松花江公路大桥立体交叉绿岛景观

立交桥绿地是城市道路绿地系统的重要组成部分，其规模、水平及植物配植的方式直接影响城市的景观效果和生态效益。植物对于缓解和改善立交桥周围大气污染和城市热岛效应具有重要作用。植物景观是营造立交桥景观的重要因素，创造自然和谐的生态立交景观，不仅可以缓解司机开车所引起的视觉疲劳，而且使立交桥富有自然气息，增加城市道路色彩，丰富城市的文化内涵。

(1) 立交桥桥体绿地

立交桥桥体植物景观包括桥体防护栏、桥体中央隔离带、桥柱和桥体墙面四个部分。

① 桥体防护栏植物造景　桥体防护栏的植物景观设计一般有两种形式：一种是在两侧栏杆基部设置花槽，栽植色彩鲜艳的花卉来点缀和美化景观，如三色堇、矮牵牛、孔雀草和一串红等（图 8-16）。另一种是栽植草本攀缘植物对防护栏进行绿化，使植物沿栏杆缠绕生长，如爬山虎、美国地锦等（图 8-17）。

图 8-16　桥体防护栏花卉造景

图 8-17　桥体防护栏藤本植物造景

② 桥体中央隔离带植物造景　在立交桥双向隔离带的中间，可种植具有较高观赏价值的园林植物作为装饰，或种植草本植物和低矮灌木，起到分隔道路的作用，也可在隔离带上设置栏杆，种植藤本植物任其攀缘。在植物选择上应选择那些抗旱、抗贫瘠能力较强的浅根性植物，中央隔离带常用的植物有美人蕉、万寿菊、矮牵牛等。

③ 桥柱植物造景　立交桥占地少，一般没有多余的绿化空间，可用藤本植物绿化桥体，增添绿意。每座立交桥都有许多的支撑桥柱，桥柱植物景观设计形式一般用垂直绿化的方法，选择攀缘藤本植物依附于桥柱生长（图 8-18）。一方面绿色的植物可以遮挡桥柱生硬的线条和质感，使桥体看起来充满生机活力；另一方面可以有效提高城市绿地面积，增加绿

量。利用立交桥下已有的绿地种植藤本或攀缘植物，在桥柱上加上附着物或将立柱设计为粗糙表面，以便于植物攀爬桥柱和桥墩，既美化环境，又不影响交通。

④ 立交桥墙面植物造景　立交桥墙面植物造景指利用藤本或攀缘植物使其沿墙面生长并形成垂直的绿化面，如图 8-19所示。在城市立交桥中，墙面垂直绿化应用较多，如北京、天津、上海、青岛等地多用地锦、常春藤等绿化立交桥墙面。立交桥墙面垂直绿化具有占地面积小、见效快、易养护等特点，在美化桥体的同时还可以对桥体起保护作用，保持足够的植物蒸发面从而降低热岛效应，减少了桥体被恶劣气候破坏的概率，增加建筑材料的使用寿命。

图 8-18　长沙市某立交桥桥柱垂直绿化

图 8-19　青岛市澳柯玛立交桥墙面植物景观

(2) 立交桥附属绿地设计

立交桥附属绿地设计包括桥下的植物景观设计和绿岛区的植物景观设计。

① 立交桥桥下的植物景观设计　高度较高的立交桥通常有很长弧形上升的引桥，桥下留有空地，可以将这部分空地设计成观赏型绿地。立交桥下空间是较多行人经过的空间，对其植物景观更应该重视。一般桥下空间的环境条件较为恶劣，如缺少阳光直射、水分不足等。针对立交桥周围的环境特点，应选择耐瘠薄、耐干旱和耐阴的植物。由于受到桥下空间的高度限制，不宜选择高大乔木，多以灌木和地被植物相结合来创造自然舒适的交通环境，如图 8-20 所示。

图 8-20　立交桥下空间绿化

② 立交桥绿岛区的植物造景　互通式立交桥集中的绿地是主线和匝道之间围合而成的绿岛区，它是立交桥中面积较大的区域，容易创造标志景观。绿岛区的植物造景首先要满足交通安全要求，其形式多种多样，概括起来有规则式、自然式、图案式和街道小游园 4 种形式。

a. 规则式　规则式指以乔木、灌木按照一定的序列等距离地栽植为主要形式，形成整齐规则的构图形式。这种布局形式严整有序，体现节奏与韵律美，具有较强的引导性和指导性，是我国城市立交桥绿岛区采用较多的一种布局方式。规则式绿岛植物造景可形成雄伟、整齐、恢宏大气的景观效果。

b. 图案式　图案式指由匝道和主线围合成的几块绿岛多采用相同的图案，以取得整齐的效果，避免杂乱，强调程序感与整体美，并创造出较强的俯视效果。绿岛区图案式的布局方式具有较强的时代特色。北京市四元立交桥绿岛区植物景观设计选择中国传统文化中象征吉祥如意的四龙四凤为图案。龙的图案以黄杨作骨架，用红色的小檗和金色的金叶女贞构成龙珠、龙角、龙身和龙尾各个细部。在碧绿草地的衬托下，四条巨龙似要腾空而飞，图案线条分明、色彩绚丽，形成了大手笔、大气势、大象征的植物景观（图 8-21）。

图 8-21　北京四元立交桥绿岛植物景观鸟瞰

c. 自然式　自然式指植物配置模拟自然植物群落，体现植物自然的个体美及群体美。绿岛区自然式植物景观具有丰富的植物层次、优美的林冠线、多彩的季相，为行人、市民创造了一个良好的、自然的、活泼的环境，让生活在都市里的人们亲近自然、感受自然。

d. 街道小游园式　街道小游园式指在不影响交通通行功能的前提下，按街道小游园的形式进行布置，在绿岛区设置园路、花坛、座椅和小型活动广场，为立交桥附近的居民提供休息、娱乐空间。这种布局形式只适于城市中绿岛面积大且交通量较小的立交桥绿化，行人穿越道路进入绿岛区势必会影响交通，存在一定的安全隐患，所以这种形式应用较少。

任务二　街头绿地设计

一、街头绿地的概念

街头绿地指道路红线以外，沿城市道路布置，面积不大的开放性公共绿地。转盘、花园、广场以及街头小游园都属于街头绿地的范畴，其主要功能是装饰街景、美化城市、提高城市环境质量，增添城市绿地面积，补充城市绿地的不足，并为游人及附近居民提供游憩、娱乐场所。

二、街头绿地的景观特征及作用

街头绿地以种植植物为主，内部可设小路和小型铺装场地，供人们进入休息。有条件的可设置一些建筑小品，如亭廊、花架、园灯、水池、喷泉、假山、座椅、宣传廊等，丰富景观内容，满足群众需要。街头绿地一般都临近居民生活区或商业服务区，是人群集中和流动的场所，有较高的使用率，面积虽小但意义重大，不仅能够改善环境、提高人们的生活品位，而且还能提升城市的综合竞争力。街头绿地作为城市中的开放空间，对城市面貌、文化生活都起着重要作用，可以促进人们之间的交往、引导人们参加各种有益身心的活动。

三、街头绿地的布局形式

街头绿地大多地势平坦或略有高低起伏，可设计为规则对称式、规则不对称式、自然式、混合式等多种形式。

1. 规则对称式

规则对称式街头绿地有明显的中轴线，外形轮廓为有规律的几何图形，如正方形、长方形、三角形、多边形、圆形、椭圆形等（图 8-22）。此种形式外观比较整齐，能与街道、建筑物取得协调，但受一定地形条件的约束。

图 8-22　规则对称式街头绿地

2. 规则不对称式

规则不对称式绿地外观整齐但不对称，可以根据其功能组成不同的空间，它给人的感觉是虽不对称但有均衡效果。

3. 自然式

自然式街头绿地没有明显的轴线，道路多为曲线形，植物以自然式种植为主，宜结合地形创造活泼舒适的自然环境，植物与山石、雕塑或建筑小品结合配置，更显得轻松自然。

4. 混合式

混合式街头绿地综合规则式和自然式两种类型的特点，既有自然式的灵活布局，又有规则式的整齐明朗，既能运用规则式的造型与四周的建筑、广场相协调，又能营造出展现自然景观的空间。混合式布局手法比较适合于面积稍大的街头绿地，另外在植物景观设计时要注意自然式与规则式的过渡衔接。

四、街头绿地的设计手法

1. 主调明确，形式多样

街头绿地的植物造景是主要的设计部分，树种选择做到适地适树，可根据城市绿化的要求选择骨干树种。植物配置主题明确，形式多样，一般重点装饰出入口及道路转弯处，可用树丛、树群、花坛、草坪等形式，乔木和灌木、常绿树和落叶树相互搭配，将植物配置成高、中、低多层次，做到层次变化分明。乔、灌、草合理搭配，既营造了丰富的植物景观，又能使三维绿化量达到最大化，释放出更多氧气，减少草坪、花坛面积。配置高大乔木树时，应考虑植物景观的相对性和稳定性。

2. 与城市景观协调统一

街头绿地景观要与城市景观风格衔接好，并要与附近的建筑密切配合，风格协调一致。要选择适应城市环境能力强的树种。为了减少城市道路的汽车尾气、噪声和粉尘对街头绿地的不良影响，临街一侧最好种植绿篱、花灌木进行分隔，但必须留出几条透视线，让路上行人看到绿地中的美景。

3. 营造自然植物景观，季相丰富

街头绿地内植物景观应突出自然式植物配置，表现植物的层次、轮廓、色彩、疏密。对植物随着季节的变化和时间的推移所发生的变化同样需要充分考虑，充分利用植物的季相变化，进行合理组合配置，做到三季有花、四季有景。优美的季相景观让人们在春、夏、秋、冬四季均能享受到美妙的植物景观变化。充分利用有色植物，如红叶李、金叶榆等，还要利用好管理粗放、观赏期长的花卉，如一串红、矮牵牛、美人蕉等。

【设计案例】

设计案例一　澳大利亚堪培拉宪法大道景观设计

1912 年堪培拉的设计竞赛中，Walter Burley Griffin 和 Marion Mahony Griffin 二人提出了提升城市街头潜力的想法，他们希望澳大利亚的街道能够与场地产生深度的共鸣，具有自然的敏感性和对民主社会的理解。

这处城市路网中最引人注目的区域是 Grand Boulevard 大道，也被称之为 Constitution Avenue 宪法大道，如图 8-23～图 8-26。林荫大道承载着城市中密度最高的商业和住宅区的

图 8-23　宪法大道街道全景

图 8-24　街道两侧繁盛的植物

基础交通。同时，Lake Burley Griffin 附近的娱乐和文化建筑区域也在这个大道旁选址建设。

图 8-25　街道两旁的建筑

图 8-26　路边的基础设施

设计团队对格里芬街道系统（Griffin's Avenue system）的应用，不是简单的怀旧，而是对城市发展一种远见卓识的考量。作为一个城市尺度的项目，这个大道具有彻底改革堪培拉生活方式的潜力：改善步行体验和驾驶舒适度，承载高容量的过境交通，同时良好的居住环境可以改善市民的公民素质（图 8-27～图 8-29）。就像巴黎的香榭丽舍大道或者华盛顿的宾夕法尼亚大道一样，堪培拉的宪法大道也成了让世界难忘的林荫大道景观之一（图 8-30）。

图 8-27　植物材料丰富了街道景观

图 8-28　铺装的细节

图 8-29　林荫大道改善了市民步行和驾驶体验

图 8-30　令人难忘的林荫大道景观

设计案例二　澳大利亚墨尔本街景花园

澳大利亚墨尔本市繁华商业中心街景花园的建造旨在为周边居民及路人提供栖息休闲之所（图 8-31）。

花园种植多种植物，同时设有木质长椅、混凝土矮墙、与居住公寓相连的混凝土步行道和楼梯、钢结构围挡及无障碍坡道（图 8-32）。大量的多年生植物环绕花园主体空间种植，创造了轻松平静的氛围（图 8-33）。花园位于地下停车场之上，有限的场地条件迫使设计师仔细斟酌绿植的选用。除此之外，设计师还需考虑在花园与街道之间设置绿化分隔带以保证花园的私密性（图 8-34）。

图 8-31　俯视街景花园

图 8-32　街景花园完善的休闲设施

图 8-33　利用植物营造轻松平静的景观氛围

图 8-34　安静私密的街景花园

【调研实习】

1. 实习要求

（1）选择当地有特色的城市道路交通绿地进行实地考察，时间 6 学时。

（2）考察目的

通过本次城市道路交通绿地实习主要达到以下几个目的：

第一，通过参观实习了解道路交通绿地断面的布置形式、植物种植设计的不同布置形式与道路交通的相互影响。

第二，通过参观实习了解道路交通绿地在城市中的功能作用、人行与交通车辆的安全要求、道路环境条件与植物生长的要求。

第三，通过本次实习，熟悉城市道路交通绿地的一些相关规范资料数据，学会将相应的规范标准应用到道路交通绿地规划设计中。

（3）考察内容

通过本次实习主要熟悉以下几方面的内容：

第一，熟悉道路交通绿地的类型、道路交通绿地断面的布局形式。

第二，了解道路交通绿地如何在满足功能要求、景观要求的同时符合安全性要求，观察分析道路绿地设计与周围环境的协调统一性。

第三，观察分析植物种植设计的种类、种植形式以及乔、灌、草的搭配。

（4）撰写实习报告

实 习 报 告	
实习地点	
实习时间	
实习目的	（结合考察地点实际来写）
计划内容	
实习内容	（结合考察道路交通绿地的类型，植物造景构图规律、造景手法，景观的色彩、层次、季相变化来写）
实习收获	

2. 评价标准

序号	考核内容	考核要点	分值	得分
1	文字	流畅	10	
		用词准确、专业性强	10	
2	图片	选取景观点合理	10	
		对景观点描述与分析合理	10	
3	结构	文章结构明确	15	
		按考察路线叙述清晰	15	
4	总结	能够很好地分析考察地景观设计的优缺点	30	
合计			100	

【抄绘实训】

1. 抄绘内容

某城市街头绿地景观设计方案，见图 8-35。

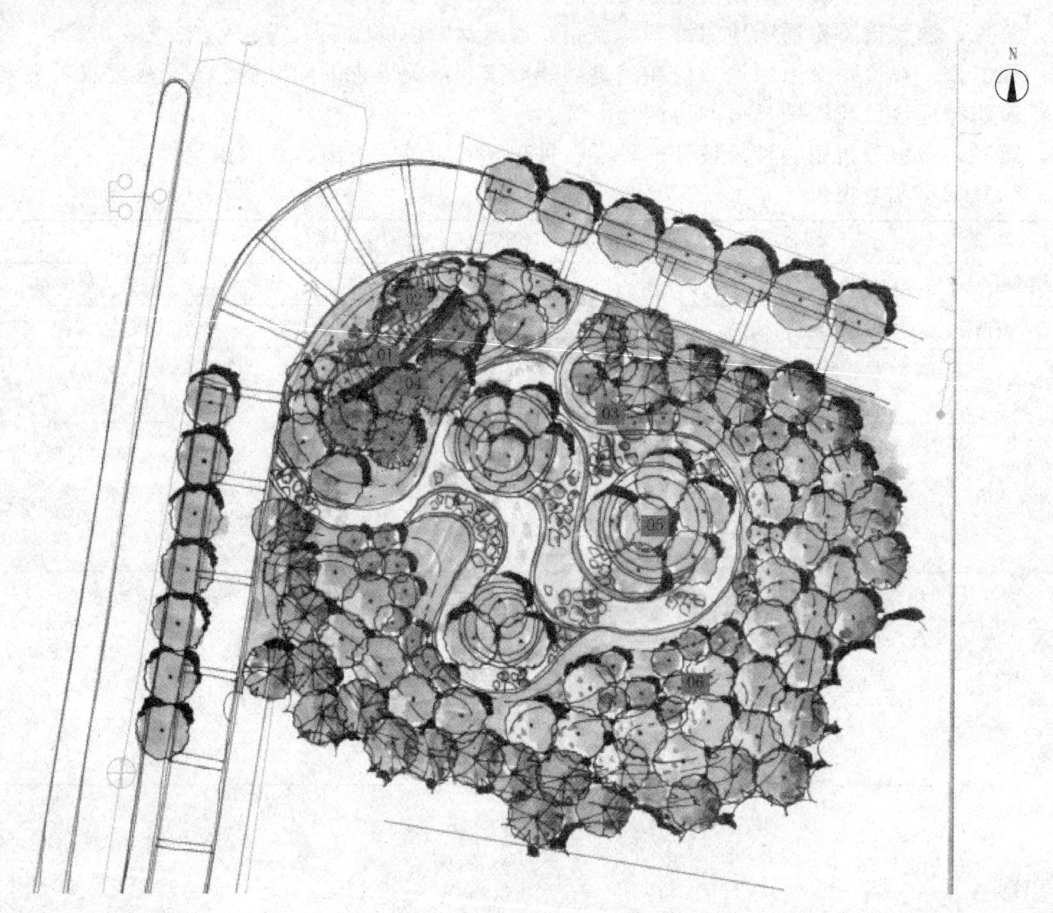

图 8-35 某城市街头绿地平面图

2. 要求

体会街头绿地景观元素的布局与组织特点，把握小面积街道绿地设计手法。

3. 评价标准

序号	考核内容	考核要点	分值	得分
1	线条	线条运用熟练、流畅，接头少	10	
2	布局	平面布局合理	10	
		空间尺度合理	10	
3	总平面表现	空间形式抄绘丰富	20	
		内容充实，方案完整	20	
4	整体效果	能够很好地传达原设计的神韵	30	
合计			100	

【设计实训】

道路绿地景观设计

1. 现状

城市街道休闲空间是城市园林绿地中应用最广、形式变化最为丰富的一种重要的园林绿地。通过本次设计实训，掌握以道路绿地为代表的街道休闲空间的设计方法与设计步骤。

本项目位于102国道边，西起大厂国际渔具城，东至龙禹腾飞加油站，总长度6.4km，为三板四带结构，双向四车道，中间主道宽21m，两侧非机动车道宽4m。本次设计路段为102国道局部路段，长度120m，中间主道两侧绿化带宽5m，非机动车道一侧绿化带宽10m。

2. 设计要求

（1）根据道路周边的环境，结合功能需求，营造合理、安全、符合城市形象、彰显城市特色的城市道路景观空间。

（2）突出城市特色文化，强调道路的线性景观和节点的交流空间，节奏感强，强调视觉冲击力和道路空间视景的开合性和连续性。

（3）设计方案表达不宜过于装饰化，应侧重于设计构思、内涵及设计手法的表达。

（4）种植设计的树种选择正确，能因地制宜地运用种植类型，符合构图要求，造景手法丰富，空间效果较好，层次、色彩丰富。

（5）按要求完成设计图纸，能满足施工要求；图面构图合理，清洁美观；线条流畅；图例、比例尺、指北针、设计说明、文字和尺寸标注、图幅等要素齐全，符合制图规范。

3. 图纸要求

（1）总平面图1张，1∶500；

（2）剖面图1张，1∶500；局部剖面图1张，1∶300；

（3）功能分析图：包括现状分析、交通分析、视线分析等，比例自定；

（4）透视效果图2张；

（5）设计说明200字。

4. 评价标准

序号	考核内容	考核要点	分值	得分
1	方案主题构思	构思新颖，主题明确，符合街头绿地特点要求	5	
		设计风格独特，感染力强	5	
2	方案整体效果	布局合理，空间形式丰富	10	
		内容充实，方案完整	5	
3	总平面设计和表现	空间尺度合理	10	
		出入口位置合理、形式协调，与城市主要道路连接顺畅	10	
		建筑小品体量适当、形式布局合理	5	
		线条、图例符合制图规范	5	
		指北针、方案标注正确	5	

续表

序号	考核内容	考核要点	分值	得分
4	种植设计	乔、灌、草配置合理，季相效果好	10	
		植物选择适合街头绿地要求	10	
5	设计说明	文字说明精炼、有条理、重点突出，设计内容协调统一	10	
6	版式设计	图纸布局合理、美观协调	10	
合　计			100	

【复习思考】

1. 简述道路交通绿地的概念。
2. 道路交通绿地的功能有哪些？
3. 道路交通绿地的断面布局形式有哪些？
4. 城市道路行道树应具备哪些条件？实地调研当地主要有哪些行道树树种。
5. 立交桥桥体植物景观设计主要包括哪些组成部分？
6. 简述立交桥绿岛区的植物景观设计形式及其特点。
7. 街道小游园的景观特征及作用有哪些？
8. 简述街头绿地的布局形式。
9. 简述街头绿地的主要设计手法。

项目九

屋顶花园规划设计

【项目目标】

1. 掌握屋顶花园的类型。
2. 掌握屋顶花园设计手法。
3. 掌握屋顶花园设计的原则及要点。
4. 掌握屋顶花园设计的程序和步骤。
5. 掌握屋顶花园的简单施工工艺。
6. 能够运用造景手法和艺术法则合理安排园林各要素之间的关系。
7. 能够按照绘图规范，学会运用计算机软件绘制屋顶花园平面图、立面图、植物种植图、鸟瞰图和透视图等。
8. 能够根据任务书按项目流程完成项目的设计，并根据成果进行方案的文本制作及汇报。

【项目实施】

任务一 屋顶花园的概念及发展情况

一、屋顶花园的定义

屋顶花园是指在各类建筑物的顶部（包括屋顶、楼顶、露台或阳台等）栽植花草树木，建造各种园林小品所形成的绿地。屋顶花园是一个很好的休闲区，精心设计的屋顶花园，可以给生活增添很多乐趣（图 9-1）。

图 9-1 屋顶花园设计透视效果图

二、屋顶花园的历史与发展

1. 古代的屋顶花园

屋顶花园已有 2000 多年的发展历史。我们只能从点滴的古代文献记载与不多的考古发现中推测古代屋顶花园的概况。

（1）亚述古庙塔

早在公元前2000年左右，在古代幼发拉底河下游地区（即现在的伊拉克），古代苏美尔人的名城乌尔城曾建造了雄伟的亚述古庙塔（图9-2），这座塔被后人称为屋顶花园的雏形。

20世纪20年代初期，在发掘这个建筑物遗址时，英国著名的考古学家伦德·伍利爵士（Sir Leonard Woolley），发现该塔3层台面上有种植过大树的痕迹。花园式的亚述古庙塔并不是真正的屋顶花园，因为塔身上仅有的一些植物并不是栽植在“塔顶”上的。

（2）新巴比伦“空中花园（Hanging Garden）”

该园建于公元前6世纪，遗址在现伊拉克巴格达城的郊区。此园是在两层屋顶上做成的阶梯状平台，并于平台上栽植植物。据希腊人希罗多德描写，它总高50m。有的文献还认为此园为金字塔形多层露台，在露台四周种植花木，整体外观恰似悬空，故称“悬空园”（图9-3）。“空中花园”实际上是一个构筑在人工土石之上，具有居住、娱乐功能的园林建筑群。

图9-2 亚述古庙塔遗址

图9-3 新巴比伦“空中花园”意向图

（3）希腊阿多尼斯花园

阿多尼斯（Adonis）是希腊神话中的一位美少年，被“爱和美女神”所爱。阿多尼斯在狩猎中被野猪咬死，由于女神的爱感动了冥王哈得斯，哈得斯允许阿多尼斯一年中有6个月的时间可以回来与爱人相聚。每年春季，雅典的妇女都会集会以庆祝阿多尼斯节，届时在屋顶上竖起阿多尼斯的雕像，周围环以土钵，钵中种植发了芽的莴苣、茴香、大麦、小麦等。

这种利用盆栽植物进行屋顶美化的方法也属于屋顶绿化的一种，目前在日本被广泛用于难以种植植物的屋顶，被称为屋顶容器绿化。

（4）庞贝的迷宫

公元前79年，维苏威火山（Mount Vesuvius）的爆发埋没了庞贝城（Pompeii）。考古学者在庞贝古城西北门的不远处，发掘出一处神秘别墅。在此建筑顶部，由其北面、西面、南面三面矮墙所围成的U形平台上，种植有花草树木。平台下用石头砌成的柱廊是人们乘凉的场所。

2. 中世纪和意大利文艺复兴时期的屋顶花园

（1）法国的圣米歇尔山（Mount-Saint-Michel）屋顶花园

这座圆锥形的花岗岩建筑位于法国圣玛洛河谷的教会修道院内，它的历史可以追溯到

13世纪。当时，为配合基督教会的需要，修道院的建设者建造了屋顶花园（图9-4）。

图9-4 法国的圣米歇尔山建筑群

（2）意大利的屋顶花园

文艺复兴时期，意大利第一个建造屋顶花园的人是鲍彼·皮乌斯二世（Pope Pius Ⅱ），他在执政期间，曾在佛罗伦萨南部80.5km处花费大量财力与精力建造他的私人住宅花园，该屋顶花园至今仍保存完好。这一时期，该屋顶花园引种了大量的外来植物品种。这一屋顶花园由于拥有大量园艺品种而成为美第奇家族的种苗基地。

3. 1600—1875年的屋顶花园

（1）德国Passau的屋顶花园

17世纪德国枢机卿（Johann van Lamberg，教皇的最高顾问）在他住所的屋顶上建造了装饰性的花坛。住宅的三面墙用油画装饰，第四面是开敞的。另外，屋顶上也修建了种植平台。

（2）俄罗斯克里姆林宫的屋顶花园

17世纪，俄罗斯克里姆林宫修建了一个巨大的两层屋顶花园。这个两层的屋顶花园面积为1000m^2，与主建筑处于同一高度，并附带两个挑出的悬空平台，几乎伸到莫斯科河上方。这两个屋顶花园修建在拱形柱廊之上，顶层花园为石墙所环绕，有一个93m^2的水池，水池中设喷泉。水池中的水从莫斯科河提升而来。低层的屋顶花园于1681年建造于紧靠莫斯科河的石结构建筑的屋顶之上，面积为600m^2，也有一个水池。

（3）德国的拉比茨（Rabbitz）屋顶花园

19世纪末，卡尔·拉比茨（Karl Rabbitz）在柏林修建了一个玻璃屋顶花园。柏林冬季寒冷，常年多雨，玻璃屋顶不适合这种气候，为了解决这个问题，建筑师卡尔·拉比茨采用了自己的专利——硫化橡胶。这种施工技术被认为是建筑屋顶防水的突破，并于1867年在巴黎世界博览会进行了展出。

（4）挪威的草坪屋顶

挪威人为了度过漫长的冬季，很久以前已采用了草坪屋顶。覆土栽植还可以增加屋顶的保温层，当然，这要求屋顶有足够的承重和良好的排水。19世纪中叶，草坪屋顶被广泛应用并产生了极大的影响。

4. 20世纪初到第二次世界大战前的屋顶花园

19世纪初，美国主要城市的屋顶花园其夏季娱乐功能十分普遍。1893年开始了真正的屋顶剧场的应用。纽约的冬季花园和麦迪逊广场就是其中的代表。这一时期的屋顶花园开始向公众游憩、盈利性方向转化，因此，屋顶剧场、高级宾馆的屋顶花园逐渐兴起。

（1）美国的屋顶剧场

纽约的音乐家鲁道夫（Rudolph）一直梦想在纽约市中心建一座花园中的剧院。他认为解决城市中剧院的高成本设计，唯一方法是营造屋顶剧院。1880 年，鲁道夫在纽约争取到了大额的资助，建造了位于百老汇和第 39 号街之间的娱乐宫剧院（Casino Theater）。这一屋顶剧院于 1882 年完工，开创了屋顶剧院的先河。

（2）美国的宾馆屋顶花园

屋顶剧院在纽约的兴起给美国人留下了深刻的印象，一些酒店也设计了屋顶花园，摆放盆栽植物，设置规则式的喷泉、葡萄棚架，在上面举行大型晚宴、舞会。

5. 第二次世界大战后的屋顶花园

随着第二次世界大战的开始，屋顶花园逐渐被人们淡忘。20 世纪 50 年代末到 60 年代初，一些公共或私人的屋顶花园才开始建设。许多精美宽敞的屋顶花园被建成，这一时期的代表有凯撒中心（Kaiser Center）、奥克兰博物馆（Oakland museum）、圣玛丽广场（Saunt Mary's Square）、朴次茅斯广场（Portsmouth Square）屋顶花园等。

6. 我国屋顶花园的发展情况

与西方发达国家相比，我国早期的屋顶花园和绿化，由于受到基建投资、建造技术和材料等的影响，仅南方个别省市和地区在原有建筑物的屋顶平台上改建成屋顶花园。1949 年以前，在上海、广州等口岸城市，个别小洋楼屋顶平台上，种植些花草、摆放些盆花等，均为在原有平顶露台上进行，不是规划设计修建的屋顶花园。20 世纪 60 年代初，成都、重庆等一些城市的工厂车间、办公楼、仓库等建筑，利用平屋顶的空地开展农产品生产，种植瓜果、蔬菜。20 世纪 70 年代，我国第一个屋顶花园在广州东方宾馆屋顶建成。它是我国建造最早、并按统一规划设计、与建筑物同步建成的屋顶花园。1983 年，北京修建了五星级宾馆——长城饭店，在饭店主楼西侧低层屋顶上，建起我国北方第一座大型露天屋顶花园。上海华庭宾馆主楼前裙楼屋顶上，兴建了具有中西造园风格的大型屋顶花园。1991 年开业的北京首都宾馆，第 16 层和第 18 层屋顶上均建造了精美的屋顶小花园。

任务二　屋顶花园的分类

基于不同的分类依据，屋顶花园可以分为各种类型，主要有如下几种分类方法。

一、按照使用性质分类

按照使用性质，屋顶花园可以分为公共游憩型、家庭型和科研生产型三种。

1. 公共游憩型屋顶花园

公共游憩型屋顶花园是国内外屋顶花园的主要形式之一，其主要用途是为工作和生活在该建筑物内的人们提供室外活动的场所，通常以养花种草为主，适当配置一些园林小品。这种形式的屋顶花园除具有绿化效益外，还是一种集活动、游乐为一体的公共场所，设计上要考虑到它的公共性及开放性。出入口的位置选择、园路的转折及宽度、景观要素的布局、植物配植形式、小品的设置等方面注意满足人们在屋顶上活动、休息、交流等需要。如图 9-5 道路交叉口处，一侧种植池多角度折线处理与另一条道路连接，道路的设置由两侧种植池引导出来，形成两侧绿茵浓郁的景观环境。图 9-6 所示为开放屋顶阁楼花园。

图 9-5　道路交叉口及道路两侧的处理

图 9-6　澳大利亚某城市开放屋顶阁楼花园

2. 家庭型屋顶小花园

主要作为接待客人、休闲的场所。随着人们居住条件的不断改善及人们交流沟通的必要性，多层式、阶梯式住宅公寓的出现，使屋顶花园走进了更多的家庭。这类屋顶花园相比公共游憩型屋顶花园面积较小，主要以植物配置和舒适的休息设施为主，如图 9-7 中可在屋顶花园设置舒适的座椅，座椅根据尺度和造景要素设置为各种形式和体量，设计成有靠背的可以让人们或坐或躺的与沙发相结合的设施。此外还可以充分利用有限空间做垂直绿化，还可以做一些趣味性种植。

3. 科研、生产型屋顶花园。

科研生产型屋顶花园主要用于科研、生产，以园艺、园林植物的栽培繁殖试验为主。可以设置小型温室（图 9-8)，用于培育观赏植物、盆栽瓜果及引种，既有较高的绿化效益，又可以创造一定的经济收益。

图 9-7　某家庭屋顶花园效果图

图 9-8　有小型温室的屋顶花园

二、按照建造形式和使用年限分类

屋顶花园按照建筑形式和使用年限可以分为长久型、容器（临时）型两种形式。其中前者是在较大屋顶空间进行直接种植的长久性园林绿化；而后者是对屋顶空间进行简易的容器绿化，可以随时对绿化内容与形式进行调整。

三、按照绿化方式与造园内容分类

屋顶花园按照绿化方式与造园内容可以分为屋顶花园（屋顶上建造花园）、屋顶栽植（对屋顶进行绿化）以及斜面屋顶绿化 3 种类型。

此外，按照屋顶花园的营造内容与形式，还可以分为屋顶草坪、屋顶菜园、屋顶果园、屋顶稻田、屋顶花架、屋顶运动广场、屋顶盆栽盆景园、屋顶生态型园林等类型（图9-9）。

四、按照屋面功能分类

1. 休闲屋面

在屋顶进行绿化覆盖的同时，建造园林小品、花架、廊、亭来营造出休闲娱乐、清新舒适的空间（图9-10），给人们提供一个放松心情、释放工作压力、修身养性的优美场所。屋顶花园在某种程度上就是将花园搬回家，在屋顶感受与自然相处的快感和乐趣。

图9-9 屋顶花园丰富的植物配置

图9-10 休闲屋面

2. 生态种植屋面

在屋面上覆盖绿色植被并配备给排水设施，使屋面具备隔热保温、净化空气、减噪吸尘、增加氧气的功能，从而提高人居生活质量。生态屋面不但能有效增加绿地面积，更能有效维持自然生态平衡，减轻城市热岛效应的影响。绿色环保的理念已深入人心，崇尚自然已成为潮流，人们现在追求生活舒适与景观优美，让灰白色的屋顶“沙漠”变为“绿洲”甚至花园，不仅能够提升小区景观的品位，还可以让屋顶由单一的功能需求变为多样的景观满足。

3. 复合屋面

复合屋面是集“休闲屋面”“生态屋面”“种植屋面”于一身的屋面处理方式。在一个建筑物上既有休闲娱乐的场所又有生态种植的形式，这是针对不同样式的建筑所采用的综合性屋面处理模式。它能够兼优并举，使一个建筑物呈现多样性，让人们的生活丰富多彩，尽享乐趣，有效地提高生活品质，促使环境的优化组合。让人们的生存环境进一步人性化、个性化，彻底体现出人与大自然和谐共处、互为促进的生态理念。

韩国梨花女子大学建筑上方的屋顶花园不仅作为建筑和雕塑的集合体，同时也是城市和校园的附属绿地。中央峡谷地带坡度开始的时候很小，然后急剧加大，台阶也被加大来满足建筑的多功能用途。这个地方常被用作集会广场、户外讲座场所、户外餐饮休息地、展览空间，也是一个天然阶梯教室，同时还为沿途的各部门提供入口（图9-11）。

五、按位置选择分类

1. 屋顶草坪花园

屋顶草坪，也称为轻型屋顶绿化设计或生态化屋顶绿化设计（图9-12）。由于其屋顶负荷要求低，可以粗放管理，养护费用低，同时又可以起到很好的绿化效果，发挥生态功能，因而受到人们的广泛关注和推广。

(a)

(b)

图 9-11　韩国梨花女子大学屋顶花园

图 9-12　生态化屋顶花园

2. 阳台、露台花园

随着人们生活水平的提高，越来越多的居民开始注重自己的阳台、露台绿化设计，阳台、露台花园的建设既可以美化环境，缓解人们的工作压力，使人们感受田园气息，享受“世外桃源”，又锻炼了身体。

3. 地下车库绿化花园

由于建筑密度的加大以及私家车的增多，停车场逐渐开始转入到地下，地下停车场的绿化将成为未来发展的一大趋势。有许多地方也开始出现地下商场，因而在其上部修建休息、绿化场所已经开始广泛推广。

4. 桥梁绿化花园

桥梁绿化设计就是在桥梁两侧种植大量绿色植物，起到生态绿化和保护桥梁的作用，而且可以缓解驾驶员的视觉疲劳，减少交通事故的发生。

六、按设计形式分类

1. 庭院式屋顶花园

它是利用山水花木和园林小品来组景。采用传统园林的一些形式和符号，在屋顶修建一些小巧的传统建筑小品，如亭、廊、假山、瀑布等；栽植花木、设置休息的桌椅，营造出以小见大、意境悠远的庭院效果，不仅满足了绿化的实用性，也满足了人们的精神需求。

2. 花圃式屋顶绿化

以种植植物为主，作苗圃或种植经济作物。以屋顶为场地，以绿化为手段，以开展经营活动为目的，特别是在缺少土地的地方，栽种一些适合屋顶的植物，在满足了人们生态需求的同时，也满足了经济需求，使生态效益、经济效益和社会效益达到同步发展。

3. 盆景、盆栽陈列式屋顶绿化

以盆栽花卉和盆景为主。中国是盆景、盆栽的大国，盆景是中国园林的精华，据考证，盆景的初始阶段可追溯到几千年前的新石器时代，在唐宋时已达到了相当高的水平。

4. 综合式屋顶绿化

综合式屋顶绿化是各种方式综合为一体的档次较高的屋顶绿化。这种绿化形式商机无限，能满足大型酒店、商场等的商业化需求，为不同层次和不同要求的人群提供服务，同时也亮丽了城市空间。

七、按屋顶重量分类

屋顶花园不同于城市园林，更不同于郊区的林业。国内外屋顶花园绿化可分为两大类，一是粗放管理的轻型屋顶草坪绿化，二是类似地面园林的空中花园。

轻型屋顶草坪绿化又可分为以下两种方案：

① 超轻型屋顶草坪　最适合在老房子的屋顶和承重低的屋顶做绿化。工程每平方米的质量为20kg以下，水饱和状态，每平方米不超过40kg。北京市平屋顶老房子的承重一般为150～200kg/m^2。

② 轻型屋顶绿化　轻型屋顶绿化是建筑承重在150～200kg/m^2，种植花灌木和草坪，大多是种植在从高层向下可观望到的群楼、会所、超市、车库、宿舍等屋顶。

任务三　屋顶花园的功能和设计原则

一、屋顶花园的功能

屋顶花园绿化是一种融建筑艺术与绿化技术为一体的综合性的现代技术，它使建筑物的空间潜能与绿色植物的多种效益得到完美的结合和充分的发挥，是城市绿化发展的新领域。

屋顶花园作为城市生态系统中的空中廊道，其主要功能如下。

1. 屋顶花园的经济功能

（1）保护建筑物

屋顶花园的营造可以吸收雨水，保护屋顶的防水层，避免屋顶漏水。屋顶花园覆盖的屋顶吸收夏季阳光的辐射热量，有效地阻止屋顶表面温度的升高，从而使屋顶下的室内温度得到有效的降低。在北方，屋顶花园绿化如采用“地毯式”铺满地被植物，则地被植物与其下的轻质土壤组成的“毛毯”层，起到冬季保温、夏季隔热的作用。

（2）节省能源

屋顶花园可明显降低建筑物周围环境温度0.5～4℃，而建筑物周围环境的气温每降低1℃，建筑物内部的空调容量可降低6%。绿化的屋顶外表面最高温度比不绿化的屋顶外表面最高温度可低达15℃以上。屋顶绿化是冬暖夏凉的“绿色空调”，大面积屋顶花园的推广使用有利于缓解城市的能源危机。

2. 屋顶花园的生态功能

建筑物的屋面是承接阳光、雨水并与大气接触的重要界面，在生态方面可以发挥其独特的作用。

（1）增加城市绿化面积

改善城市生态环境，美化城市景观，增加城市植被和绿化覆盖率，提升城市形象。

（2）能防水和蓄雨水

屋顶花园在营造过程中，给屋顶增加了新的表面保护层——土壤和植物，这样使防水层处于保护层之内，延长了防水材料的使用寿命。建筑屋顶一般分为坡屋顶（瓦屋面）和平屋顶两大类。雨水流经坡屋顶时几乎全部通过屋面流入地下排水管道。平屋顶（未经过绿化）有80%的雨水排入地下管网。

屋顶花园中植物对雨水的截留和蒸发作用，以及具有较大吸水能力的人工种植土对雨水的吸收作用，使屋顶花园（绿化）的雨水排放量明显减少。一般只有30%的雨水通过屋顶花园排水系统排入地下管网。

（3）调节局部小气候

夏季屋顶花园可明显降低建筑物周围的局部温度，减弱城市的热岛效应。例如在楼顶隔热防水层上进行植被栽植，不仅能节约土地，而且对于城市热岛效应能起到一定的缓解作用。

（4）美化环境，调节心理

屋顶花园与园林一样，给居民的生活环境带来了更多的绿色。植物组成的自然环境能调节人的神经系统，使紧张、疲劳等消极感受得到缓解和消除。

（5）提供休闲空间

屋顶花园绿化能合理地利用和分配城市上层空间，可以软化硬质建筑线条给人带来的生硬感，使城市景观更自然、更和谐、更人性化，为人们开拓更多的休闲空间（图9-13、图9-14）。

图9-13 植物栽植与硬质座椅互相融合

图9-14 木质座椅配置在植物周围

二、屋顶花园设计需遵循的原则

屋顶花园不同于一般的花园，这主要由其所在的位置和环境决定的。因此在满足其使用功能、绿化效益、园林美化的前提下，必须注意其安全和经济方面的要求

1. 总体设计原则

屋顶花园景观融建筑和绿化美化为一体，突出意境美（图9-15）。重要手段是巧妙利用主体建筑物的屋顶、平台、阳台、窗台和墙面等开辟园林场地，充分利用园林植物、微地形、水体和园林小品等造园因素，运用艺术造景法则，创造出不同使用功能和性质的园林景观。既要与主体建筑物及周围大环境保持协调一致，又要有独特的园林风格。图9-16由叠石构成有气势的景观，通过对其后方植物群落的屏障遮挡，产生若隐若现的障景效果。图9-17所示木质栅栏尺度适宜，适当作了分隔，将仅有的一处场地分隔为两个空间，视线

通透，空间设置清晰。

图 9-15　意境幽美

图 9-16　障景

2. 具体原则

（1）经济实用原则

合理、经济地利用空间环境，始终是城市规划者、建设者、管理者追求的目标。屋顶花园除满足不同的使用功能要求外，应以本土绿色植物为主，营造出多种环境气氛，以精致、有品质感的园林景观小品和新颖多变的布局，达到生态效益、环境效益和经济效益的结合（图 9-18）。

图 9-17　木质栅栏

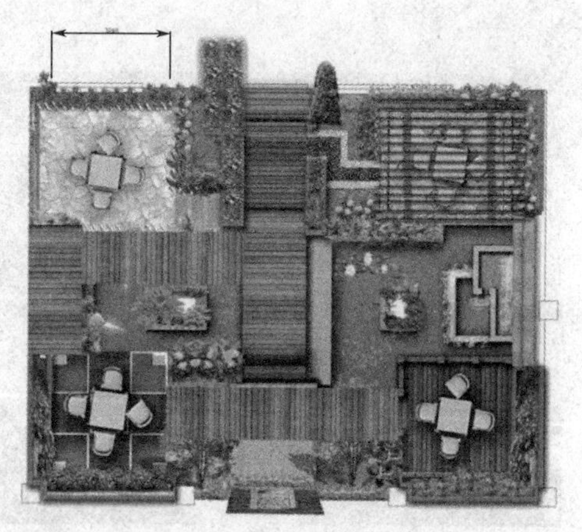

图 9-18　屋顶花园布局丰富

（2）安全科学原则

屋顶花园的载体是建筑物顶部，包括屋顶平台、露台等，必须考虑建筑物本身和人员的安全。由于与地面分隔，楼顶高空风力较强，应尽可能种植低矮乔灌木或设置扶栏。在土质疏松的条件下，要满足植物生长对光、热、水、气、养分等的需要，必须采用新技术、新材料，保证树木栽植的稳定性。此外还要注意结构承重、屋顶防水构造以及屋顶四周防护栏杆等的安全问题。如图 9-19 考虑到屋顶花园的承重性的要求，构筑物结合植物配置做镂空的铁艺处理，既有通透轻巧之感，又给植物攀爬生长提供支撑。

（3）生态环保原则

选用植物要考虑选用乡土树种，植物品种要无毒、无刺、无异味。构筑物尽量以木质等环保材料为主。同时园路、建筑、小品等各要素的位置和尺度应合理配置、适当安排、亲近自然，如图 9-20 屋顶花园地面铺装设置主要为木质铺装，体现了自然要素的和谐，给人以自然亲近的感受。

图 9-19 屋顶雕塑

图 9-20 木质铺装与木质门

(4) 注意系统性原则

规划要有系统性，以植物造景为主，尽量丰富植物种类，同时在植物的选择上不单纯为观赏，要模拟自然。选择的园林植物抗逆性、抗污性和吸污性要强，易栽易活易管护。同时以复层配置为模式，提高叶面积指数，保证较高的环境效益。

以居住建筑屋顶为例，它一般面积较小，重点应放在种草养花方面，可充分利用墙体和栏杆进行垂直绿化（图 9-21）。使用盆栽是住宅屋顶花园比较合适的方式，移动方便，可随时变化景观。用篱笆围成花坛，让原本零散的盆栽收纳成有整体感的花坛。墙面上可钉置格状的篱笆，也可采用伸缩性的攀藤架，当作盆栽吊挂区，也很具整体感。对面积较大的天台花园除了有起伏的微地形形成的植物种植区外，还可适当设置叠石、喷泉、流水浅池。小巧精美的小桥亭廊及动人的石雕、木雕（图 9-22，木质花架下构筑了木质的装饰），或古朴自然，或现代而富有内涵，再加上灯光的亮化效果，更能体现独特的韵味。

图 9-21 植物垂直绿化

图 9-22 木质花架与木质装饰

(5) 人性化原则

屋顶花园在针对具体使用人群及所处区域时，还应考虑其主要的需求、人群年龄、单位的文化内涵和氛围，以适合群体的审美情趣和欣赏水平。即使用于经营性建筑，也有某一相对固定的消费群体，因此，还要考虑个人或群体，考虑地域性气候条件以及生活习惯等的不同，要因地制宜、以人为本。

此外，在屋顶花园的设计中考虑人性化的原则时要注意，景观的构造要满足人们的可观、可坐、可交流的场地或设施需求，植物的香味要满足人们嗅觉的享受，设施的尺度满足人体工程学需求，有舒适的角度和尺度等。最重要的是让人心理上有放松的心情和开阔的心境。

任务四　屋顶花园的规划设计

一、屋顶花园要素的规划设计

1. 园林小品、构筑物

园林小品、构筑物可根据屋顶花园的位置、大小、属性等条件具体进行规划设计。若场地有限，或在私人屋顶花园中，可多设置亭、伞、座椅等遮阳休息设施；若场地空间较大，功能分区多样可增加更丰富的设施，造型可富有寓意，或成群落进行组织。

① 园林小品构筑物设计要与周围环境和建筑物本体风格相协调，适当控制尺度（图 9-23、图 9-24）。屋顶花园的小品构筑物形式大多以亭为主。

图 9-23　尺度适宜的亭子布局

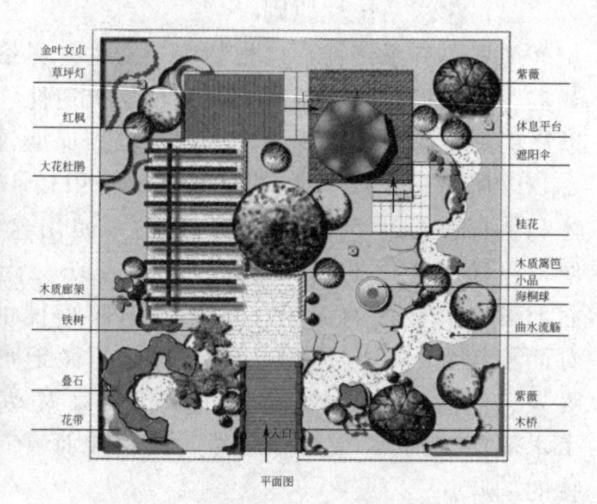

图 9-24　遮阳伞与周围要素搭配合理

② 材料选择应质轻、牢固、安全，并注意选择好建筑承重位置。

③ 与屋顶楼板的衔接和防水处理应在建筑结构设计时统一考虑，或单独做防水处理。

2. 水体设计

屋顶花园中比较常见的水体形式大多为水池，水池大多以静态形式呈现，也可以根据场地高差做小型跌水设计。屋顶花园的水体设计时要注意场地的长宽比关系、面积大小，如场地呈矩形，那么水体的总体轮廓也尽量符合场地的长宽比关系，呈条带状（图 9-25）。

屋顶花园设置水池时，应根据屋顶面积和荷载要求，确定水池的大小和水深。屋顶花园水池多是浅水池，水深一般为 30～50cm。屋顶花园水池的进水、排水、溢流、循环水等工程和地面花园水池基本相同。屋顶花园的水池建筑在结构板面、防水层和保护层的上面，一般为钢筋混凝土结构，也可采用玻璃钢等材料以减轻重量。由于水池一般是筑在平屋顶上的，所以池壁与屋顶平面形成一定高差，为了使水池和周围环境自然结合，可在池边盖架空板或填上轻质混凝土以平池岸，体现水景效果；也可结合池壁组织绿化或安置座椅。也有在水池驳岸砌景石，塑树桩、竹桩或濒临水际铺卵石滩，以增加野趣（图 9-26）。水池的荷重可根据水池面积、池壁的重量和高度进行核算。池壁重量可根据使用材料的密度计算。屋顶花园空间场地有限，因此水景的设计大多采取以小见大的手法，用缩微景观的形式体现水景的生动性与灵动性。

3. 景石

① 优先选择塑石等人工轻质材料。

② 采用天然石材要准确计算其荷重，并应根据建筑层面荷载情况，布置在楼体承重柱、梁之上。

图 9-25　水体形态与场地关系协调

图 9-26　模拟水池营造自然野趣

4. 园路铺装

屋顶花园中的园路不像其他项目如居住区、公园中的园路系统那么完善，屋顶花园中的园路大多宽度有限，且与场地铺装相结合或交叉，有时园路的表现形式为汀步或步道板。如场地空间有限，园路铺装以功能的方便可达为主；公共性的屋顶花园根据具体造景要求进行设计。此外，还要注意以下几点。

① 铺装形式应简洁大方，与建筑风格、周围环境相协调，如图 9-27 铺装有鹅卵石、青条石、黄蜡石等，体现了材质和颜色的对比，又增强了构图的形式统一感。

② 材料选择以轻型、生态、环保、防滑材质为宜。

③ 铺装的形式也要考虑既多样又统一的造景法则。如图 9-28 青石板汀步和圆形汀步分别呈现矩形和圆形的形式，但布局形式整体则呈现了弧形的排列形式和秩序，体现了多样统一的法则。

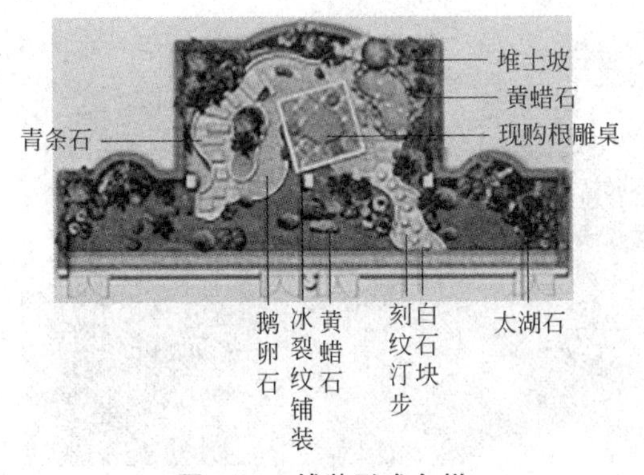

图 9-27　铺装形式多样

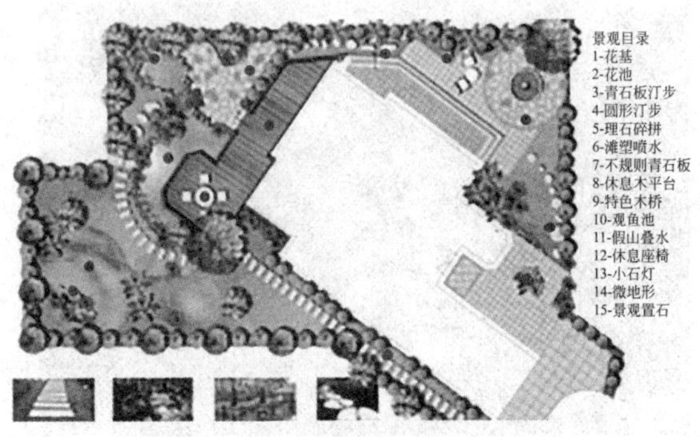

图 9-28　铺装材料多样

5. 植物

植物选择的原则如下。

① 遵循植物多样性和共生性原则，以生长特性和观赏价值相对稳定及滞尘、控温能力较强的本地常用和引种成功的植物为主。例如，铺地锦竹草（鸭跖草科锦竹草属）属多年生蔓生草本植物，喜欢温暖与潮湿的环境，耐阴性良好且易维护；蔓花生（豆科落花生属）有一定的耐阴、耐旱及耐热性，对有害气体的抗性较强，观赏性强，对土壤要求不严，且不易滋生杂草与病虫害，一般不用修剪；常夏石竹持续群体的观赏效果可达几年，观赏价值稳定；丛生福禄考第二次开花延至深秋十月仍陆续有花，观赏期长。

② 以低矮灌木、草坪、地被植物和攀缘植物为主，原则上不采用大型乔木，有条件时可以少量种植耐旱小型乔木。例如，常用的草坪与地被植物有八宝景天、结缕草、垂盆草、三叶草、扁竹根、麦冬等；常用的灌木和小乔木有小檗、紫薇、木槿、贴梗海棠、月季、玫瑰、迎春花、棣棠、石榴、山茶、杜鹃、火棘、连翘、迎春等；常用的攀缘植物有葡萄、炮

仗花、爬山虎、紫藤、凌霄、常春藤、金银花、牵牛花等。

③ 选择须根发达的植物，不宜选用根系穿刺性强的植物，防止植物根系穿透建筑防水层。例如，佛甲草无须厚基质种植，可减轻平屋面负荷，并且其根系无穿透力，不会破坏屋顶层面结构。

④ 选择易移植、耐修剪、耐粗放管理、生长缓慢的植物。例如，金银木管理粗放，病虫害少；矮生紫薇耐旱、耐盐碱、耐瘠薄，管理粗放；万年青、吉祥草、萱草等几乎无需人工管理，也可以自然越冬。

⑤ 选择抗风、耐旱、耐高温的植物。例如，黄花万年草、垂盆草、凹叶景天、金叶景天等地被植物抗旱能力强；北方常用的耐旱植物有沙地柏、铺地柏等。

⑥ 选择抗污染性强，可耐受、吸收、滞留有害气体或污染物质的植物。例如，无花果、桑树、棕榈、大叶黄杨、夹竹桃、茉莉、玫瑰、番石榴、海桐、女贞等抗污染力较强；马蹄金性喜温暖、湿润气候，不但适应性强，竞争力和侵占性强，生命力旺盛，而且具有一定的耐践踏能力，抗病、抗污染能力强；黄栌对二氧化硫有较强抗性，可以在一定地域内应用；木槿对烟尘、二氧化硫、氯气等抗性较强；月季能吸收硫化氢、氟化氢、苯、乙苯酚、乙醚等气体，对二氧化硫、二氧化氮也具有一定的抵抗能力；龟背竹与其他花卉相比，吸收二氧化碳的能力较强。

二、屋顶花园景观规划设计注意事项

① 根据场地现状（环境、建筑、结构等）进行整体规划，注意线型流畅、风格鲜明以及造景方式的处理和运用（图 9-29），可以绘制简单分析图或意向图，定出具体景观和要素。

② 根据分析图，进行景观的布置和尺度的细化，考虑景观层次的丰富性和特色性，此外还要兼顾美学艺术性，给人们提供可以纳凉、遮阳、休息、交流的空间和场所。如图 9-30 绿地边界与场地有机结合，线条或平行或呼应。

图 9-29　具有现代感的大线条处理

图 9-30　绿化边界与场地有机结合

③ 配景处理中，除在主景采用廊架、花盆、花箱等以及在点线式绿化区域或沿建筑物屋顶周边，营造气氛、烘托景观外，应在园路边、草地边界和较高的植株下布置造型独特、形状怪异的奇石等，以体现刚与柔的对比与融合。此外，有些屋顶面的落水管、排水管等与园林气氛不能统一协调，可用假石等材料将其隐蔽起来，也可用制作雕塑的手法将其装扮成树干等，以收到良好的园林景观效果。

④ 园路的设计应充分考虑到屋顶花园的整体布局、景观风格以及功能上的需求，尽可能做到宽度比例适宜、大小适宜，流畅自然，必要时与场地铺装连贯结合处理（图 9-31）。规则式布局的园路可多用直线、折线等线条处理，自然式布局的园路可多采用曲线。铺装材料的选择（图 9-32）尽可能在符合整体风格、美观的基础上使之与周围植物以及其他园林小品相协调。

⑤ 设计中要考虑景观风格的统一，竖向层次的景观效果营造还要与建筑的墙面、周边环境有协调、过渡的关系。

图 9-31 屋顶花园平面效果图

图 9-32 硬质材料的协调使用

三、屋顶花园植物景观设计

屋顶花园植物景观设计与周围环境及造景要素应紧密结合，除了考虑承重和屋顶防漏的要求外，其他总体原则可根据造景要求做到疏密有致、层次多样、主次分明，视线可开敞可遮挡。例如场地边界是规则线条或者规整线条，那么植物栽植采用行列式栽植，体现一定的规律，富有韵律；场地边界是自然式曲线，植物栽植可进行自然式、群落式栽植（图 9-33）。

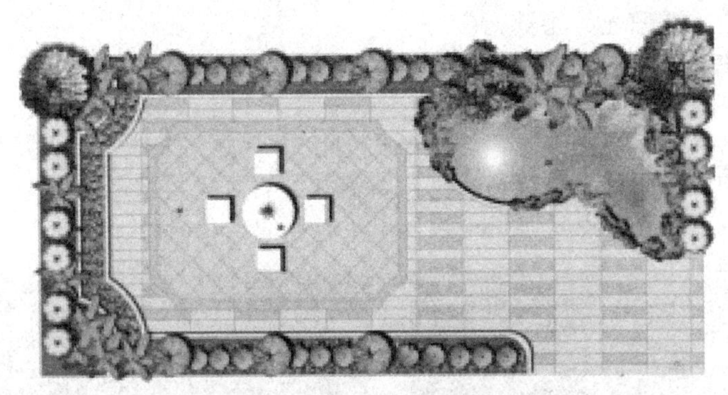

图 9-33 植物栽植形式多样（1）

屋顶花园中场地条件是决定其他景观的重要元素。如场地条件有限，不宜创造过于厚重或过多硬质元素出现的景观形式，那么可以通过植物的群落栽植和配置形式来创造丰富的层次，如图 9-34，在东北角一侧，乔木、灌木、地被植物共同组合，疏密有致，高低错落，在有限的空间创造了多向的观赏景观面，成为屋顶花园中的一处亮点景观。

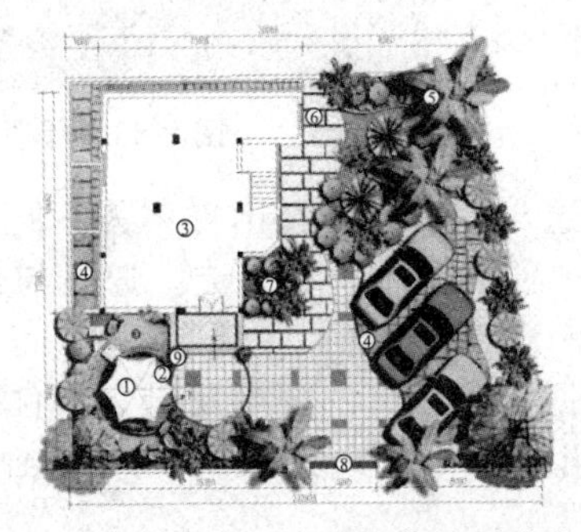

景点目录：
1-休憩遮阳伞
2-木平台
3-观鱼池
4-黄木纹嵌草
5-小雕塑
6-青石板汀步
7-花阶
8-入口
9-特色花钵

图 9-34 植物栽植形式多样（2）

1. 屋顶花园的植物栽植类型

（1）地毯式

适宜于承载能力较低的屋顶，以地被植物、草坪或低矮灌木为主进行造园，构成点状结构。土壤厚度 15～20cm，选用抗旱、抗寒能力强的攀缘或低矮植物，如地锦、紫藤、凌霄、红叶小檗、蔷薇、金银花、狭叶十大功劳、黄馨等。

(2) 群落式

适宜于承载能力较强（一般不小于400kg/m²）的屋顶，土壤厚度要求30～50cm。可选用生长相对缓慢或耐修剪的小乔木、灌木、地被植物等搭配构成立体栽植的群落，如罗汉松、紫荆、石榴、箬竹、红枫、杜鹃等。

2. 屋顶花园植物选择

屋顶花园大部分地方为全日照直射，光照强度大，植物应尽量选用阳性植物，但在某些特定的小环境中，如花架下面或靠墙边的地方，日照时间较短，可适当选用一些半阳性的植物种类，以丰富屋顶花园的植物品种。此外还可以种植攀缘花卉，在其下种植一些耐阴性花卉，或者摆设桌椅供休息用。

例如广州地区常用的有罗汉松、鸡蛋花、鱼尾葵、散尾葵、洋紫荆、米仔兰、桂花、剑麻、绿景天和台湾草等喜阳花卉。

以北京的屋顶花园为例，适合作为屋顶种植的主要有景天科植物，如佛甲草、垂盆草、费菜等，它们既耐寒又耐旱，而且蔓延很快，维护成本低。还有一些观赏草和匍匐类的香草植物也适合屋顶的浅土层种植，它们只要稍加配饰或整理，就能成为屋顶花园的一道风景，带着新鲜的色彩，充满阳光的能量。

3. 屋顶花园植物景观的考虑

适当配置廊架、花池（图9-35）、假山、景墙等，少建或不建亭、台、楼、阁等大体量设施和构筑物，各类树木、花卉、草坪等所占的比例不得低于60%～70%。如图9-36，空间场地有限，但包含了园门、小桥、特色园路铺装、石灯笼等造景元素，丰富了景观层次，增加了软硬材质的对比，让咫尺小场地焕发出了较深的景观内涵。

图9-35　种植池设置到承重墙上

图9-36　屋顶花园咫尺天地

① 屋顶花园中乔灌木应是主体，这与地面园林突出群体美不同，其种植形式以矮灌木丛植、中乔木孤植为主。丛植就是将多种乔灌木种在一起，通过树种不同及高低错落的搭配，利用其形态和季相的变化，形成富于变化的造型，营造意境，引起人们共鸣。

② 花坛、花台的植物应用　可根据屋顶花园的环境及景观条件建花坛、花台。花坛采用方形、圆形、长方形、双菱形、梅花形等各种线性轮廓，可用单独或连续带状，也可用成群组合类型强调群落效果。

③ 巧设花境及草坪　以绿篱、树丛、矮墙或一些构筑物小品作背景的带状自然式花卉配置。根据屋顶环境的具体地段不同，花境的边缘可采用自然曲线，也可以采用直线，而各种花卉的配植多采用自然混交。草坪种植不宜单独成景，而是以“见缝插绿”或在丛植、孤植乔灌木下进行屋面铺设，起到点缀装饰的作用。

④ 注重实现四季花卉的应用　花灌木是建造屋顶花园的主体，应尽量实现四季花卉的

搭配。如春天的榆叶梅、迎春花、栀子花、樱花、贴梗海棠；夏天的紫薇、夏鹃、含笑、石榴；秋天的海棠、菊花、桂花；冬天的腊梅、茶花。

⑤ 根据季相变化选择植物　除了考虑花卉的四季搭配外，还要根据季相变化进行树木的选择，视生长条件可选择龙柏、龙爪槐、竹类等常绿植物；多运用观赏价值高、有寓意的树种，如枝叶秀美、叶色红色的鸡爪槭、红叶石楠，飘逸典雅的苏铁，枝叶婆娑的丛竹。

⑥ 镶边植物的配植　在花坛周围或乔木、灌木之下，栽一些镶边植物能增添趣味性，同时也充分利用了坛边地角，镶边植物可用麦冬、扁竹叶、小叶女贞、太阳花等，这样可以避免产生底层、边角效果，少留裸土或者空白。

⑦ 墙面绿化的处理　通常利用有卷须、钩刺等吸附、缠绕、攀缘性植物，使其在各种垂直墙面上快速生长。爬山虎、紫藤、常春藤、凌霄及爬行卫茅等攀缘植物价廉物美，有一定观赏性。也可选用其他花草、植物垂吊墙面。

⑧ 草坪和蕨类的搭配　是在屋顶花园中采用最广泛的地被植物品种。如矮化龙柏及仙人掌科植物，各种草皮如高羊毛草、吉祥草、麦冬、葱兰、马蹄金、美女樱、遍地黄金、马缨丹、红绿草、凤尾珍珠等。

⑨ 绿篱植物的选择　是种植区边缘、雕塑喷泉的背景或景点分界处常栽种的植物。绿篱使种植区处于有组织的安全环境中，同时可作为独立景点的衬托。

【设计案例】

设计案例一　香港旺角屋顶花园

此项目是在香港最繁华的旺角街区打造的对公众开放的会所屋顶花园（图 9-37）。该会

图 9-37　香港旺角屋顶花园

所是香港本土新世界发展有限公司开发的居住项目，项目位于香港建筑密度最高的街区，建筑师希望这个建筑可以让人们在一个生机勃勃、充满收获的社区中享受生活，通过在公共会所和建筑顶层室外花园休闲的方式使人们逃脱城市的压力。

旺角街道拥挤狭窄，设计师打破一般会所的做法，打造了一个开放的、可转换的公共空间，也给这种密集国际化都市中的居住建筑设计带来新的启发。一个很大的室外楼梯连接俱乐部和屋顶花园，在这里可以野餐和烧烤。楼梯的下方是居住空间，上方是花园，每周五晚成为一个室外电影院，可以欣赏夜空中的星星。

设计案例二　科罗拉多某屋顶花园设计

此项目是建筑在屋顶上的特殊花园（图 9-38～图 9-41），它兼具环保和创新的双重意义。花园里汇集了生命力顽强的植物种类，几乎覆盖屋顶 2/3 的面积，所呈现出来的高山草甸景象美景胜过了周围的山坡自然景观。

图 9-38　错落设置的屋顶花园

图 9-39　搭配精致的低矮草本植物

图 9-40　搭配精致的高秸类型草本植物

图 9-41　花草结合的植物配置

设计中所有平顶部分铺满了植物和石子，这块抬升起来的绿地像嵌在半岛上花开遍野的野山草甸，与房子周围的绿色山坡连接成片，伸向远方。屋顶绿地在一段时间的养护之后，形成了独立的生态循环系统，在家庭节约能源方面做出了巨大的贡献。

耐热耐旱的多年生植物生长在屋顶上，制造出富于色彩变化的效果，日常的座椅为了安全起见，往往放在远离屋顶边缘的位置。土壤之下埋藏着滴灌管路，确保植物时刻生机盎然，消除干燥带来的火灾隐患。

黄色的蓍草、蓝色的猫薄荷、紫色的景天属植物，都属于多彩、生命力顽强又低维护成本的植物种类，适合生长在屋顶及其他条件艰苦的环境。

屋顶的景观风格采用野趣外加层叠的展现手法，利用生长缓慢的绒毛百里香和景天苗芽勾勒行步道和青石板缝隙，高一些的植物则以一种轻松而自然的方式环绕屋顶周边。即便是在科罗拉多的山谷地带，屋顶土壤温度也会很高，基本上在40℃以上，因此只选用最顽强的植物，它们不但要高度耐旱，而且要能耐受反射光。当夏季毒辣的太阳落山后，屋顶上会变得凉快许多。

石头铺制的边沿防止尘土飘落到建筑外墙或下面的露台上，也起到防火隔离带的作用。

建造屋顶绿地，种植裸根植物，种植土经过一定的配比，含有沙子、蛭石和沙砾，这些都是很好找的材料，而且种植土的重量远小于屋顶的承重限制。

设计案例三　大庆市某商业区屋顶花园设计

1. 项目概况及现状分析

本设计为黑龙江省大庆市某商业区商业服务屋顶花园景观设计。场地受建筑屋顶的影响为不规则形，建设面积约200m^2，由小品、铺装、植物等多种造景元素组成。

大庆市地处北温带大陆性季风气候区，冬季受大陆冷高压控制影响，盛行偏北风，寒冷少雪，热量严重匮乏；夏季受副热带海洋气团影响，盛行偏南风，夏季前期干热，后期降水集中且变率大，时有旱涝；春秋两季为过渡季节，春季冷暖多变，干旱多风，水资源严重匮乏；秋季多寒潮，降温急剧，春温高于秋温，春雨少于秋雨。全年无霜期较短。雨热同季，有利于农作物和牧草生长。

2. 设计依据

本设计根据《中华人民共和国城市规划法》《城市绿化规划建设指标的规定》等国家及地方相关的法规、规定、规范设计。

3. 设计原则

（1）以人为本

该屋顶花园作为重要的公共活动场所，在设计时本着“以人为本”的原则，充分考虑了人们的多维感觉。同时，花园内的休憩、公用设施，诸如亭、坐凳以及各式灯具等均以人性化设计为本，兼顾功能与美观，体现了绿色生态的现代化要求。

（2）生态原则

充分考虑大庆的气候特征，并评估周边地区环境特征，实现人与自然、屋顶花园和地域环境的和谐共生。贯彻生态设计的原则，从生态保护、改善居住生态环境、屋顶生态环境入手进行规划设计。

（3）景色概要

此屋顶花园主要作为一个公共交流休闲区，设计上要求大气、清新、简洁，有时代感和创新性。

（4）贯彻特色的原则

充分利用屋顶这一特色环境，利用景观的大线条处理和艺术性、功能性的统一，突出了造景的新意。

（5）可操作性及经济性的原则

利用有限的空间结合植物景观等各种景观要素，不仅能改善人们的生活质量，而且可节约大量的硬质景观的资金。

具体设计效果见图 9-42。

(a)

(b)

图 9-42　大庆市某商业区屋顶花园效果图

4. 设计构思

屋顶花园环境设计，力求突破现存模式，以大容量、多层次、高素质的环境空间包装恰当面积的休闲空间，创建园林式、环保型、可持续发展的示范性屋顶花园，力求全方位提升整个商业区的文化品位，渲染其独特的景观个性。

突出人性化的设计思想，以人为本，最终目的都是让工作中忙碌的人们在有限的时间和空间内更多地接触自然，因为人离不开自然，亲近自然是人内心本能的渴望，而自然的最佳体现就是水与绿色，这也正是屋顶花园的设计初衷。拒绝一味讲求自然的园林，极力注入人文的色彩，这样景观才有品位，生活才真正鲜活起来。

在材质的运用上主要以木结构为主，其原因是为了减轻其自身的重量。此屋顶花园的道路、场地、种植池大多是木质结构，但为了打破全部木质带来的单调感，将其中的部分场地作硬质铺装，线条自由、流畅、大气。

在植物选择上，固定种植和盆花、盆景相辅相成，变化丰富，给屋顶增添了很多自然的野趣和氛围。

5. 植物配置

本屋顶花园的设计是某商业区办公楼的屋顶，因此屋顶花园的设计就要充分营造浓郁的商业文化氛围，培养积极的生态观念，充分考虑冬天的景色，确保四季有景可观、有景可游。

在植物的种植方面充分考虑到屋顶花园的气候特点，只种植了一些芍药等植物和月季、郁金香等宿根花卉，此外还有一些小型灌木植物。

总之，在植物景观设计上合理运用草本植物相互搭配，构筑适宜的交流空间。用四季植物造景做到三季有花、四季有景。通过艺术手法，充分发挥植物的形体、线条、色彩等自然美来创作植物景观。

【调研实习】

1. 实习要求

(1) 选择当地有特色的屋顶花园进行实地考察。

(2) 考察目的

通过本次屋顶花园参观实习主要达到以下几个目的：

第一，将屋顶花园规划设计原则与造景艺术法则相结合，进一步认识屋顶花园的布局原则。

第二，通过参观实习，了解屋顶花园所处的位置，分析屋顶花园在城市中的作用以及屋顶花园与周围其他城市功能空间的协调关系。

第三，通过本次实习，熟悉屋顶花园一些相关规范资料数据，学会将相应规范标准应用到屋顶花园规划设计中。

(3) 考察内容

通过本次实习主要熟悉以下方面的内容：

第一，熟悉屋顶花园的分类与景观构成。掌握不同类型屋顶花园的造景形式有哪些区别。

第二，熟悉屋顶花园的功能设施。例如公共屋顶花园主要包括的公共服务设施种类、分级、服务半径和规划布置等。

(4) 撰写实习报告

实　习　报　告	
实习地点	
实习时间	
实习目的	(结合考察地点实际来写)
计划内容	
实地考察内容	(结合考察地点入口、道路、特殊植物选择、地形、防水层的设计、建筑小品、空间设计、功能分区等来写)
实习收获	

2. 评价标准

序号	考核内容	分值	得分
1	方案完整、合理	20	
2	任务过程操作规范	10	
3	效果表现	20	
4	景观要素配置组合适宜	20	

续表

序号	考核内容	分值	得分
5	景观层次丰富	10	
6	植物配置合理	10	
7	项目汇报(文本、ppt及汇报的表达能力)	10	
合计		100	

【抄绘实训】

1. 抄绘内容

澳大利亚某屋顶花园项目：该屋顶花园中有规则线条的建筑及平台设计，也有自然曲线的空间边界处理，设计元素多样，要素巧妙搭配，同时也形成了色彩、材质的对比，空间竖向清晰，层次合理，功能多样。在抄绘的过程中，会对场地、要素的功能和设计有更为深刻的理解。

2. 要求

按照给定效果图（图9-43）画出屋顶花园的平面，体会构图原则及造景法则，理解空间和场地的过渡、融合。掌握设计与功能使用之间真正的合理关系。

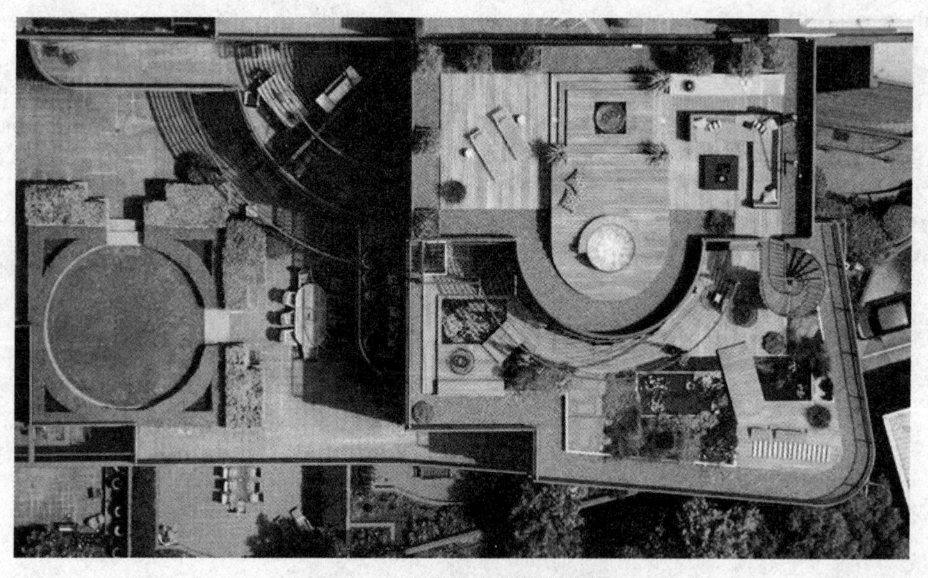

图9-43 澳大利亚某屋顶花园

3. 评价标准

序号	考核内容	考核要点	分值	得分
1	线条	线条流畅、有力度	10	
2	布局	平面布局比例恰当,尺度合理	20	
3	总平面表现	抄绘细节丰富,从抄绘中理解设计内涵	20	
		抄绘设计方案结构完整	20	
4	整体效果	能够完整地传达原设计的意图	30	
合计			100	

【设计实训】

屋顶花园规划设计

1. 实训目的

通过对屋顶花园简单的设计练习，使学生掌握屋顶花园设计的基础知识，包括屋顶花园的功能、特点、设计原则等，并能够进行简单的屋顶花园设计。

(1) 屋顶花园概况

设计范围如图 9-44 所示，地块位于哈尔滨市某别墅小区屋顶，门窗位置、尺度明确，其他无特殊要求。造景要素和景观品质要注重与别墅小区的风格、定位相符合。

(2) 设计要求

根据景观设计方案合理安排造景要素。要求尽量融入景观要素，给人们休闲、交流提供场地和设施，体现出一定的造景方法，科学、安全。

(3) 图纸要求

① 总平面图 1 张，1∶500；

② 立面图 2 张，1∶500；

③ 局部景观效果图最少 3 张；

④ 附设计说明；

⑤ A1 图纸。

(4) 现状图

见图 9-44。

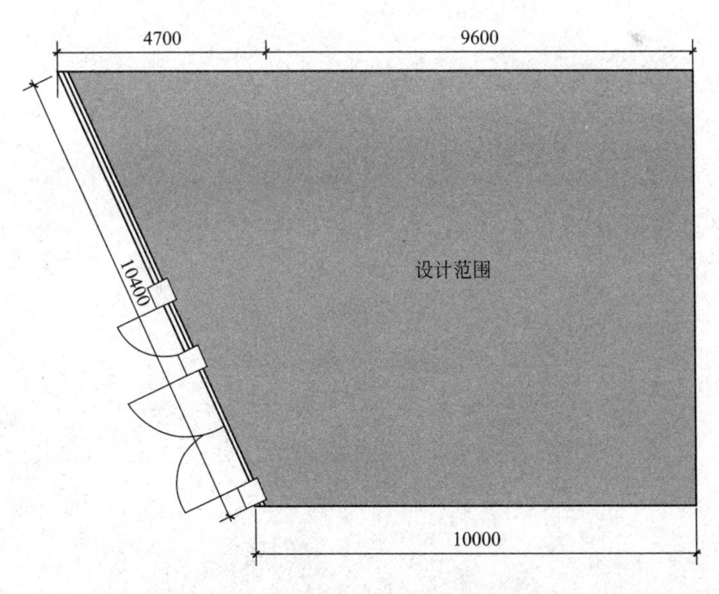

图 9-44 屋顶花园现状图（单位：mm）

2. 评价标准

序号	考核内容	考核要点	分值	得分
1	线条	线条运用熟练、流畅	10	

续表

序号	考核内容	考核要点	分值	得分
2	布局	平面布局合理	10	
		空间尺度合理	10	
3	总平面表现	空间形式丰富	20	
		内容充实，方案完整	20	
4	整体效果	能够很好地表达设计主题	30	
合计			100	

【复习思考】

1. 简述屋顶花园的作用。
2. 简述屋顶花园的景观设计中包括哪些景观要素。
3. 简述屋顶花园的设计原则。
4. 简述屋顶花园设计中的植物景观设计原则和方法。
5. 简述屋顶花园设计中要注意哪些施工技术因素。

项目十

平面图抄绘案例

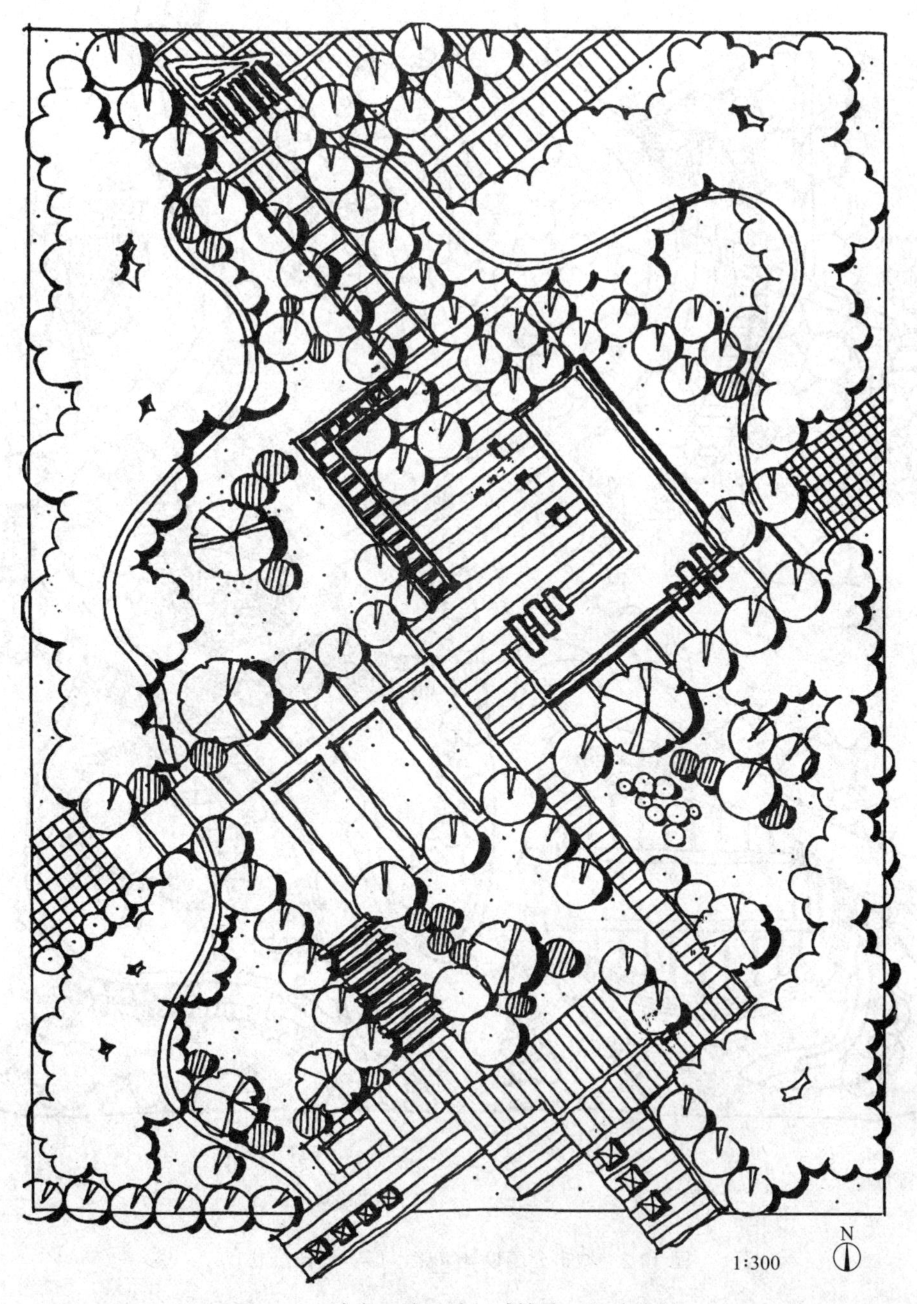

图 10-1 城市绿地设计（臧博靖 设计绘制）

图 10-2 城市公园设计（张彤彤 设计绘制）

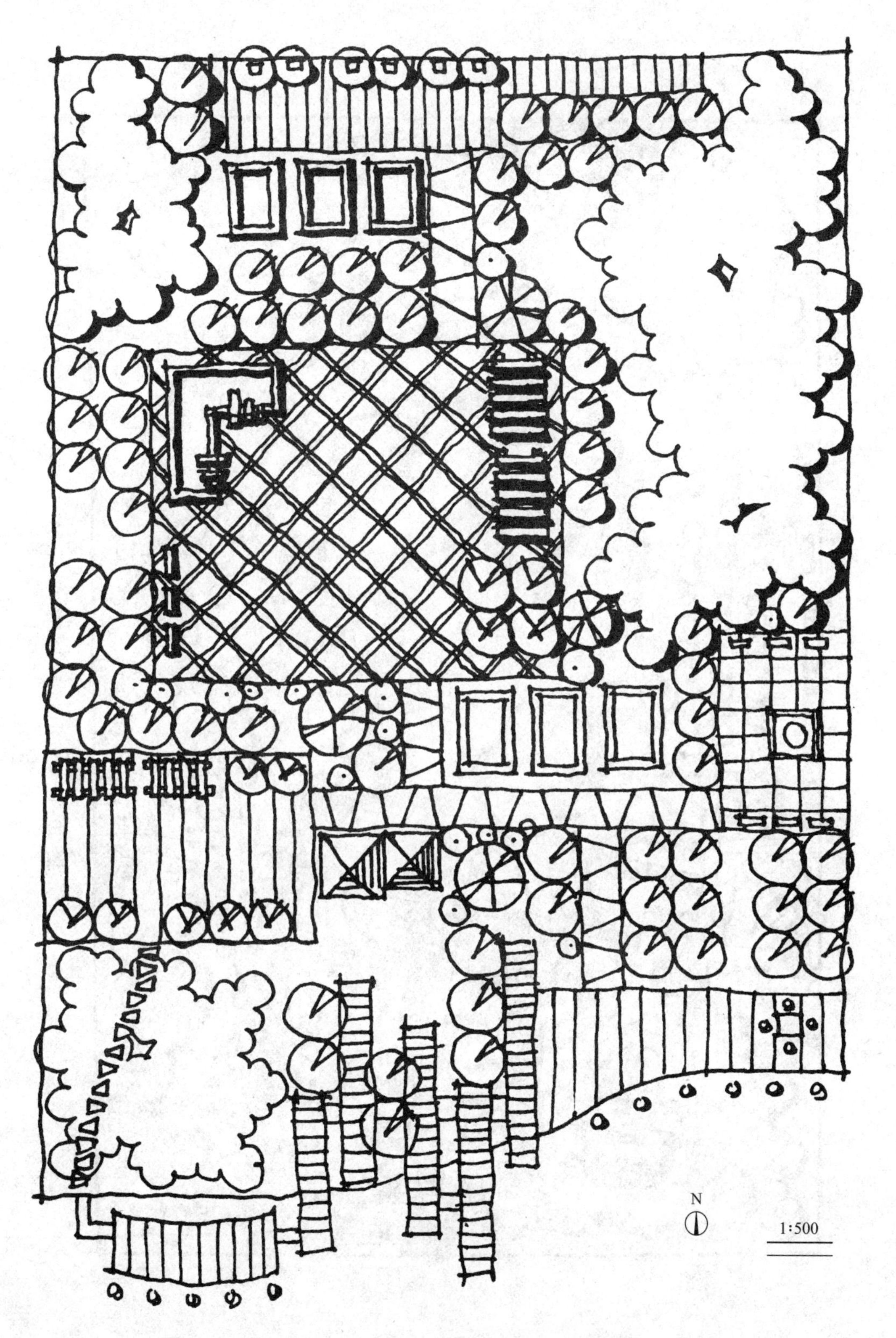

图 10-3 城市街头绿地设计（臧博靖 设计绘制）

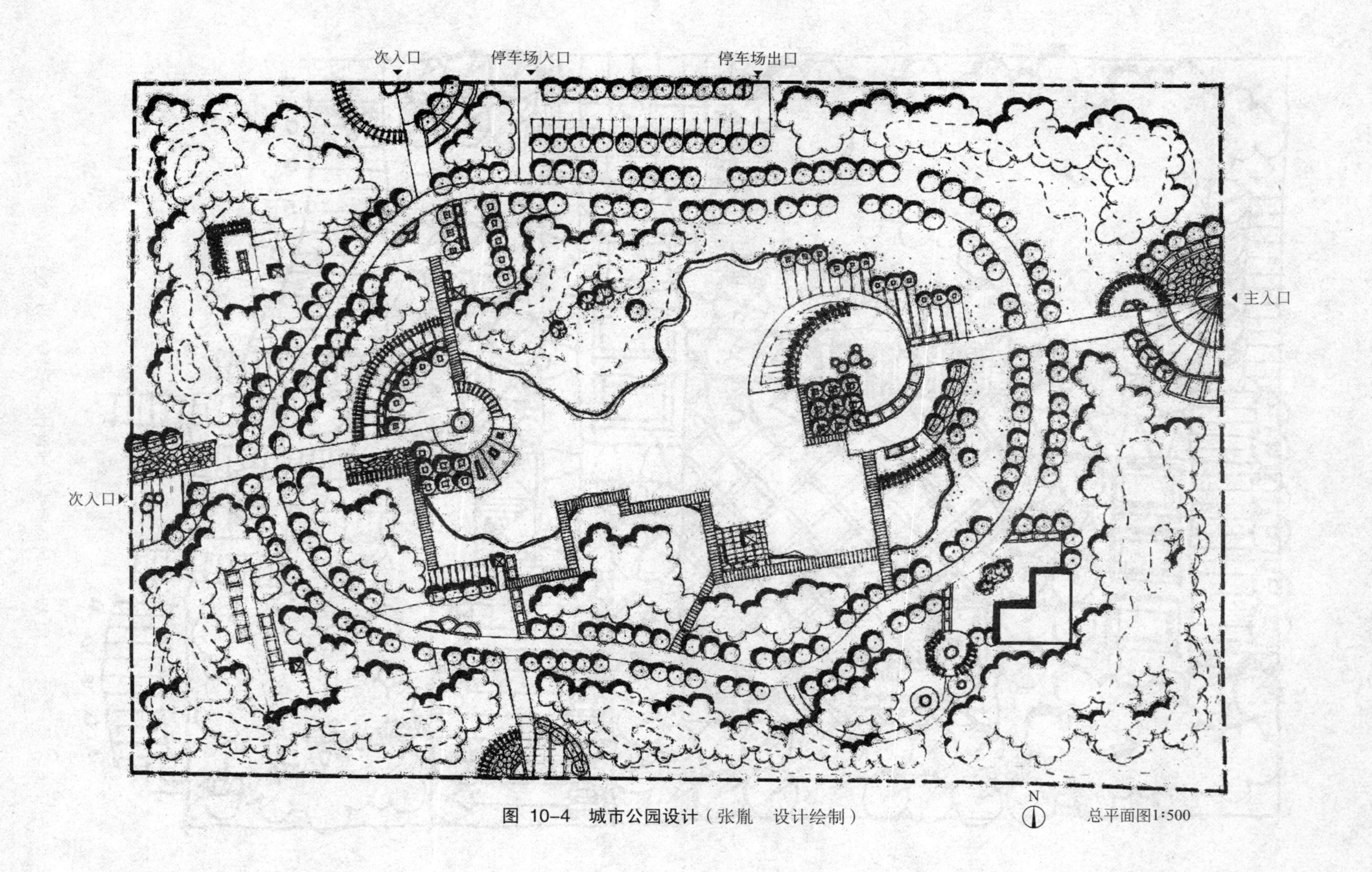

图 10-4 城市公园设计（张胤 设计绘制）

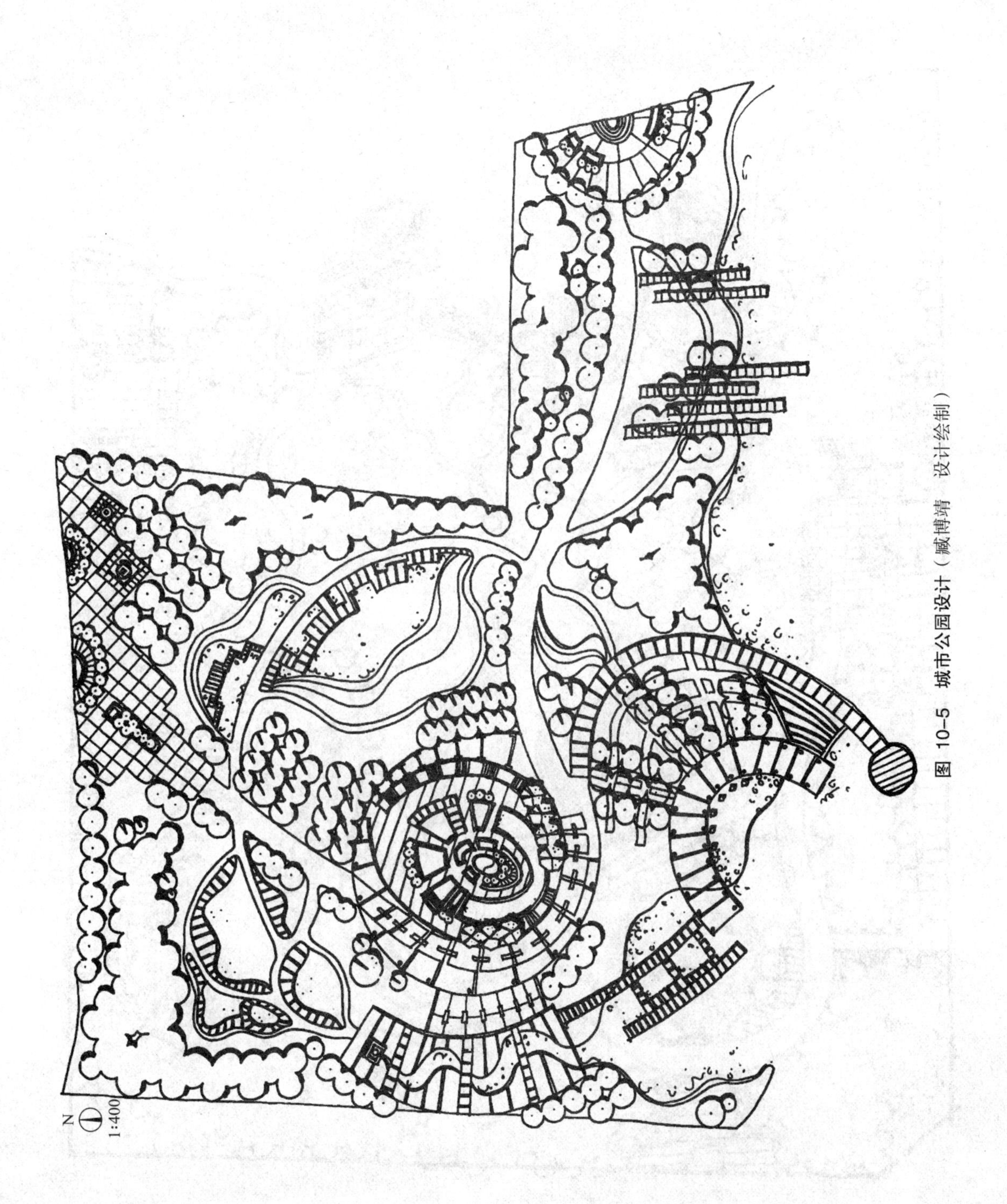

图 10-5 城市公园设计（臧博靖 设计绘制）

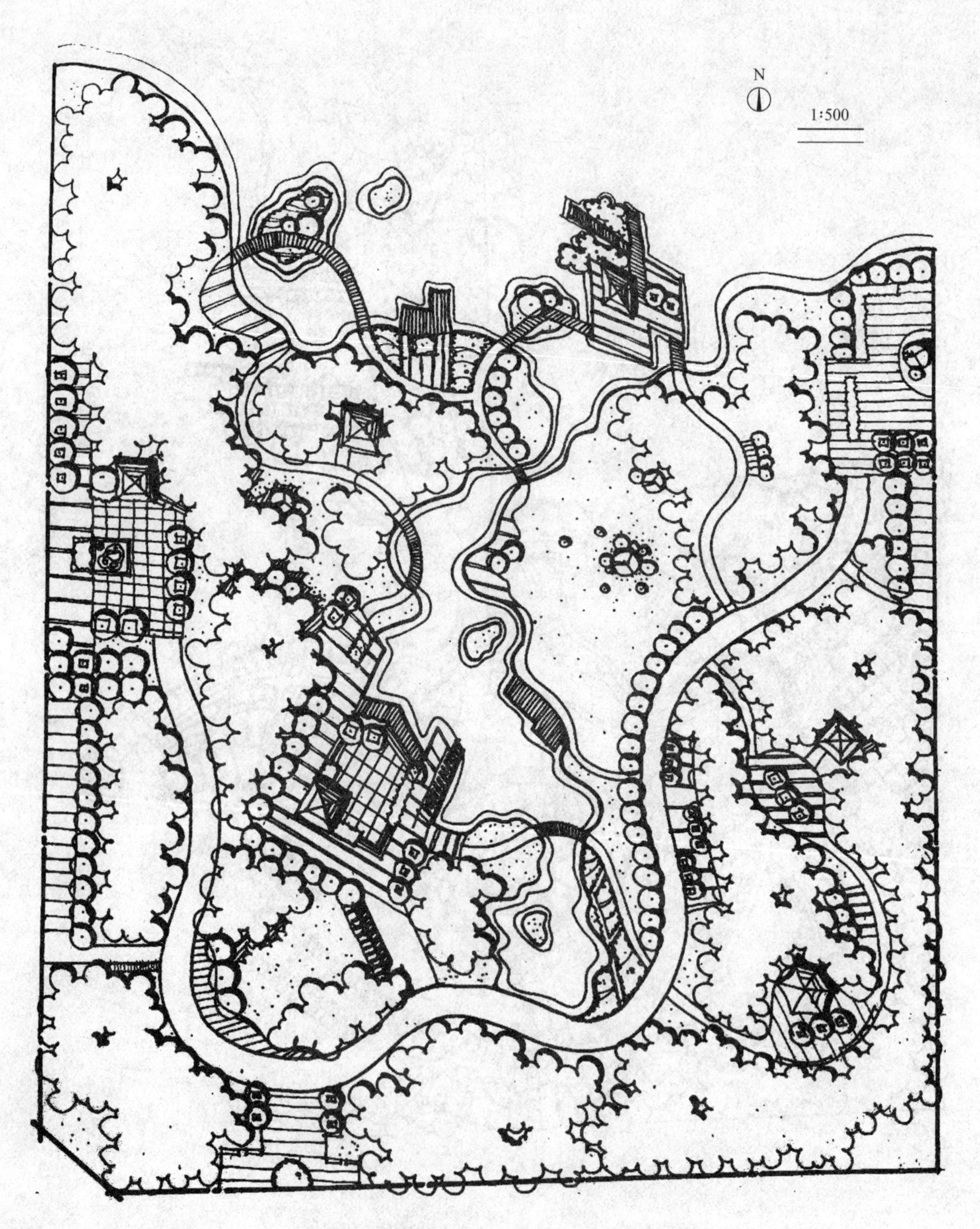

图 10-6　滨水绿地设计（郎抒衡　设计绘制）

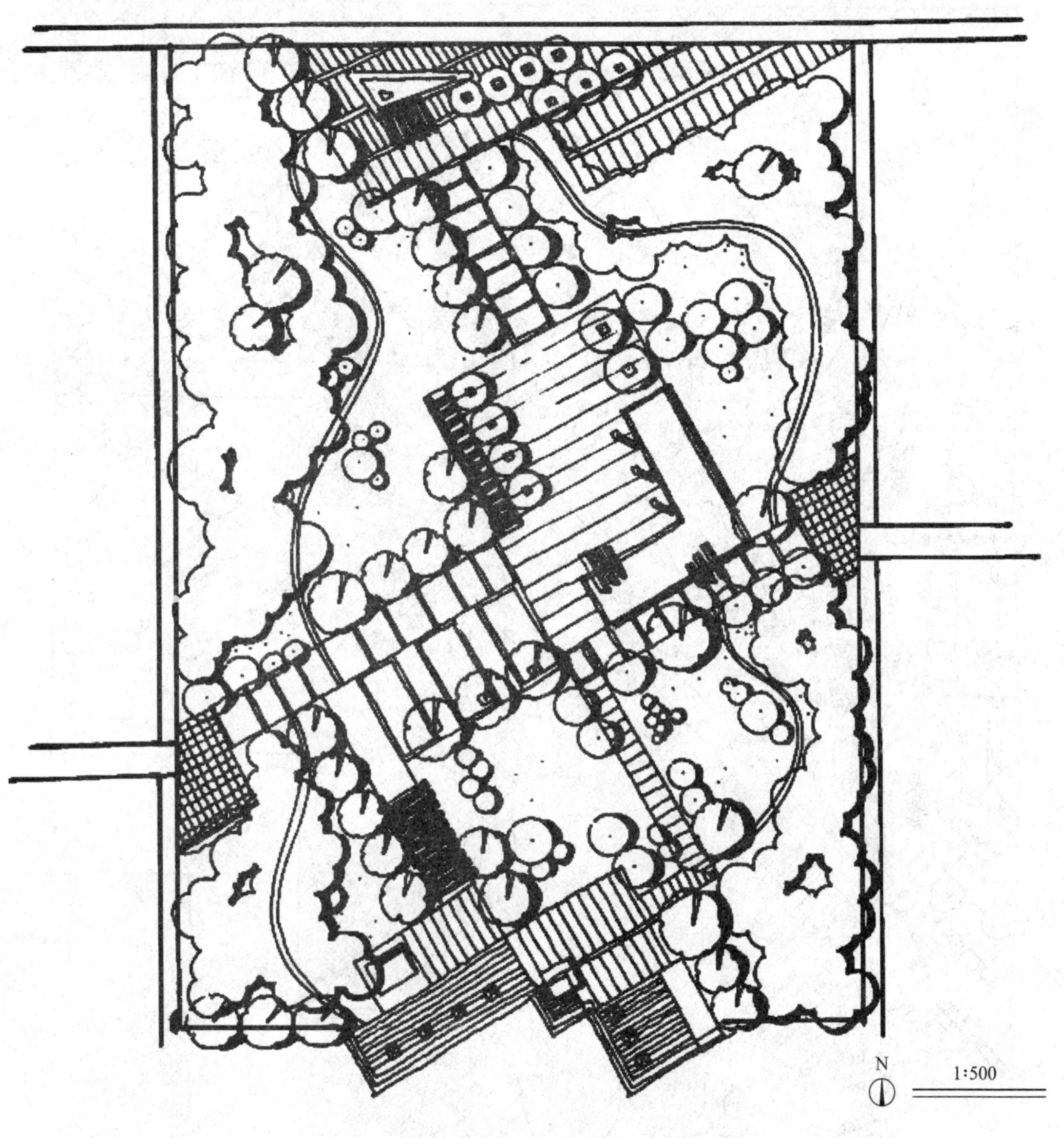

图 10-7 办公绿地设计（臧博靖 设计绘制）

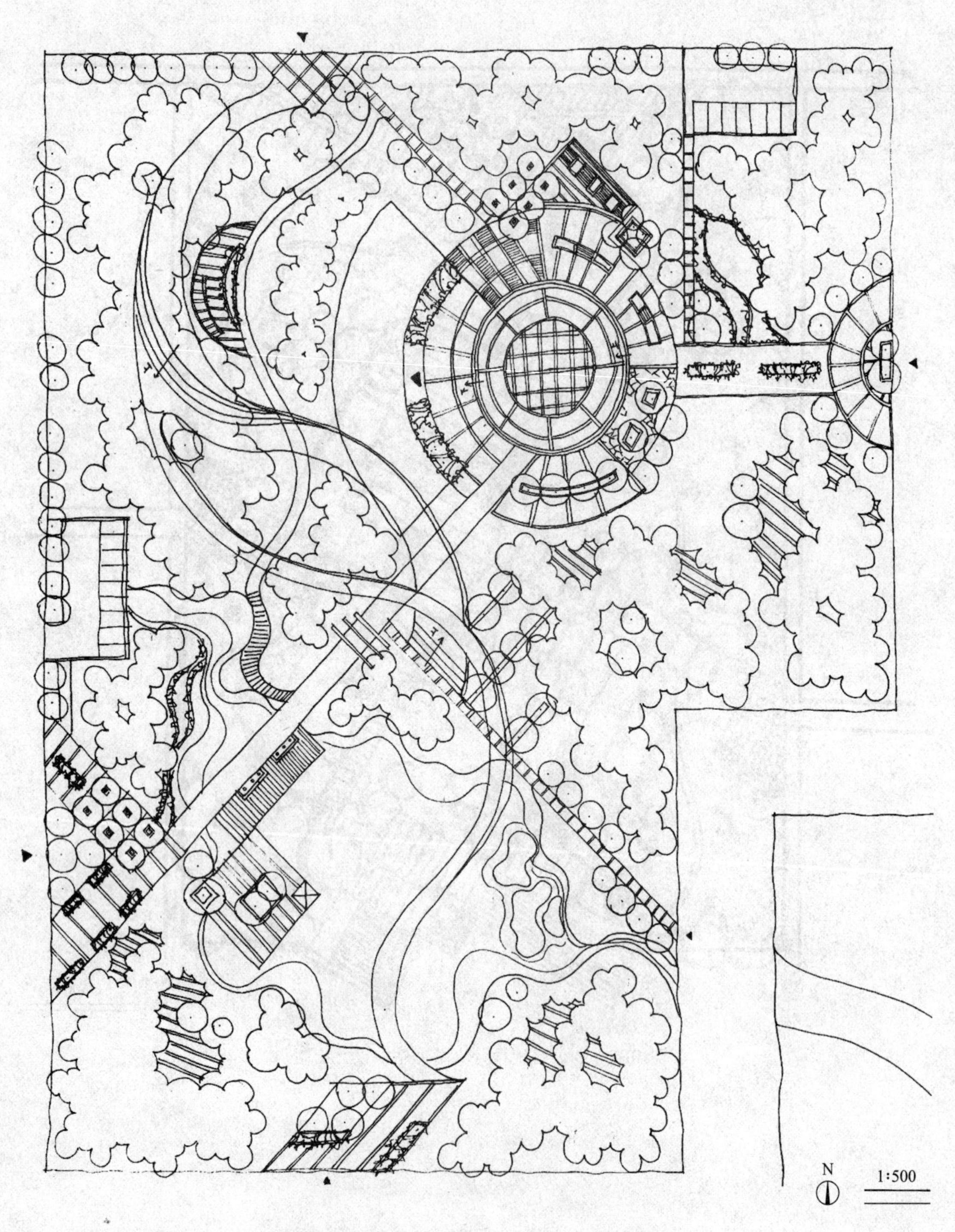

图 10-8　城市街头绿地设计（文婧　设计绘制）

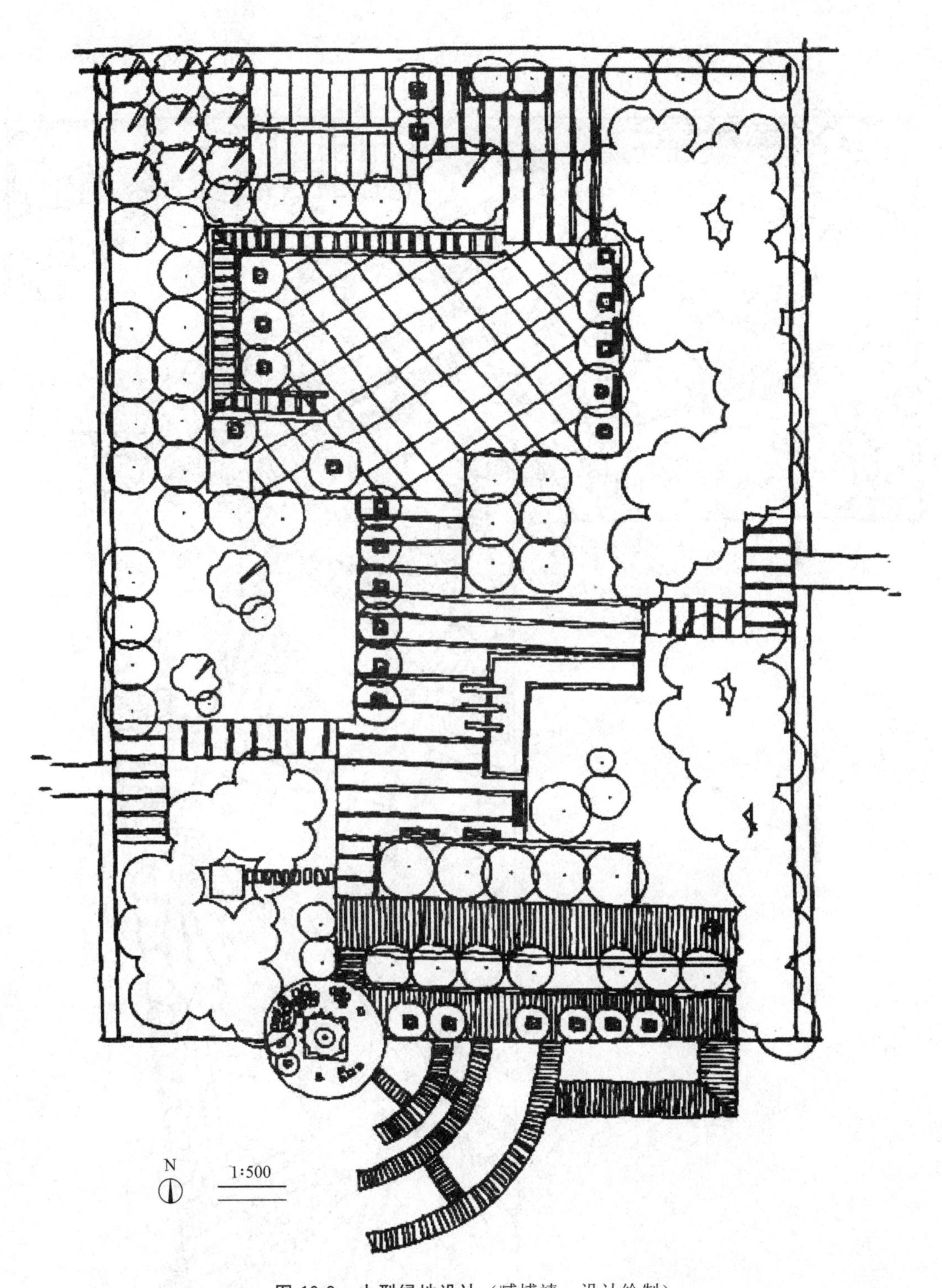

图 10-9　小型绿地设计（臧博靖　设计绘制）

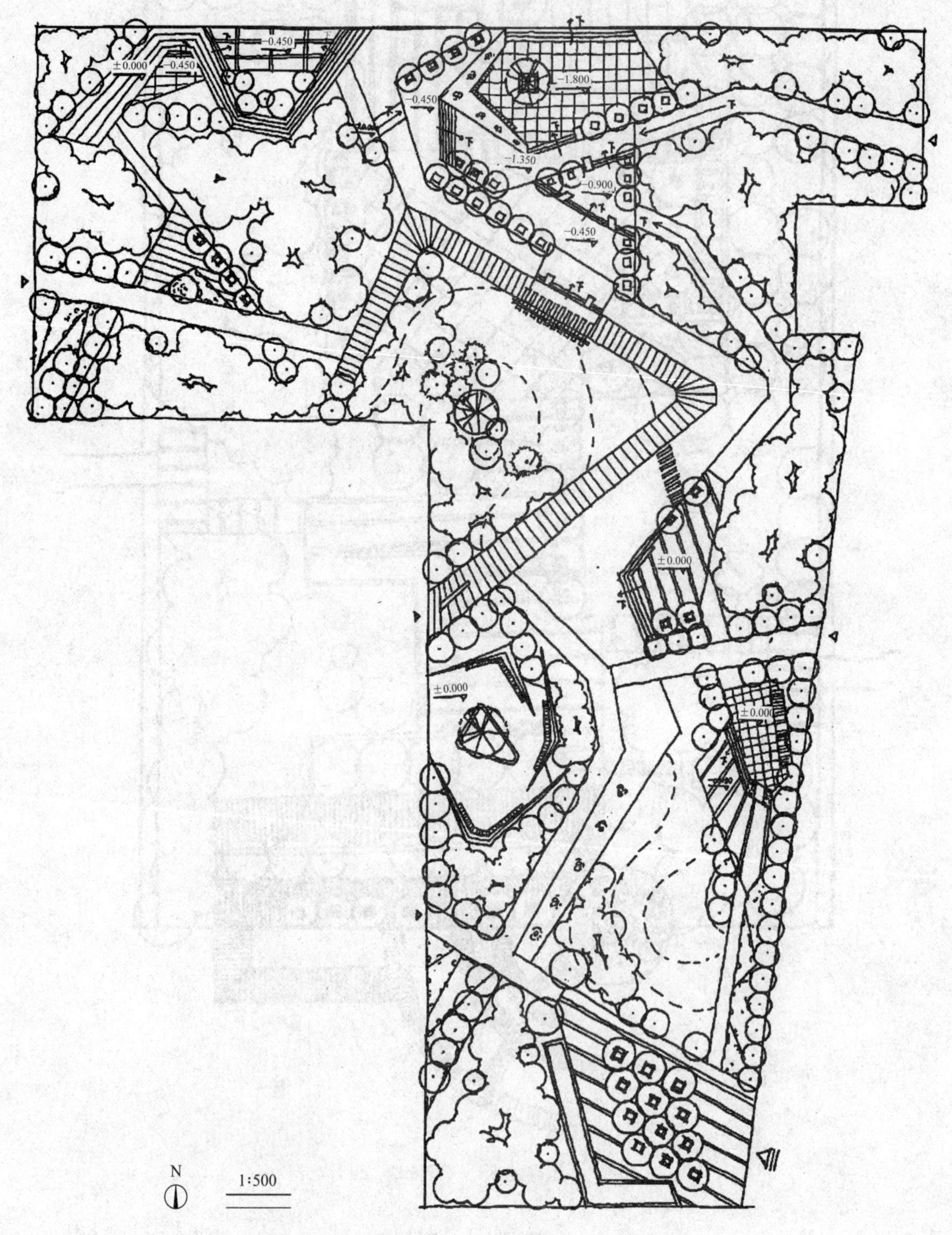

图 10-10　城市公园设计（李淑珍　设计绘制）

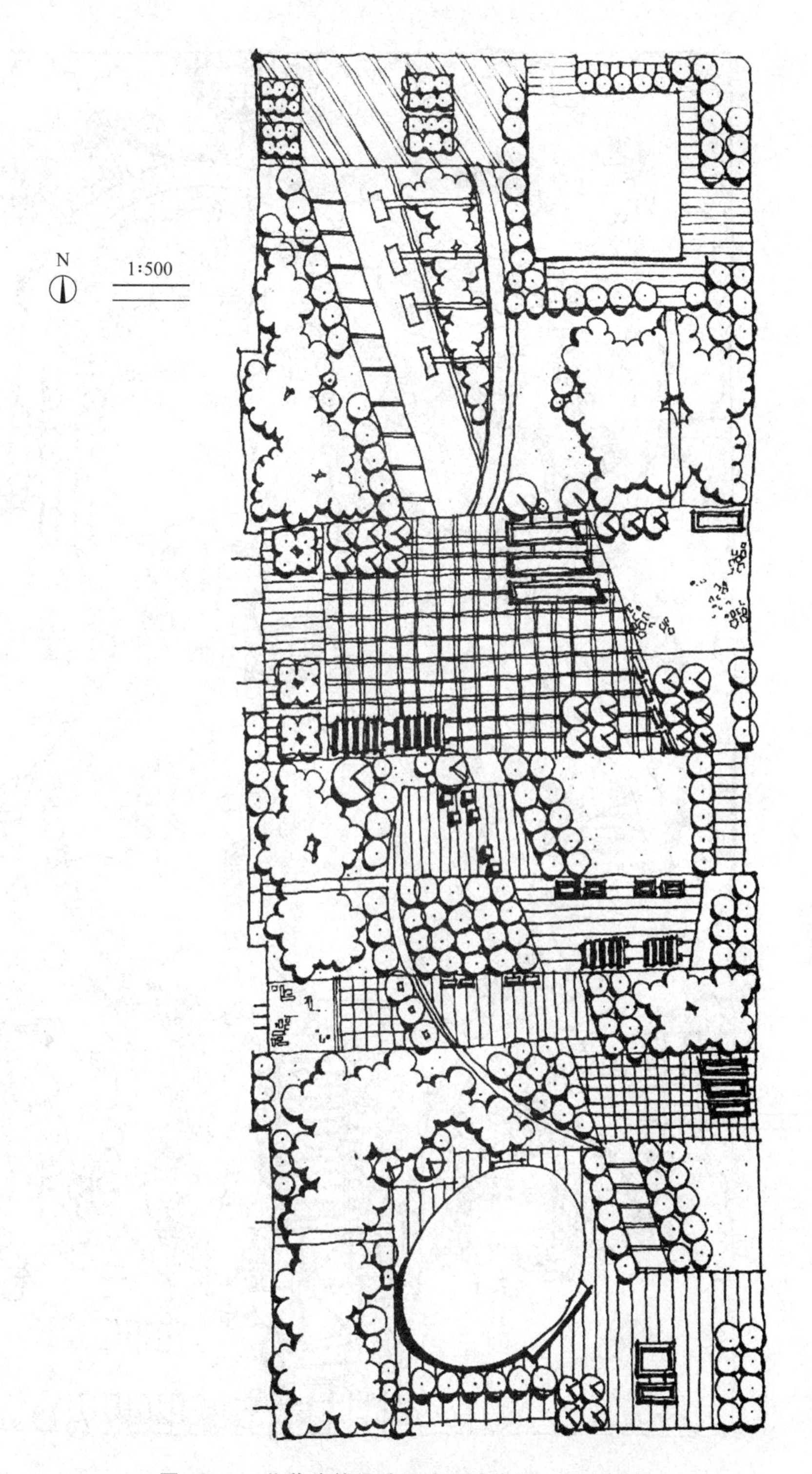

图 10-11　公共建筑绿地设计（臧博靖　设计绘制）

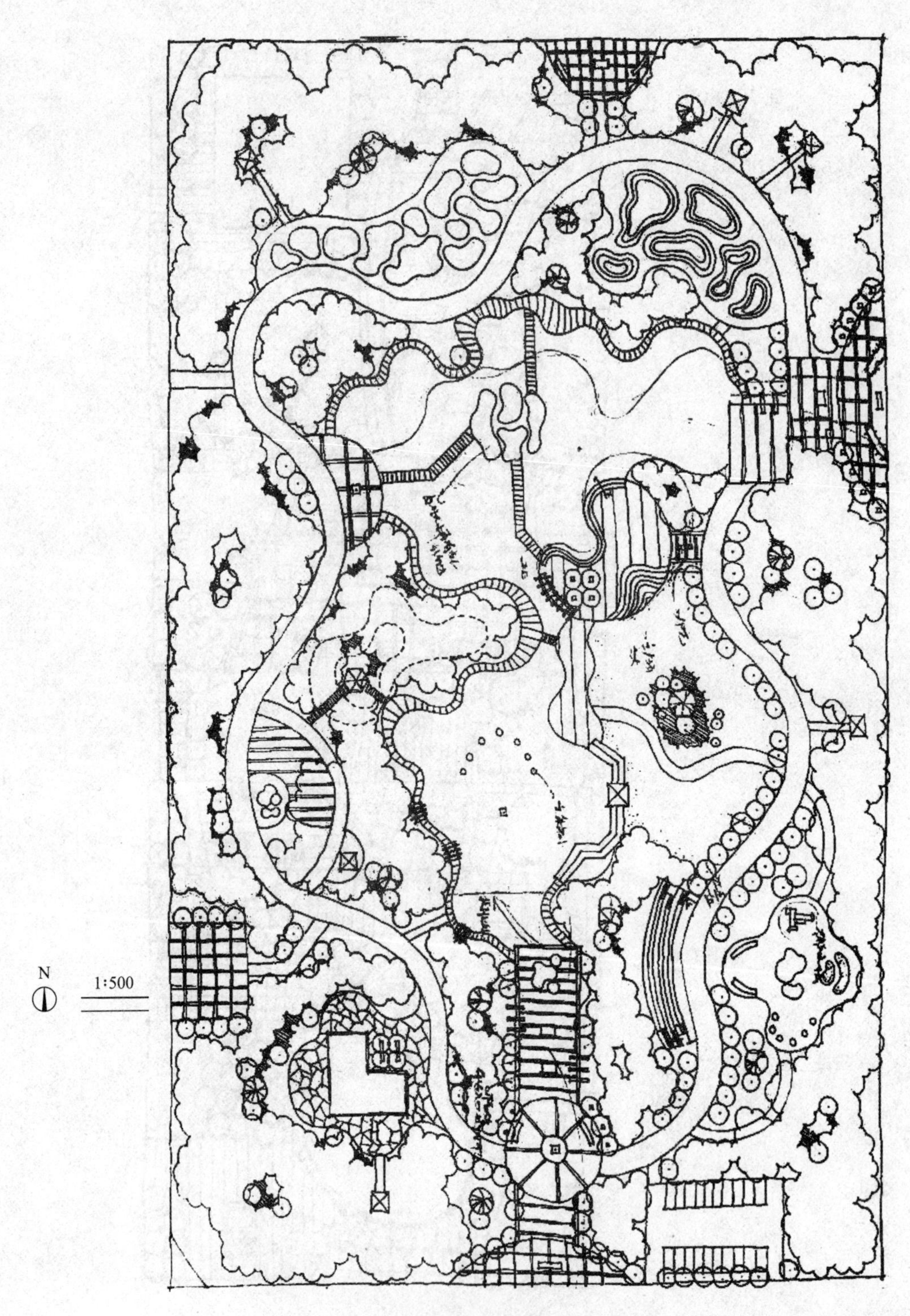

图 10-12　城市公园改造设计（刘录　设计绘制）

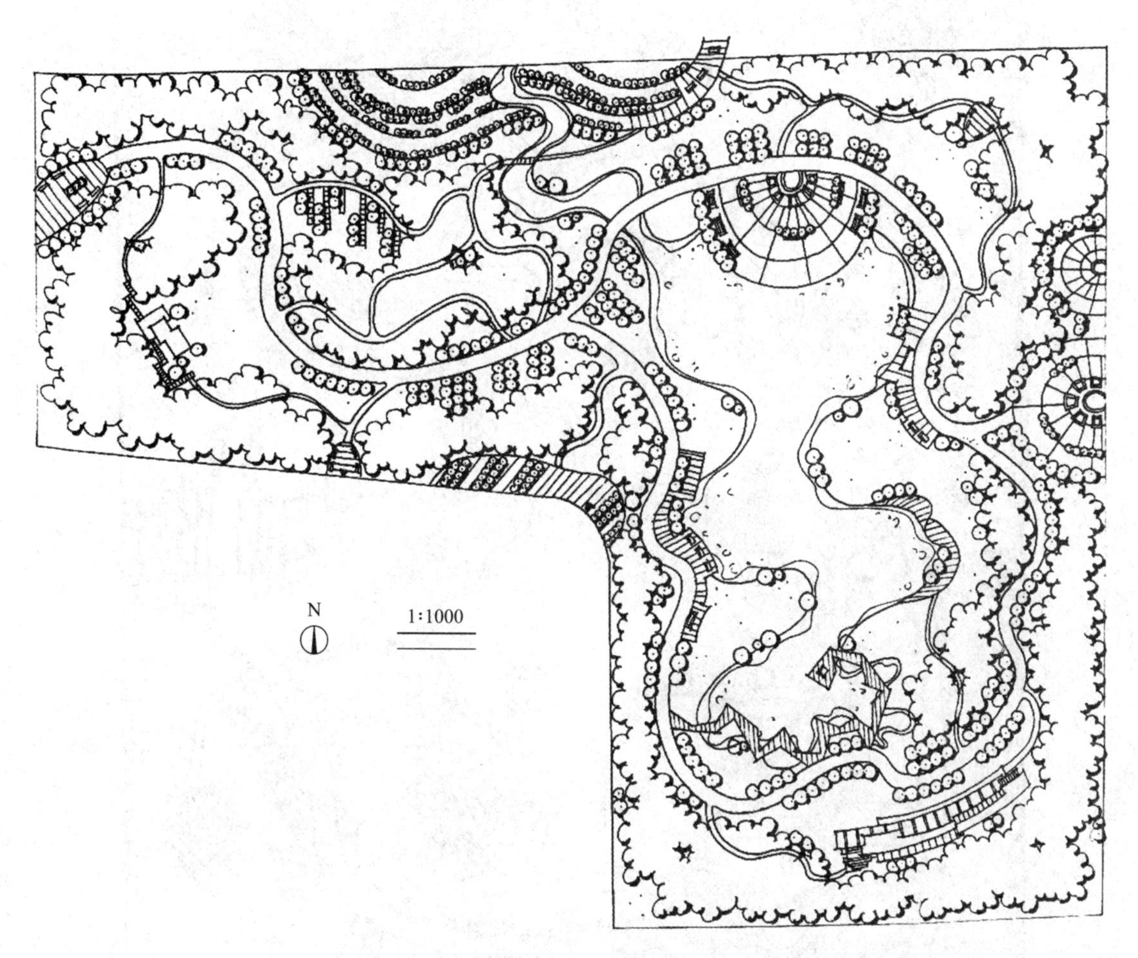

图 10-13　公园设计（臧博靖　设计绘制）

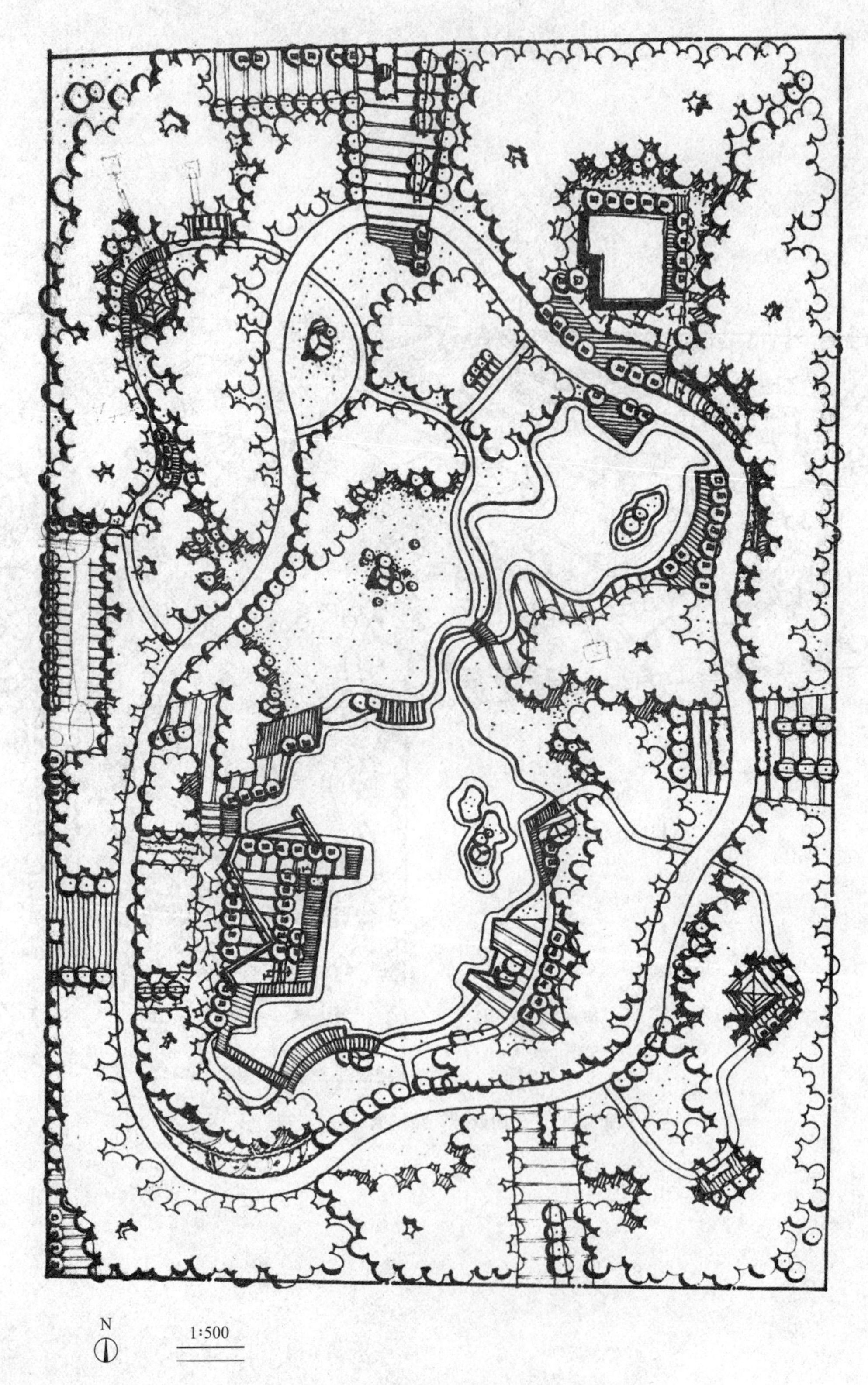

图 10-14　城市公园设计（郎抒衡　设计绘制）

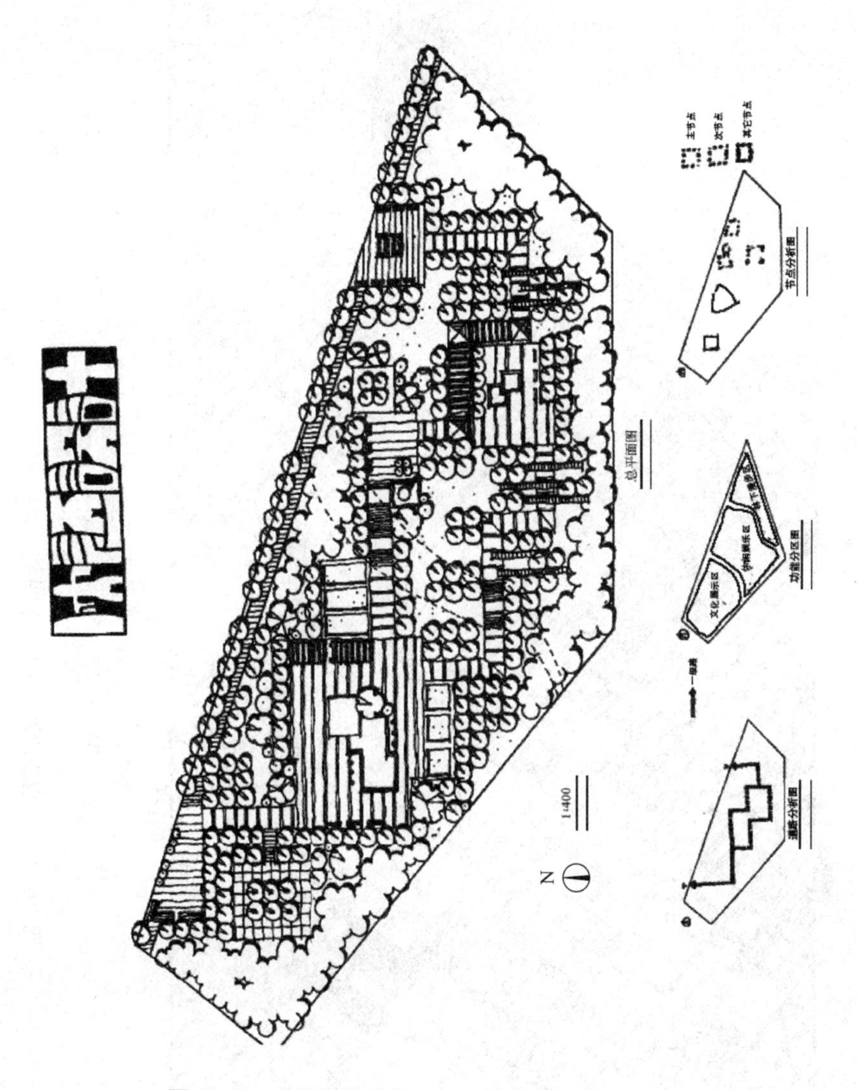

图 10-15　小型空间设计（1）（臧博靖　设计绘制）

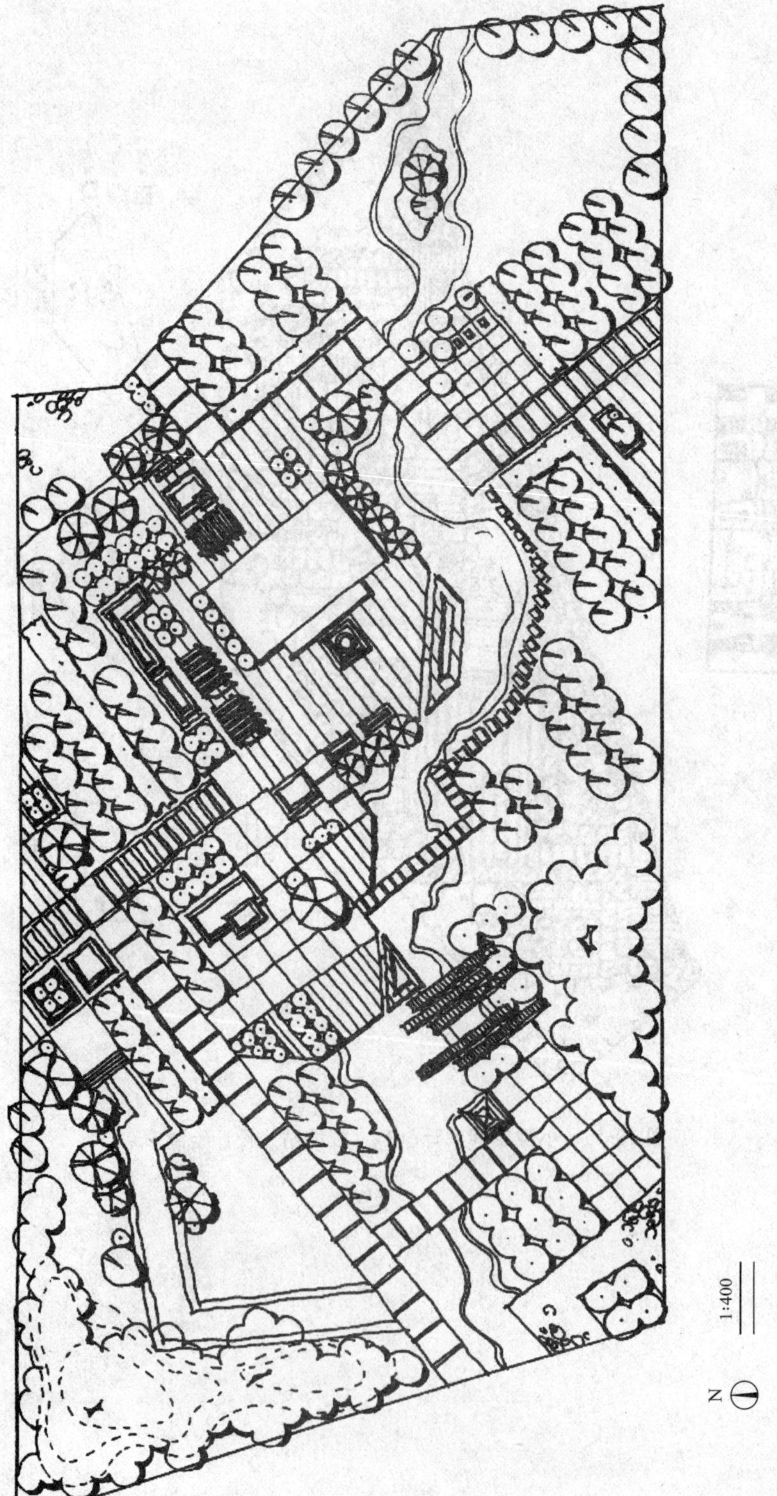

图 10-16　小型空间设计（2）（臧博靖　设计绘制）

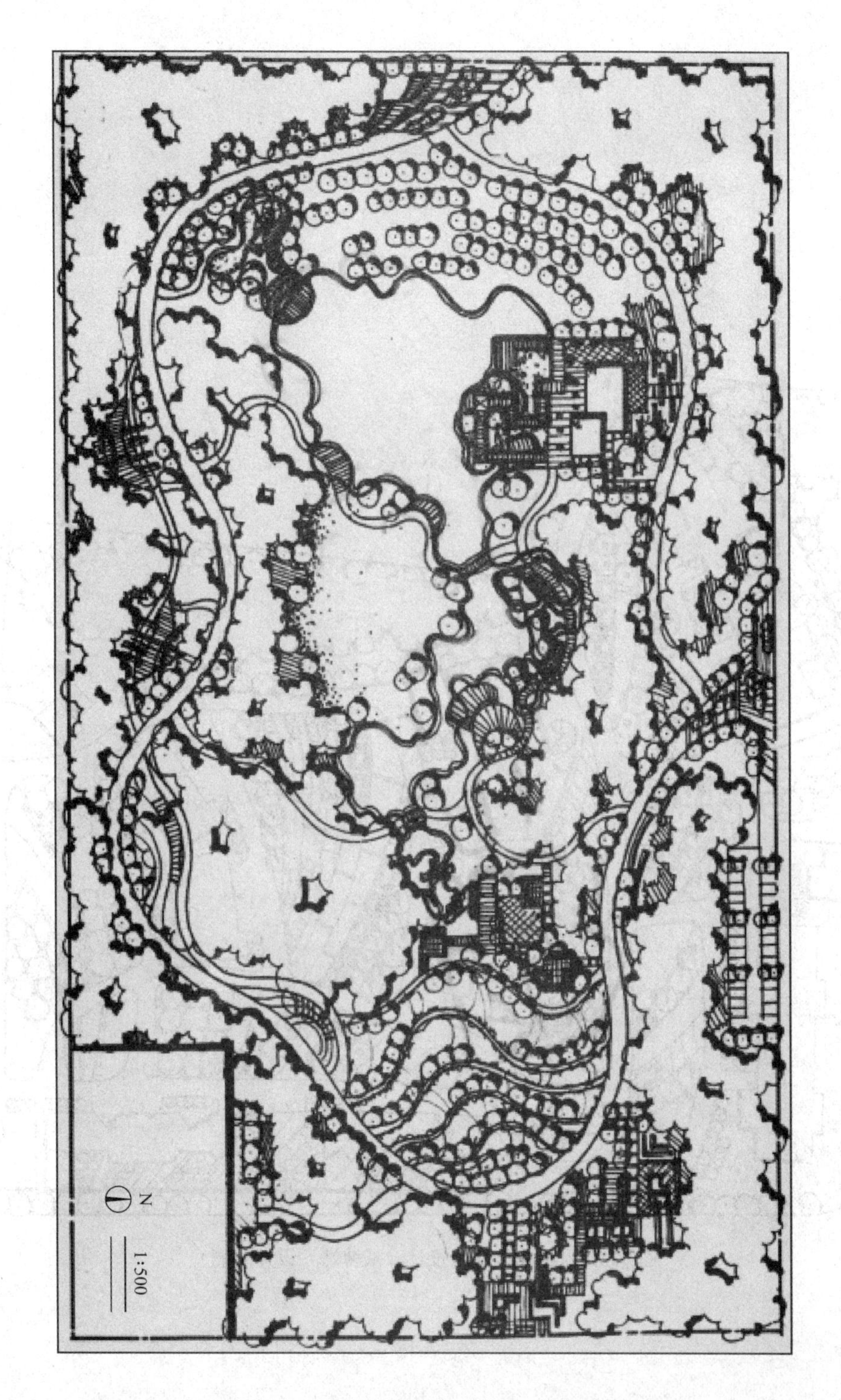

图 10-17　城市公园设计（姚莹　设计绘制）

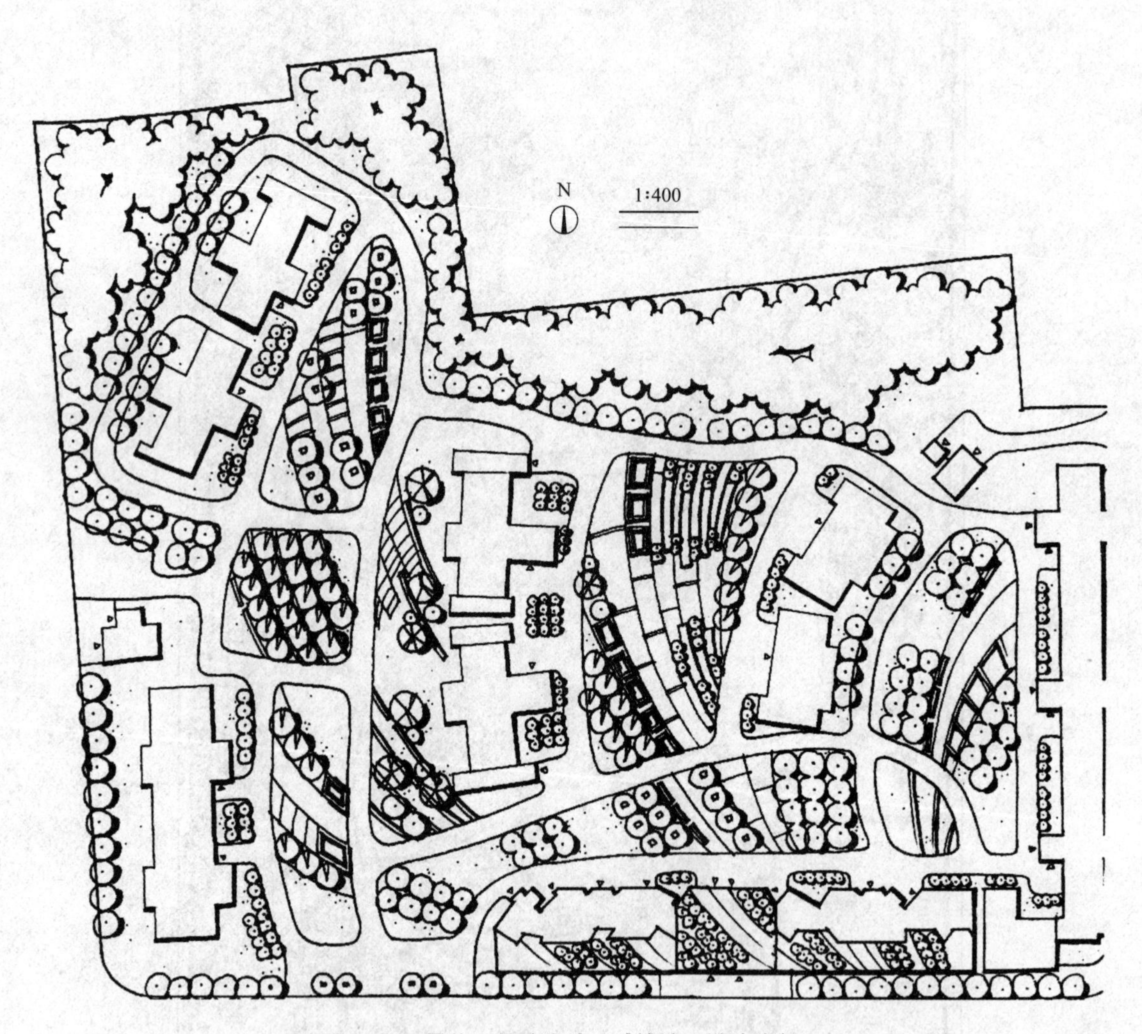

图 10-18　居住区绿地设计（臧博靖　设计绘制）

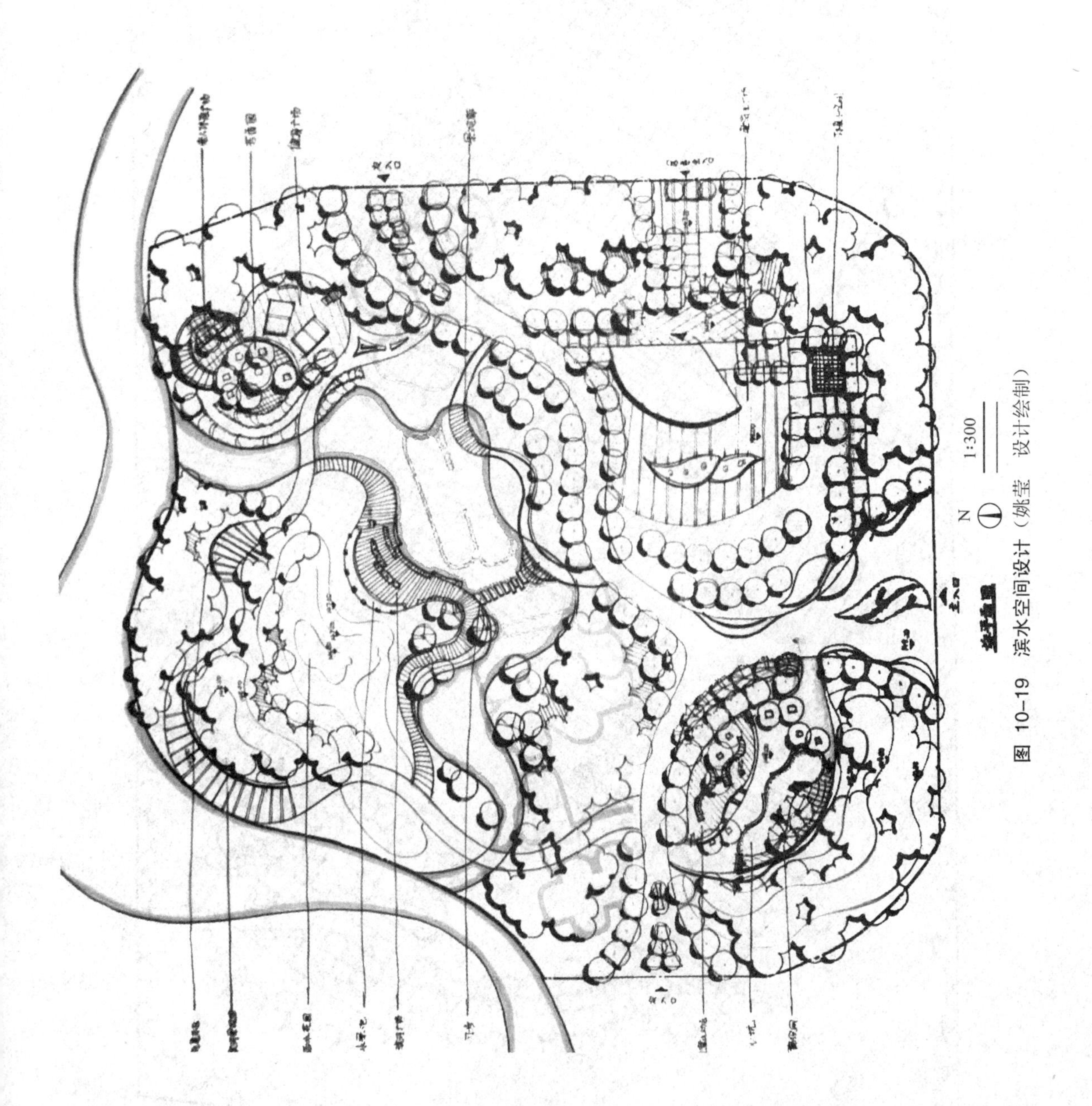

图 10-19 滨水空间设计（姚莹 设计绘制）

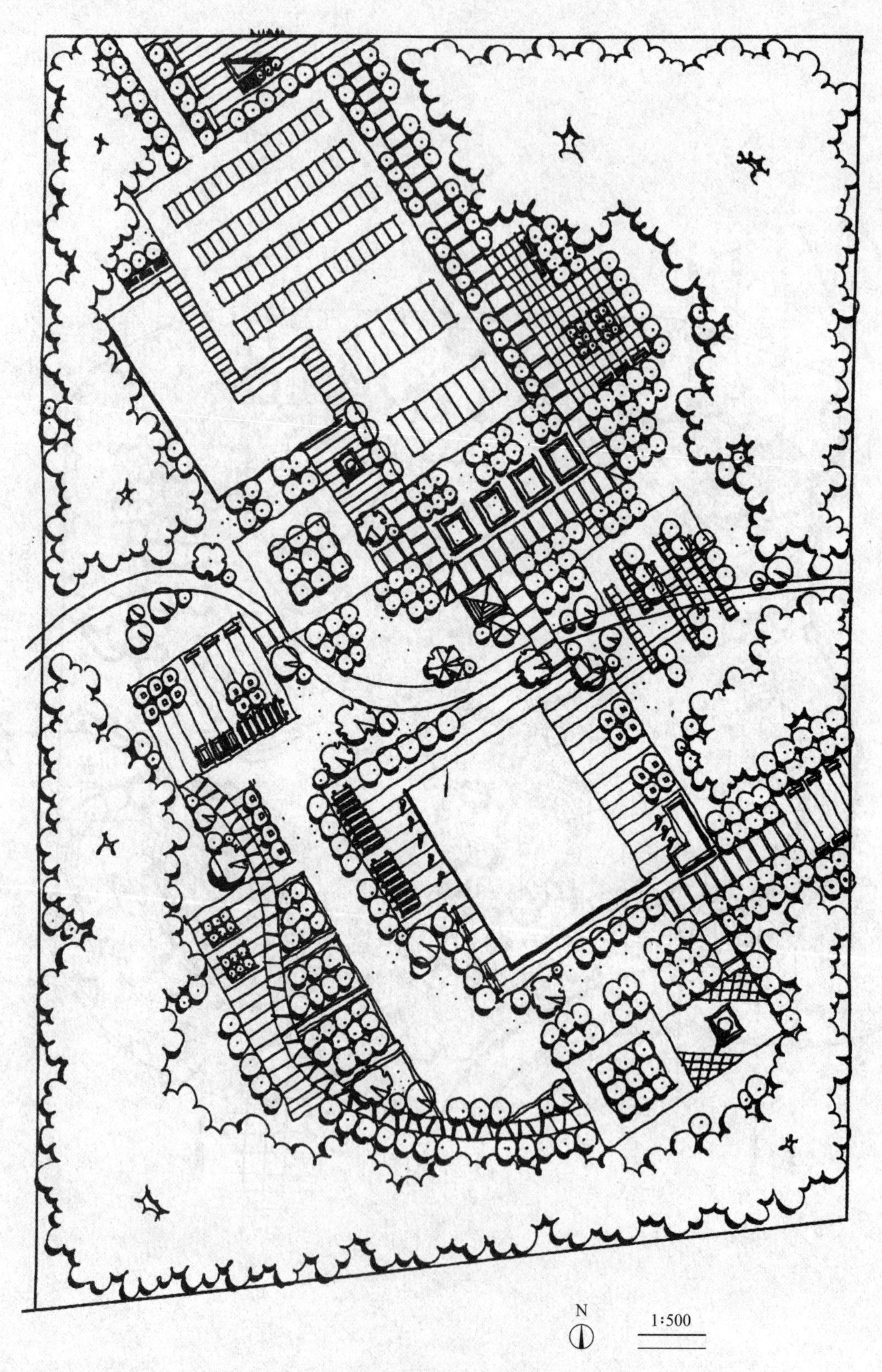

图 10-20　风景区入口设计（臧博靖　设计绘制）

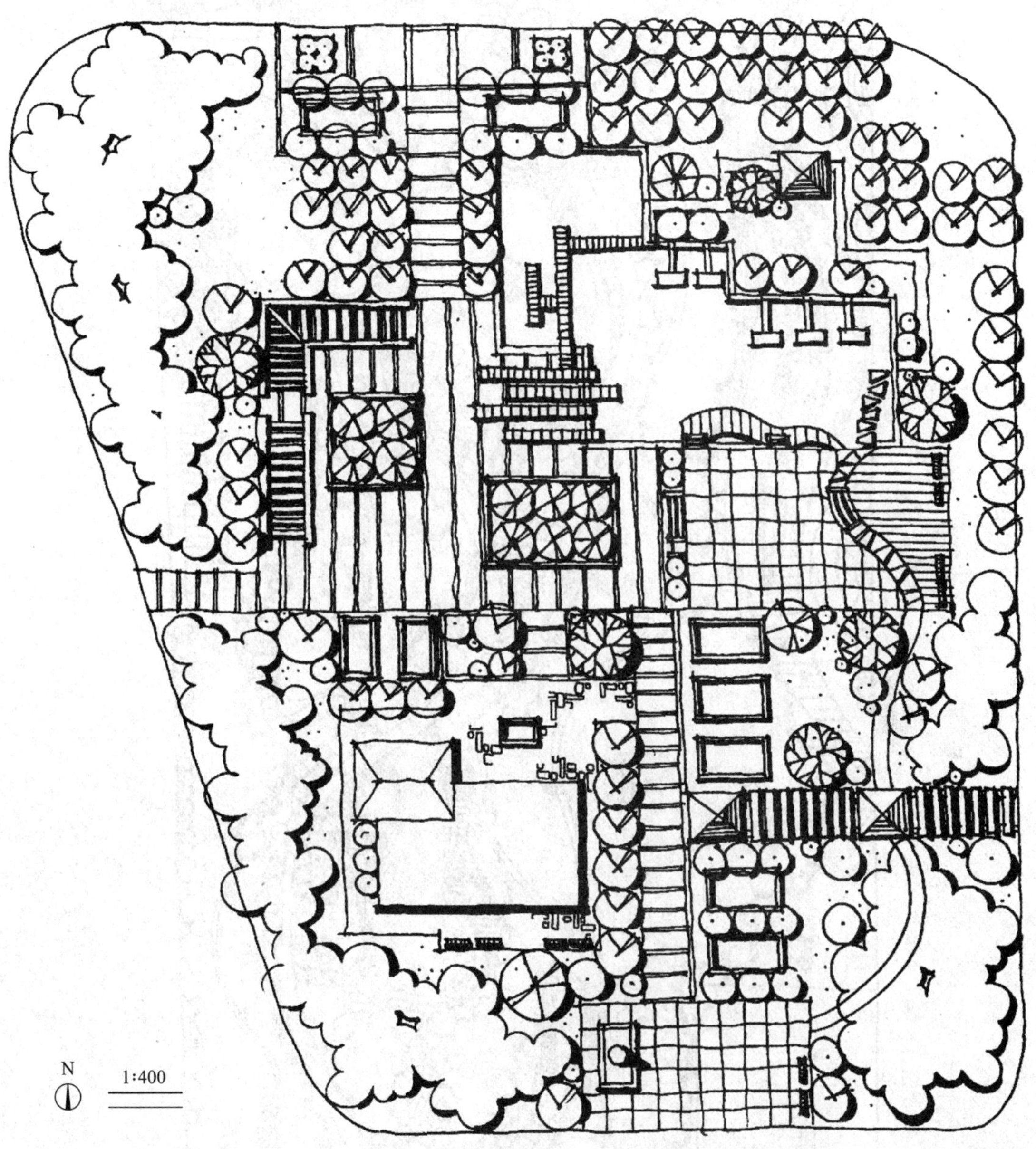

图 10-21 居住区中心绿地设计（臧博靖　设计绘制）

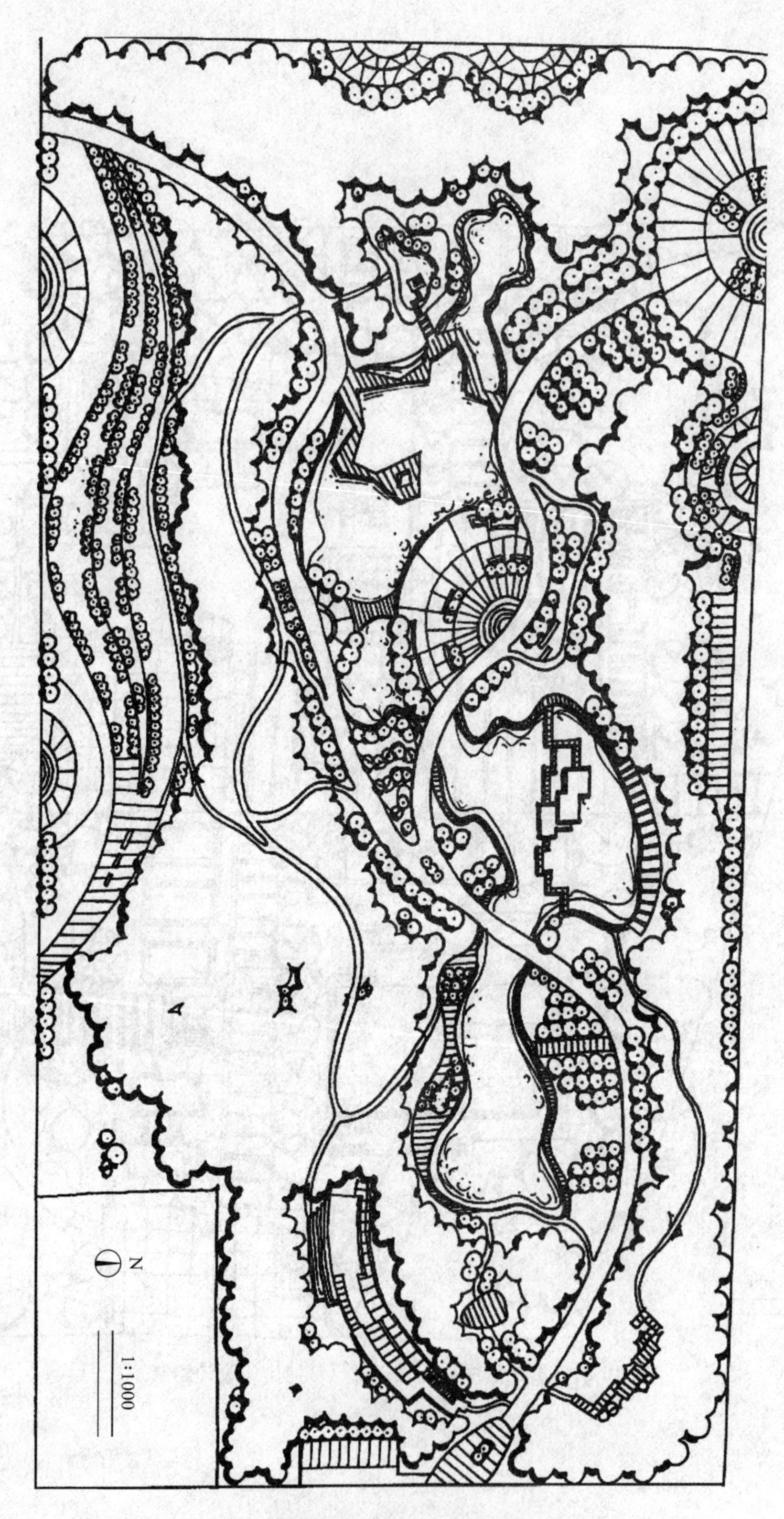

图 10-22　城市公园设计（臧博靖　设计绘制）

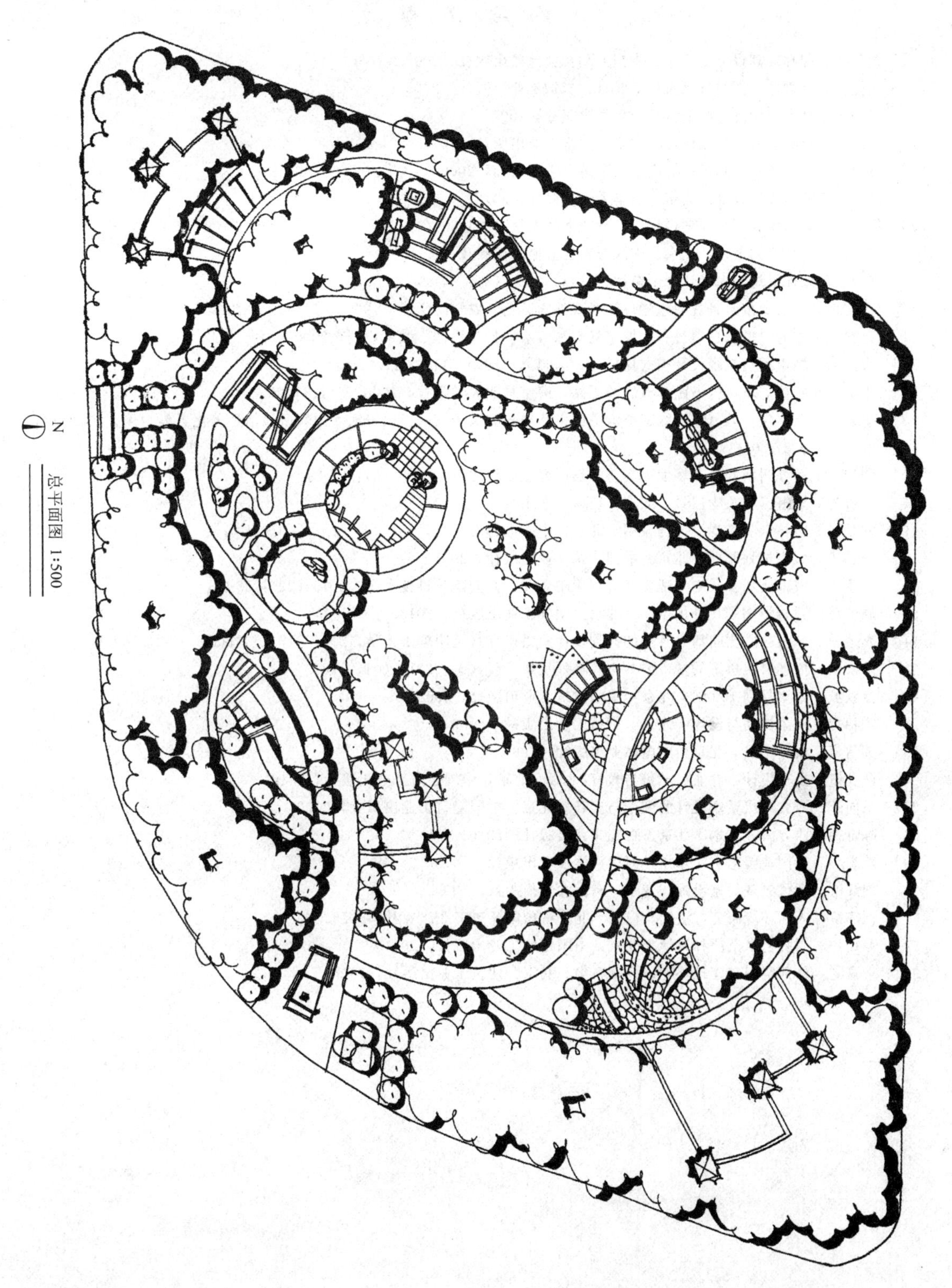

图 10-23　城市街头绿地设计（常乐　设计绘制）

参 考 文 献

[1] 刘新燕．园林规划设计．北京：中国劳动社会保障出版社，2009.
[2] 胡先祥，肖创伟．园林规划设计．北京：机械工业出版社，2005.
[3] 王浩．园林规划设计．南京：东南大学出版社，2007.
[4] 汪辉，汪松陵．园林规划设计．北京：化学工业出版社，2012.
[5] 谷康，严军．园林规划设计．南京：东南大学出版社，2009.
[6] 徐静凤．园林规划设计．北京：清华大学出版社，2012.
[7] 巢新冬，周丽娟．园林规划设计．杭州：浙江大学出版社，2012.
[8] 刘新燕．园林规划设计．北京：中国劳动社会保障出版社，2009.
[9] 安画宇．园林景观生态设计．山东林业科技，2004（6）：84-85.
[10] 汤晓敏，王云．滨水景观的规划设计模式探索．上海农学院学报，1999，17（3）：182-188.
[11] 孙鹏，王志芳．遵从自然过程的城市河流和滨水区景观设计．城市规划，2000（9）：19-22.
[12] 束晨阳．城市河道景观设计模式探析．中国园林，1999（1）：8-11.
[13] 王浩，赵永艳．城市生态园林概念及思路．南京林业大学学报，2000（5）：85-88.
[14] 王东宇，李锦生．城市滨河绿带整治中的生态规划方法研究——以汾河太原城区段治理美化工程为例．城市规划，2000（9）：27-30.
[15] 刘云．上海苏州河滨水区环境更新与开发研究．时代建筑，1999（3）：23-29.
[16] 尹吉光．图解园林植物造景．北京：机械工业出版社，1994.
[17] 刘荣凤．园林植物景观设计与应用．北京：中国电力出版社，2011.
[18] 李德华．城市规划原理．北京：中国建筑工业出版社，2001.
[19] 马惠敏．城市广场公共空间适应性规划策略研究．西安建筑科技大学，2016（22）：59-62.
[20] 屈海燕．园林植物景观种植设计．北京：化学工业出版社，2013.
[21] 李建波．城市公共空间活力营造的规划设计策略研究．昆明理工大学，2016（17）：331-333.
[22] 林江明．广场舞视角下的城市公共空间规划反思．新常态，2015（04）：121.
[23] 洪铁城．城市规划100问．北京：中国建筑工业出版社，2003.
[24] 刘福智．园景规划与设计．北京：机械工业出版社，2003.
[25] 苏雪痕．植物造景．北京：中国林业出版社，1994.
[26] 俞孔坚．景观设计：专业、学科与教育．2版．北京：中国建筑工业出版社，2016.
[27] 王向荣．西方现代景观设计的理论与实践．北京：中国建筑工业出版社，2002.
[28] 陈奇相．西方园林艺术．北京：百花文艺出版社，2010.
[29] 陈志华．外国造园艺术．郑州：河南科学技术出版社，2013.
[30] 刘滨谊．现代景观规划设计．南京：东南大学出版社，2006.
[31] 刘滨谊．人居环境研究方法论与应用．北京：中国建筑工业出版社，2016.
[32] 孙筱祥．园林艺术及园林设计．北京：中国建筑工业出版社，2011.
[33] 乐嘉龙．外部空间与建筑环境设计资料集．北京：建筑工业出版社，1996.

附　录

《园林规划设计》课程思政教学设计

项目名称	任务名称	教学内容	课程思政载体	思政元素	育人成效
项目一 园林规划 设计概述	中外园林概述	中国古典园林的基本类型	观看《颐和园》《拙政园》《承德避暑山庄》纪录片	中华民族传统文化	古典园林设计“天人合一”“师法自然”等设计观，促进民族自豪感
		外国园林艺术特点	讲述英国“邱园”园林结构，着重讲解邱园“中国塔”	文化自信	在18世纪中期，英国的园林设计中非常流行中国风，了解中国文化在世界文化中的历史与现代地位，产生民族文化自豪感
项目二 园林规划 设计原理	园林规划设计形式法则	对称与均衡、比例与尺度、统一与变化	观看《故宫》视频	中华民族传统文化	了解哲学、建筑统一的皇家建筑美学原理，感受中华文化的博大精深
	园林规划设计造景方式	主景、配景、障景、夹景、对景、框景、添景、点景、漏景	观看苏州园林视频	工匠精神	私家园林的小巧精致，让学生看到方寸之地严谨的造景，养成踏实、严谨、精益求精的工作态度
	园林规划设计布局方式	规则式、自然式、混合式，园林形式的确定	观看动画片《功夫熊猫》	文化自信	通过美国电影里中国古典园林要素的不断重现，彰显中国的大国地位，使学生爱上中国文化
项目三 园林造景 要素及设计	园路与广场	园路的功能、类型、规划设计要求；广场类型	央视纪录片《超级工程》之《珠港澳大桥》	爱国主义 工匠精神	推进学生意识形态教育，奠定爱岗敬业、爱国的观念
			观看中国古典园林中“花式”园路与广场铺装	工匠精神	感受中国传统园林匠人在造园时的态度，学习工匠精神，发扬传统，打造踏实、严谨的工作态度和精湛的技艺
	园林植物	地形类型、功能、处理原则、方法与要求	讲述密苏里州圣路易斯市密苏里植物园——园中园“友宁园”	爱国主义	了解植物应用知识，让学生知道民族的才是世界的，激发学生的爱国热情与民族自豪感
			云上欣赏“武汉樱花”	爱国主义 职业道德	了解植物造景，回顾疫情，感恩祖国、感恩医护、感恩那些在疫情中默默坚守的工作者，坚定对党和国家的信任，树立正确的价值取向，弘扬奉献精神
			观看中国传统名花、各城市市花与市树图片	中华民族传统文化	通过了解不同花的形态特征，及市花市树背后的故事，感受中国传统文化的深厚魅力，引起学生文化自豪感

续表

项目名称	任务名称	教学内容	课程思政载体	思政元素	育人成效
项目三 园林造景 要素及设计	园林小品	园林小品概念、分类、作用、设计中应注意的问题	讲述齐齐哈尔翟志刚广场雕塑	爱国主义 职业道德	了解中国航天发展，致敬航天英雄，树立正确的人生观和世界观，为中国特色建设贡献力量
	园林地形	园林地形的形式、功能、处理原则、方法与要求	观看电影《地道战》	爱国主义	通过地道战中游击队员挖隐藏性地道，说明地形的重要性。同时让学生了解中国人民的大智慧，建立爱国情怀
	园林建筑	园林建筑功能、分类、形式、设计方法与技巧	央视纪录片《超级工程》之《上海中心大厦》	爱国主义 工匠精神 职业道德	让学生了解中国在建筑工程方面的先进技术与工人们在建造大厦时克服的难以想象的困难，引领学生正确看待中国制造，形成正确的思维方式
项目四 滨水绿地 规划设计	滨水绿地的概念与功能	滨水绿地的概念、功能与特点	观看台湾日月潭风景区视频（片段）	爱国主义	介绍日月潭风景区的滨水景观设置，引入台湾的风土人情、历史沿革，牢固树立一个中国的意识
	滨水绿地规划设计	滨水绿地风格定位、滨水绿地空间处理、竖向设计、植物群落设计	讲述加观看视频，中国滨水公园、国家级自然风景区（长白山、泰山、庐山等）	生态文明	让学生了解大美中国，学会尊重自然规律，践行生态文明，热爱自己的祖国
	驳岸的设计	自然原型驳岸、自然驳岸、人工自然型驳岸	观看中央电视台《创新中国》纪录片《潮起》片段	爱国主义	通过中国突破基础建设中的一个又一个高难度问题，完成工程，让学生看到中国制造的力量，感悟中国在基础建设中取得的成就，树立爱国心
项目五 居住区绿地 规划设计	居住区绿地概念	居住绿地组成、作用、设计	观看《中国影像方志》第1集《浙江安吉》篇（片段）	生态文明	让学生了解保护生态环境，坚持生态文明建设、美丽乡村建设、持续提升人居环境的重要性
	各类型居住区绿地规划设计	居住区公共绿地规划设计、居住区内宅旁绿地规划设计、居住区道路绿地规划设计	电视纪录片《辉煌中国》第四集《绿色家园》（片段）	家国情怀	让学生了解“修身齐家治国平天下”的思想，理解“天下之本在国，国之本在家”
			《远方的家》20201009最美是家乡——黑龙江黑土地上的桃花源（片段）		让学生热爱自己的家，热爱自己的家乡，热爱自己的祖国
			《远方的家》长江行（多彩桥城——武汉20190931（片段）	家国情怀 工匠精神	疫情之后看武汉，引领学生激发起对国家的热爱和对武汉建设者的崇敬之心

续表

项目名称	任务名称	教学内容	课程思政载体	思政元素	育人成效
项目六 单位附属绿地规划设计	大专院校校园绿地规划设计	大专院校绿地组成、绿地设计原则、大专院校各区绿地规划设计要点、影响校园绿地设计的因素、校园绿地规划设计步骤	岳麓书院图片、视频	中华民族传统文化	了解岳麓书院的建筑格局与文物遗留，园林的营造方式与文化内涵，再现古代学子求知场景，激发学生对传统文化的好奇心，努力学习
			颂读有关书院的诗句	学习观	通过对古诗词的学习，让学生继承传统，挖掘传统文化的深意与背景，弘扬传统文化
	工厂绿地规划设计	工厂绿化的特点、工厂绿地的组成、工厂绿化的设计原则、工厂绿地设计	《对话》20190915全球化时代的“中国工厂”	民族自豪感	通过大国工厂的介绍，了解中国工业的先进性，在学生心中树立科技强国的理念
	宾馆、饭店绿地规划设计	宾馆、饭店的性质与组成、绿地组成	观看贝聿铭大师的建筑设计作品视频、图片，如香山饭店等，讲述作品立意	文化自信	贝聿铭大师香山饭店等作品，渗透着中国传统文化要素，使学生坚定民族的是世界的，树立文化自信心，建立文化自觉性
项目七 城市广场设计	城市广场概述	城市广场的定义、特点、分类、城市广场的作用	观看天安门广场纪录片	爱国主义	激发学生的爱国热情和奋进精神
	城市广场的规划设计	城市广场规划设计的原则、规划设计的要点、空间设计的方法	讲述南京中山陵风景区整体规划，包括历史由来、广场、主体建筑、布局结构	爱国主义	让学生了解和认识中山陵风景区，要坚持不懈，为实现社会环境、经济、科技的可持续发展而努力学习
	城市广场的景观设计	广场标志物与主题表现、地面铺装与绿地、水体、园林建筑与建筑小品、种植设计	观看《人民英雄纪念碑》视频，讲述方案形成与建设过程	爱国主义、工匠精神、中国传统文化	让学生了解人民英雄纪念碑的方案形成包含的纪念意义，以及在建造过程中克服的困难，铸就爱国情怀，养成良好的职业素养，继承和发扬传统文化
项目八 城市街头绿地设计	道路交通绿地规划设计	道路交通绿地的概念、道路交通绿地的功能、道路交通绿地的断面布置形式、绿地设计要点	学习中共中央、国务院印发《交通强国建设纲要》	社会主义精神文明、交通强国	让学生了解交通科技，了解交通的重要性
	街头绿地设计	街头绿地的景观特征及作用、街头绿地的布局形式、街头绿地的设计手法	观看公益广告系列：邻里友善，共创和谐，邻居之间要互相帮助	社会主义精神文明、生态文明	让学生了解一个以人为本、以和为贵、和睦相处、和谐有爱的绿地环境，是一个国家精神文明程度的体现，尊重生态伦理，构建和谐社会

续表

项目名称	任务名称	教学内容	课程思政载体	思政元素	育人成效
项目九 屋顶花园规划设计	屋顶花园的概念及发展情况	屋顶花园的定义、历史与发展	观看电视剧纪录片《园林》，解读中国独特的园林文化，从精神上探寻文化命题及园林美学人文价值、生活方式、审美情趣	中国传统文化深厚的魅力、时代精神、审美价值取向	增强民族自豪感，增进对中国传统文化的了解，增加对中国传统文化的热爱。掌握屋顶花园发展的情况
	屋顶花园的分类	按照使用性质、建造形式和使用年限、绿化方式与造园内容、屋面功能、位置选择、设计形式、屋顶重量分类	观看《中国古典园林》视频片段，引出中国是历史悠久的文明古国，在园林领域有辉煌的成就	生态文明思想	介绍中华文明历史以及园林发展的历史和背景，弘扬中国传统文化，践行生态文明战略，保护生态环境，更加热爱环境，节约资源
	屋顶花园功能和设计原则	屋顶花园的功能、设计需遵循的原则	观看“世界技能大赛赛事选手参赛视频”（片段）	工匠精神、人文关怀	提升学生的民族自豪感。屋顶花园设计中应考虑人的使用为基本出发点，体现了人文关怀。选手在操作、比赛过程中的严谨、精益求精的态度体现了新时代的工匠精神
	屋顶花园的规划设计	屋顶花园的要素规划设计、设计注意事项、植物景观设计	欣赏2010年上海世博会时中国馆的屋顶花园，名字叫“新九州清晏”，取自于圆明园中九州大地、河清海晏这一灵感。它也荣获当年世界屋顶花园最佳项目金奖提名	民族文化自信、职业道德、工匠精神、创新意识	使学生加强对于中国文化和中国精神的学习，增加学生的主动性，让更多人感受到中国元素的韵味。通过项目的学习与操作的模拟，爱岗敬业，提升技能，遵守规范，遵守职业标准，增强职业荣誉感，能够通过学习与实践合理进行屋顶花园项目的规划设计